国家级特色专业建设项目、国家级教学团队建设项目、国家级精品课程建设项目、国家自然科学基金项目及南京信息工程大学教材建设基金项目资助

非气象类专业适用教材

# 天气学概要

徐海明　寿绍文　编著

## 内 容 简 介

本书是对天气学基本原理和方法的概要介绍。全书共10章，内容依次为天气图、风场和温压场的关系、气团与锋、气旋和反气旋、大气环流、寒潮天气过程、降水天气过程、对流天气过程、台风天气过程和高影响天气过程。

本书可以作为非气象类专业本科天气学课程的基本教材。

**图书在版编目(CIP)数据**

天气学概要/徐海明，寿绍文编著．—北京：气象出版社，2012.12

ISBN 978-7-5029-5653-0

Ⅰ.①天…　Ⅱ.①徐…　②寿…　Ⅲ.①天气学

Ⅳ.①P44

中国版本图书馆 CIP 数据核字(2012)第 307036 号

**出版发行**：气象出版社
**地　　址**：北京市海淀区中关村南大街 46 号　　**邮政编码**：100081
**总 编 室**：010-68407112　　**发 行 部**：010-68409198
**网　　址**：http://www.cmp.cma.gov.cn　　**E-mail**：qxcbs@cma.gov.cn
**责任编辑**：蔺学东　　**终　　审**：章澄昌
**封面设计**：博雅思企划　　**责任技编**：吴庭芳
**责任校对**：华　鲁
**印　　刷**：三河市鑫利来印装有限公司
**开　　本**：720 mm×960 mm　1/16　　**印　　张**：15
**字　　数**：298 千字
**版　　次**：2012 年 12 月第 1 版　　**印　　次**：2012 年 12 月第 1 次印刷
**定　　价**：35.00 元　　**印　　数**：1—5000 册

# 前　言

天气学是研究天气变化规律和天气分析与预报方法的科学，是气象学的重要分支。由于天气与人类生活和国计民生息息相关，而且天气变化复杂多端，所以天气学研究具有极为重要的应用价值和科学意义。

天气学课程是气象和其他相关专业学生重要的基础和专业课程之一。本书是对天气学基本原理和方法的概要介绍。全书共10章，内容依次分别为天气图和天气系统，风场和温压场的关系，气团与锋，气旋和反气旋，大气环流，寒潮天气过程，降水天气过程，对流天气过程，台风天气过程，高影响天气过程。本书可以作为非气象类专业本科天气学课程的基本教材。

本书编写过程中得到很多著名专家的热情鼓励以及学校领导、同事、同学和气象出版社的领导及编辑们的大力支持与帮助，在此谨向他们表示最深切的谢意，同时也殷切期望得到广大读者的批评指正。

编著者

2011年11月于南京

# 目　录

# 第 1 章　天气图

“天气”是由各种气象要素综合表现的大气状态，每种气象要素都是随时间和地区变化的场变量，所以“天气”也是随时随地变化的。一般应用天气图来表现各种天气的分布及其演变，因此，天气图是天气分析和预报的一种基本工具。本章将简要介绍关于天气图及其基本分析方法。

## 1.1　天气图概述

气压、气温、湿度、风、云、能见度和天气现象等用以定量或定性地表征某种大气状态(如质量大小、暖湿程度、运动状况和天空状况等)的物理量称为“气象要素”。由各种气象要素所共同表现的综合的大气状态就是一般所说的“天气”。每种气象要素都是随时间、随地区而变化的，所以天气也是随时、随地变化的。

世界各地的气象观测台站每天都在观测当地的天气。将同一时刻各地的天气观测记录用一定的格式和符号填写在一张底(地)图上，这种特殊的地图称为“天气图”。常规的气象观测包括地面观测和高空观测。填写地面观测和高空观测记录并按一定规则进行分析的天气图分别称为地面天气图和高空天气图(图 1.1)。应用天气图就可以分析当时各地不同的天气特征。根据不同时刻的天气图的连续分析就可了解天气的演变情况和规律，因此天气图是天气分析和预报最基本的工具之一。现代天气观测的工具和手段多种多样，如卫星、雷达、雷电探测等，其探测资料分布图也是广义的天气图，此外还有各种辅助天气图表，它们都是天气分析和预报的基本工具。有了天气图，我们便能纵观天气，不仅能看到当地天气状况，而且能够纵观东亚、世界的风云变幻。

通过天气图分析，可以看到各种“天气系统”，如低压、高压、槽、脊、气旋、反气旋、短波、长波及云团、回波团等。在控制论中，所谓“系统”的概念是指由相互制约、相互作用的要素构成的并具有整体功能和综合行为的统一体。类似地，天气系统就是指一团以某种规律联系或组织在一起的具有某种共同特征的空气。天气系统与天气有着紧密的联系，它们是天气现象的制造者和载体。

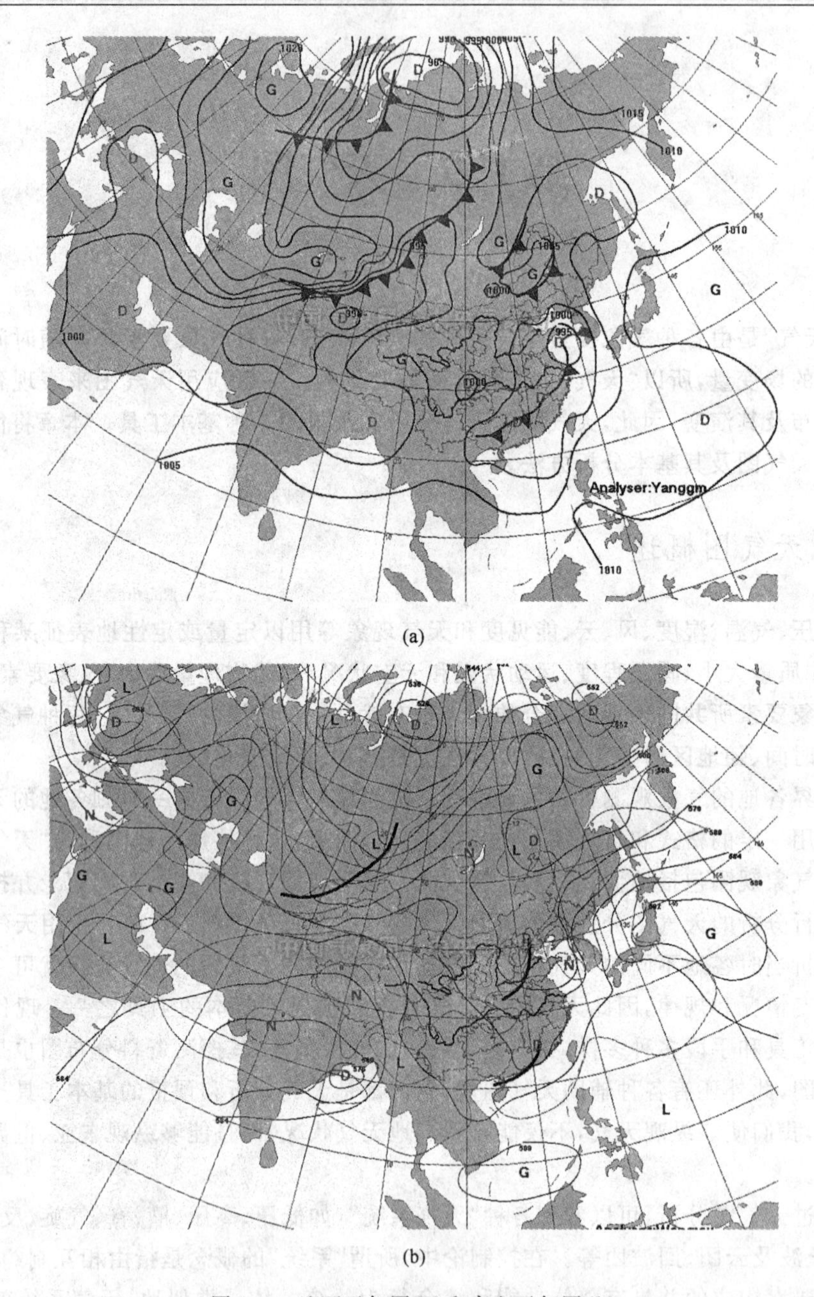


(a)

(b)

图 1.1　地面天气图(a)和高空天气图(b)

各种天气系统的相互配置，称为“天气形势”。在一定的天气形势下，天气系统及天气都会不断地演变。某种天气系统和天气现象的发生、发展、演变、消亡的过程称为“天气过程”。天气过程持续的时间长短往往很不相同，有的可以持续数十天或更长，有的可以持续数天，但有的持续时间很短，只有数十或数小时，甚至数十分钟或更短。

## 1.2　地面天气图

### 1.2.1　天气图底图

天气图是填有各地同一时间气象观测记录的特种地图，而尚未填写各地气象站观测记录的特种空白地图称为天气图底图。

天气图底图上标绘有经纬度、海陆分布、地形等，以便分析时考虑下垫面对天气的影响。底图上还标有气象站的区号、站号和主要城市名称，供填图和预报时使用。底图上的范围和比例尺的大小主要根据天气分析内容、预报时效、季节和地区等而定。

天气图底图一般要求满足三个基本条件：①正形，即在每一点上，经圈及纬圈的缩尺一样，地球上两交线间的交角也保持不变，这样可保持地区的形状；②等面积，即各区域的缩尺一样，因而在底图上的任一区域的面积都与实际地球表面该区域的面积有一定比例关系，但形状和方向有差异；③正向，即保持方向准确，各区域经纬线都正交。以上几点中，在天气分析上主要考虑正向和正形，因为这样可以保证图上风向的准确及气压系统的形状和移动方向与实际相同。

地图是一张表现地球表面各处的位置和特征的平面图。地球可近似地看做是圆球体。把具有球形的地球表面情况表现在平面上，必须有专门的投影技术。地图投影的方法有多种，制作常用的天气图底图的地图投影方法之一，是兰勃特(Lambert)正形圆锥投影。这种投影法也称双标准纬线圆锥投影法，是将平面图纸卷成圆锥形，与地球仪的30°和60°纬圈相割，并把光源置于地球中心(图1.2中的O点)，将经纬线及地形投影到圆锥形的图纸上，然后将图纸展开成扇形，再加适当订正，即得兰勃特投影图。在这种投影图上，经线呈放射形直线，纬线呈同心圆弧，相割的两纬圈(30°和60°)的长度与地球仪上对应处的实际长度相符，称为标准纬线。在两标准纬线之内各纬圈的长度相应地缩小，而在两标准纬线之外各纬圈的长度则相应地放大了。这种图的中纬度部分基本满足正向和正形的要求，因此，最适用于作中纬度地区的天气图。欧

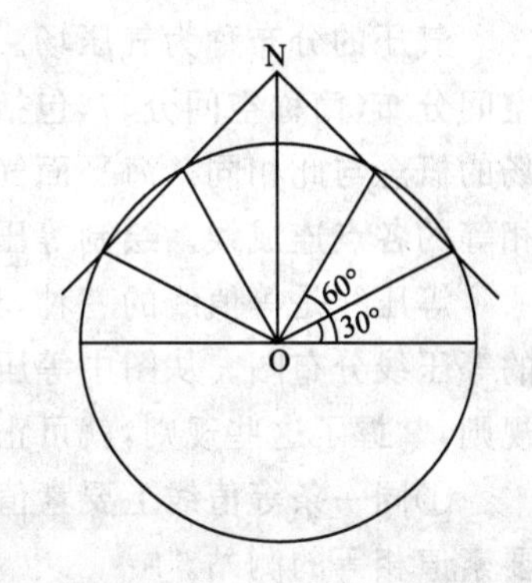

图1.2　双标准纬圈圆锥投影法

亚高空图和地面图一般都采用这种投影。图 1.1 中的天气图底图就是一种兰勃特投影图。

关于底图范围大小的选择，主要视预报的时效和季节而定，如用作中长期天气预报的底图范围就应该大一些，甚至需要整个北半球天气图。在冬半年，高纬大气活动(如寒潮的侵袭)对我国影响较大，故底图范围应包括极地或极地的一部分；在夏半年，低纬度和太平洋上的大气活动(如台风、副热带高压)对我国影响较大，故底图上低纬度和太平洋区域应多占些面积。处于中纬度地带的我国，主要受西风带的天气系统影响和控制。为了预先察觉从西边或西北边来的天气系统的侵入，底图的范围应尽量包括我国西部或西北部地区。

### 1.2.2　地面天气图的填写

地面天气图是填写气象观测项目最多的一种天气图。它填有地面各种气象要素和天气现象，如气温、湿度、风向、风速、海平面气压和雨、雪、雾等；还填有一些能反映空中气象要素的记录，如云高、云状等；既有当时的记录，又有一些能反映短期内天气演变实况及趋势的记录，如三小时变压、气压倾向等。因此，地面天气图在天气分析和预报中是一种很重要的工具。地面天气图的分析项目通常包括海平面气压场、三小时变压场、天气现象和锋等。在地面天气图上各种气象要素和天气现象都按照规定的格式和位置填写，如图 1.3 所示。

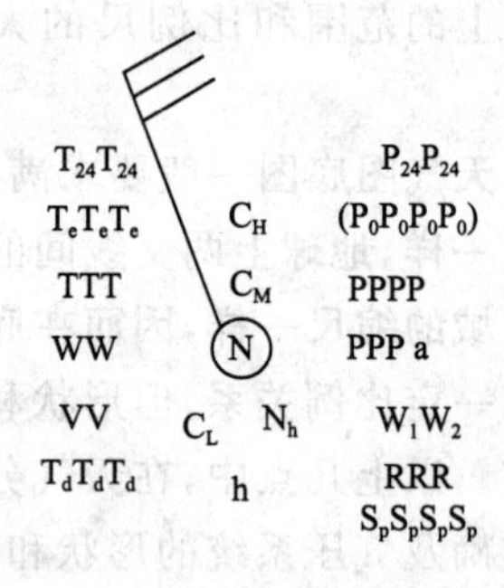

图 1.3　地面天气图的填写格式

### 1.2.3　地面天气图的分析

(1)海平面气压场的分析

气压的分布称为气压场。海平面上的气压分布称为海平面气压场。气压的三度空间分布(简称空间分布，包括水平和垂直的分布)称为空间气压场。其他气象要素场的概念与此相同。海平面气压场分析就是在地面图上绘制等压线，即把气压数值相等的各点连成线。绘制等压线后，就能够清楚地看出气压在海平面上的分布情况。

等压线是等值线的一种，具有各种等值线分析的共同规律。图 1.4 是海平面上的等压线分布图。从图中等压线的特点可以看出，等值线分析要遵守下述几个基本规则，掌握了这些规则，就可正确地分析各种气象要素的等值线。

①同一条等值线上要素值处处相等。也就是说，分析时必须使等值线通过同一要素值相等的测站。

②等值线一侧的数值必须高于另一侧的数值。也就是说，分析时等值线应在一

个高于等值线数值的测站和一个低于等值线数值的测站之间通过。而不能在都高于(或都低于)等值线数值的两个测站之间通过。

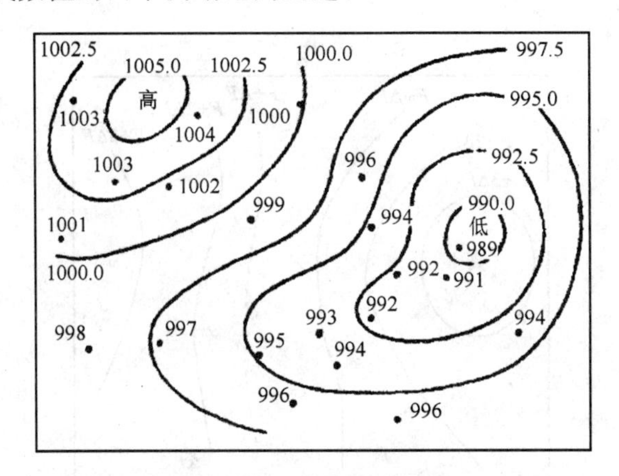


图 1.4　海平面等压线图(单位:hPa)

③等值线不能相交,不能分支,不能在图中中断。如在图 1.5a 中,如果两根数值不等的等值线 $F_1$ 和 $F_2$ 相交,则交点 $A$ 上就出现两个数值,这是不可能的。因为 $A$ 点上只能有一个数值,其数值或者为 $F_1$,或者为 $F_2$。又如在图 1.5b 中,如果两根数值都是 $F_1$ 的等值线相交,则甲区和乙区的数值,对一根等值线来说应大于 $F_1$,而对另一根等值线来说却应小于 $F_1$,这是不可能的。同样,在图 1.5c 中,当等值线分支时在乙区既大于 $F_1$ 又小于 $F_1$,这也是不可能的。

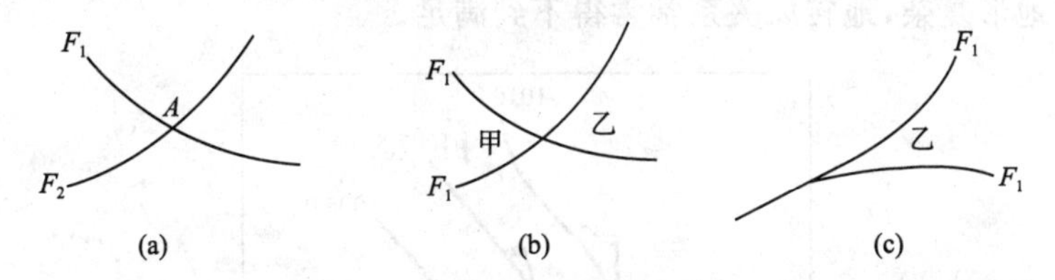


图 1.5　等压线的错误分析

④相邻两根等值线的数值必须是连续的,即其数值或者相等,或只差一个间隔。这是因为各种要素场的分布都是连续的。在高值区和低值区之间,相邻等值线的数值是顺序递减的,两者只差一个间隔。如果两条相邻等值线的差为两个间隔,则说明在这两条等值线之间还存在另一条数值在两者之间的等值线。在两个高值区域或两个低值区域之间,则必有两根相邻的等值线,其数值是相等的,并且这两条等值线的数值在两个高值区之间必须是最低值,在两个低值区之间,必须是最高值。如果两者数值不等,则必存在另一等值线,使其数值相等。如图 1.6 中的 $A$ 区,对左边的等值线 $F+\Delta F$ 而言,$A$ 区的数值应小于 $F+\Delta F$,因此 $A$ 区和右边的等值线 $F+\Delta 2F$ 之间

必定还有另一根数值为 $F+\Delta F$ 的等值线。

以上这四条规则是绘制等值线的基本规则，必须严格遵守，在任何时候不能违反。

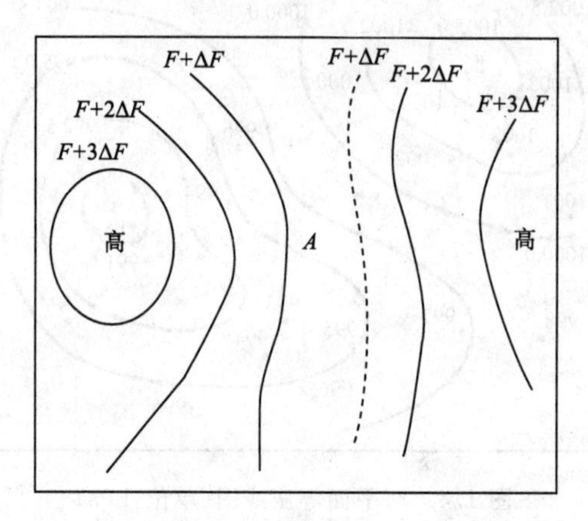


图 1.6　等值线分析

作为等值线的一种特殊形式的等压线，在分析的时候，除了应符合上述分析原则外，还必须遵循“地转风”关系，即等压线和风向平行(图 1.7)。在北半球，观测者“背风而立，低压在左，高压在右”。但由于地面摩擦作用，风向与等压线有一定的交角，即风从等压线的高压一侧吹向低压一侧，风向和等压线的交角，在海洋上一般为 15°，在陆地平原地区约为 30°。但在我国西部及西南地区大部分为山地和高原的情况下，由于地形复杂，地转风关系常常得不到满足。

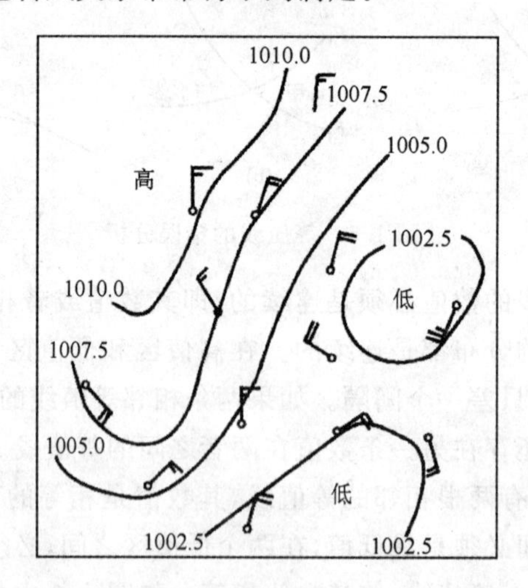


图 1.7　等压线(单位：hPa)与风的关系

此外，在实际工作中绘制地面图上等压线时，还应遵守下列规定。

①在亚洲、东亚、中国区域地面天气图上，等压线每隔 2.5 hPa 画一条(在冬季气压梯度很大时，也可以每隔 5 hPa 画一条)，其等压线的数值规定为：1000.0 hPa、1002.5 hPa、1005.0 hPa 等，其余依此类推。在北半球、亚欧地面天气图上，则每隔 5 hPa画一条，规定绘制 1000 hPa、1005 hPa、1010 hPa 等压线，其余依此类推。

②在地面天气图上等压线应画到图边，否则应闭合起来。在没有记录的地区可视作例外，但应将各条并列的等压线末端排列整齐，落在一定的经线或纬线上。在非闭合的等压线两端应标注等压线的百帕数值。如等压线是闭合的，则在等压线的上端开一小缺口，在缺口中间标注百帕数值，此数值要标注得与纬线平行。

③在低压中心用红色铅笔标注“低”(或“D”)，代表低压，高压中心用蓝色铅笔标注“高”(或“G”)，代表高压，在台风中心用红色铅笔标注“$\mathcal{S}$”，代表台风。上述符号大小应视最内一条闭合等压线的范围来决定。标注高低压中心的符号时要注意以下三点：

第一，高、低压中心的符号应标注在气压数值最高或最低的地方。在有风向记录时，高压中心符号应标注在气压记录数值最高测站的右侧(背风而立时)，低压中心符号应标注在气压记录数值最低的测站的左侧(背风而立时)。离开的间距视风速大小而定。风速大，可离得远一些，风速小，则可靠得近些。其原因是，对高压而言，在最高气压数值测站的右侧地区的气压应比该测站的气压更高。对低压而言，在最低气压数值测站的左侧地区的气压应比该测站的气压更低。

第二，高低压中心的符号还要标注在反气旋式或气旋式流场的中心，而不一定标注在最内一条闭合等压线的几何中心处。如果在最内一条闭合等压线的范围内，流场有两个甚至三个中心时，则应标注两个或三个中心。在相邻两站的风向相反时，可确定这两站中间有一气旋或反气旋流场的中心。如果没有相反风向的测站时，则需要有三个风向不同的测站，才能确定一个气旋或反气旋流场的中心。

第三，高低压中心确定后，在“高”和“低”符号的下方，应根据可靠的气压记录标明气压系统的中心数值。气压中心数值要用黑色铅笔标注百帕整数值。高压中心的数值用最高气压记录，小数进为整数。低压中心数值用最低气压记录，小数可略去。如高压气压最高记录为 1023.4 hPa，则高压中心标注 1024；如低压气压记录为 1011.5 hPa，则低压中心标注 1011。如果用来作为确定气压系统中心数值的气压记录不可靠时，或是气压系统中没有记录，则气压中心的百帕数值应适当地按气压梯度的分布及该系统前一时刻的中心数值来估计。在山地区域，有时由于冷空气在山的一侧堆积，造成山的两侧气压差异很大，使画出来的等压线有明显的变形或突然密集，但是在这一带并无很大的风速与此相适应。为了说明这种现象是由于山脉所造成的，将这里的等压线常画成锯齿形，并称这样的等压线为地形等压线。我国最常见的地形等压线是天山地形等压线。当冷空气从天山以北下来时,受天山阻挡大量积聚在天山以北,而不能立即到达天山以南地区,故天山南北两侧气压差别很大,在地面图上即可分析出地形等压线,如图 1.8 所示。我国常出现地形等压线的地区还有帕米尔、祁连山、长白山和台湾等地。绘制地形等压线时,首先要注意,当地形等压线很拥挤时,可把几根等压线用锯齿状线连接起来,但数根等压线不能相交于一点,而且要进出有序,两侧条数相等;其次,地形等压线要画在山的迎风面或冷空气一侧;此外,还要注意地形的特点和冷空气的活动情况,地形等压线要与山脉的走向平行,不能横穿山脉。

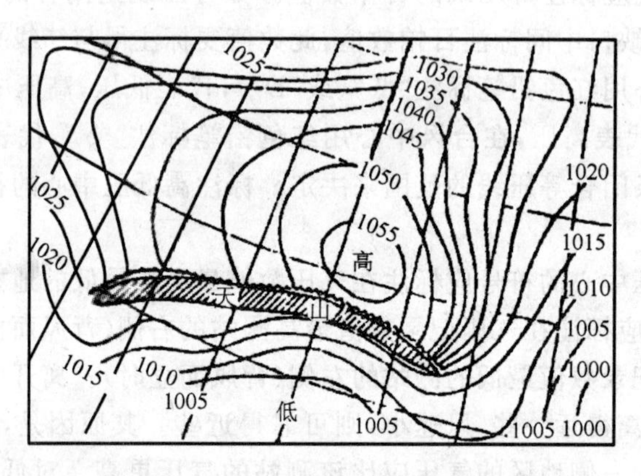


图 1.8　我国天山附近地形等压线实例

(2)气压场的基本型式

等压线分析所显示出来的气压场有五种基本型式,如图 1.9 所示。任一幅天气图都是由这五种基本型式构成的。

①低压。由闭合等压线构成的低气压区,气压从中心向外增大,其附近空间等压面类似下凹的盆地。

②高压。由闭合等压线构成的高压区,气压从中心向外减少,其附近空间等压面类似上凸的山丘。

③低压槽。从低压区中延伸出来的狭长区域叫做低压槽,简称为槽。槽中的气压值较两侧的气压要低,槽附近的空间等压面类似于地形中的山谷。常见的低压槽一般从北向南伸展,从南伸向北的槽称为倒槽,从东伸向西的槽称为横槽。槽中各条等压线曲率最大处的连线称为槽线,但地面图上一般不分析槽线。

④高压脊。从高压区延伸出来的狭长区域叫做高压脊,简称为脊。脊中的气压值较两侧的要高。脊附近的空间等压面类似地形中的山脊。脊中各条等压线曲率最大处的连线称为脊线,但一般不分析脊线。

⑤鞍形气压场。两个高气压和两个低气压交错相对的中间区域称为鞍形气压

场，简称为鞍形场或鞍形区。其附近的空间等压面的形状类似马鞍形状。

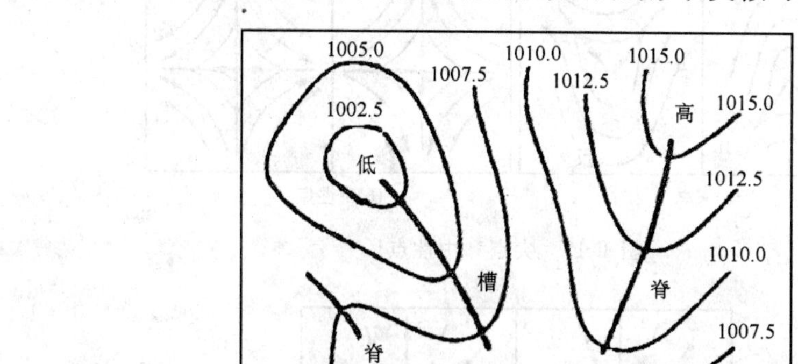


图 1.9　气压场(单位:hPa)的基本型式

(3)风场的基本型式

“风”等场变量不但有大小，而且有方向，这类变量称为矢量。对矢量场的分析，不能像分析标量场一样简单地只用分析等值线(如等风速线)来进行分析，常常还需通过分析流线来表征矢量场的方向特点，以及用散度、涡度、形变度和速度势及流函数等物理量来表示其特征。

流线是一种带箭头的线条。在流线上的每一点上的风向都与流线相切。根据流线分析，可以把常见的流场分成相对均匀气流、奇异线(包括间断线和渐近线)及奇异点(包括尖点、涡旋和中性点)等三种基本流场型式。其中，涡旋的流型又有流入气流、流出气流、气旋式气流、反气旋式气流等，图 1.10、图 1.11 和图 1.12 分别表示尖点和中性点及间断线和渐近线的基本特征，以及在流线分析中可能出现的 6 种基本涡旋流型及单纯的流入(汇)和流出(源)流型。

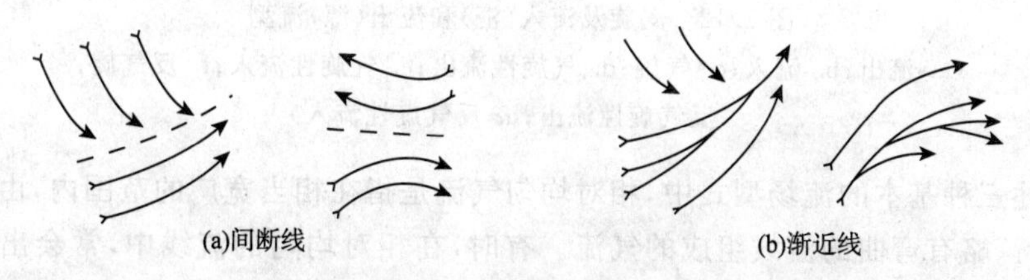


图 1.10　间断线和渐近线

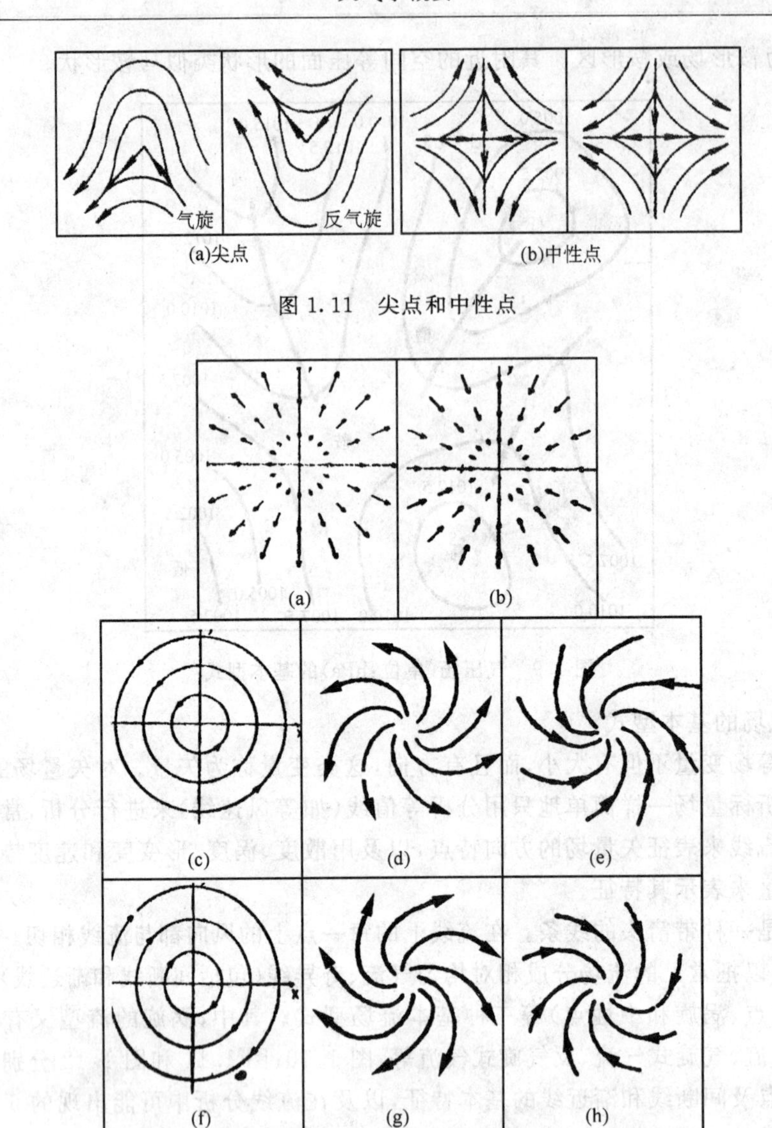


图 1.11　尖点和中性点

图 1.12　涡旋及流入(汇)和流出(源)流型

(a. 流出;b. 流入;c. 气旋;d. 气旋性流出;e. 气旋性流入;f. 反气旋;

g. 反气旋性流出;h. 反气旋性流入)

上述三种基本的流场型式中,相对均匀气流是指在相当宽广的范围内,由一束束近于平行、略有弯曲的流线组成的气流。有时,在相对均匀的流线中,常会出现风速的大值区。奇异线包括间断线和渐近线两种,其中,间断线是指风向不连续的线,如锋、切变线等均为间断线;渐近线是指流线分支或汇合的线,相当于数学中的渐近线。

奇异点即流场中的静风点，此点上风速为零，没有风向（或可认为有任意多个风向）。奇异点有尖点、涡旋（汇、源）、中性点等三种形式，其中，尖点是波和涡旋（如槽和气旋、脊和反气旋）之间发展的过渡形式；涡旋有流入气流、流出气流、气旋式气流、反气旋式气流等形式，流入和流出气流分别称为汇和源。在北半球做逆时针旋转的气流称为气旋式气流，做顺时针旋转的气流称为反气旋式气流。在南半球则相反，做逆时针旋转的气流称为反气旋式气流，做顺时针旋转的气流称为气旋式气流。中性点即两条气流汇合渐近线与两条气流散开渐近线的交点。它相当于气压场中的鞍形场。在两个气旋式涡旋之间（或槽与气旋之间），或两个反气旋式之间（或脊与反气旋之间）也都会出现中性点。以上所说的气旋、反气旋、汇、源等均称为流场系统。

## 1.3　高空天气图

为了全面认识和掌握天气的变化规律，除了分析地面天气图之外，还要分析高空天气图，即填有某一等压面上气象记录的等压面图。

### 1.3.1　等压面图的概念

空间气压相等的各点组成的面称为等压面，由于同一高度上各地的气压不可能都相同，所以等压面不是一个水平面，而是一个像地形一样的起伏不平的面。用来表示等压面的起伏形势的图称为等压面形势图，等压面相对于海平面的形势称为绝对形势图。等压面的起伏形势可采用绘制等高线的方法表示出来。具体地说，将各站上空某一等压面所在的位势高度值填在图上，然后连接高度相等的各点绘出等高线，从等高线的分析即可看出等压面的起伏形势。

如图1.13中，$P$ 为等压面，$H_1,H_2,\cdots,H_5$ 为厚度间隔相等的若干水平面，它们分别和等压面相截（截线以虚线表示），因每条截线都在等压面 $P$ 上，故所有截线上各点的气压均等于 $P$，将这些截线投影到水平面上，便得出 $P$ 等压面上距海平面分别为 $H_1,H_2,\cdots,H_5$ 的许多等高线，其分布情况如图1.13的下半部分所示。从图中可以看出，和等压面凸起部位相应的是一组闭合等高线构成的高值区，高度值由中心向外递减；和等压面下凹部位相应的是一组闭合等高线构成的低值区，高度值由中心向外递增。从图中还可以看出，等高线的疏密同等压面的陡缓相应。等压面陡峭的地方，如图中 $AB$ 处，相应的 $A'B'$ 处等高线密集；等压面平缓的地方，如图 $CD$ 中，相应的 $C'D'$ 处等高线就比较稀疏。

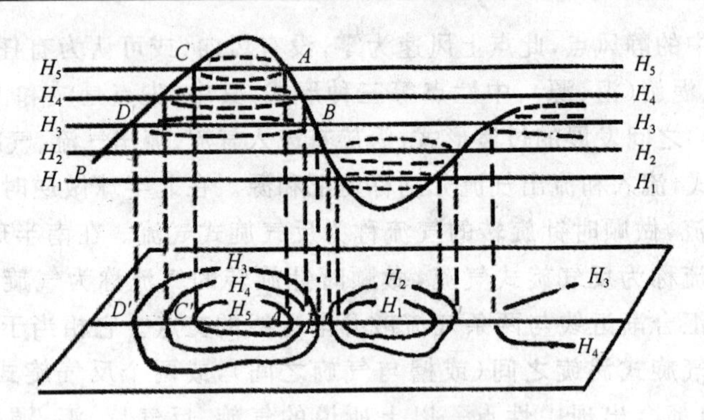

图 1.13　等压面和等高线的关系

分析等压面形势图的目的是要了解空间气压场的情况。因为等压面的起伏不平现象实际上反映了等压面附近的水平面上气压分布的高低。例如，在图 1.14 中，有一组气压值为 $P_1$，$P_0$，$P_{-1}$ 的等压面和高度为 $H$ 的水平面。因为气压总是随高度而降低的，所以气压值小的等压面总是在上面：$P_{-1}$ 等压面在最上面，而 $P_1$ 等压面在最下面。而在高度为 $H$ 的水平面上，$A$ 点处的气压最高(为 $P_1$)，而 $B$ 点处的气压最低(为 $P_{-1}$)，所以 $P_0$ 等压面在 $A$ 点上空是凸起的，而在 $B$ 点处是下凹的。由此可知，同高度上气压比四周高的地方，等压面的高度也较四周为高，表现为向上凸起，而气压高得越多，等压面凸起得也越厉害(如 $A$ 点处)；同高度上气压比四周低的地方，等压面高度也较四周低，表现为向下凹陷，而且气压越低，等压面凹陷得也越厉害(如 $B$ 点处)。因此，通过等压面图上的等高线的分布，就可以知道等压面附近空间气压场的情况。位势值高的地方气压高，位势值低的地方气压低，等高线密集的地方表示气压水平梯度大。既然等高面上的气压分布与等压面上的高度分布相当，那么为什么不像地面图那样，用各个等高面的气压分布图来反映空间气压场的情况呢？这是因为，在天气分析中，用等压面图比用等高面图更优越。

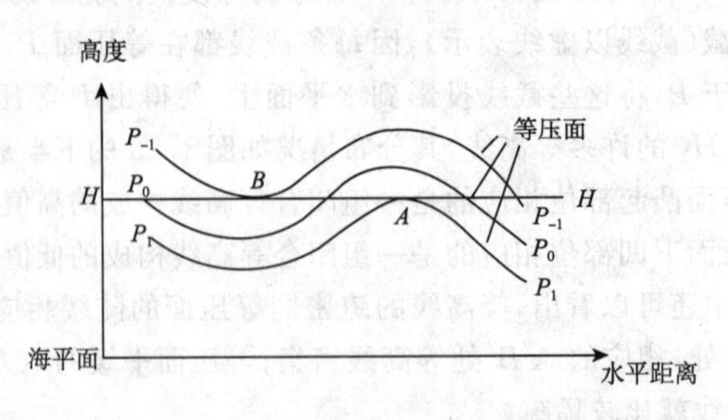

图 1.14　等压面的起伏与等高面上气压分布的关系

我们日常分析的等压面绝对形势图（常用 AT 图表示）有以下几种：

①850 hPa 等压面图（AT850 图），其位势高度通常为 1500 gpm 左右；

②700 hPa 等压面图（AT700 图），其位势高度通常为 3000 gpm 左右；

③500 hPa 等压面图（AT500 图），其位势高度通常为 5500 gpm 左右；

④300 hPa 等压面图（AT300 图），其位势高度通常为 9000 gpm 左右；

⑤200 hPa 等压面图（AT200 图），其位势高度通常为 12000 gpm 左右；

⑥100 hPa 等压面图（AT100 图），其位势高度通常为 16000 gpm 左右。

其中，gpm 称为位势米。1 位势米的含义是单位质量的空气上升 1 m 高度为克服重力所做的功。一个单位质量的空气块上升 1500 m 高度为克服重力所做的功为 1500 gpm 左右。这就意味着 850 hPa 等压面所在的高度大约在 1500 m 左右。700 hPa 等压面所在的高度则大约在 3000 m 左右。

### 1.3.2　等压面图的分析

(1)等高线的分析

因为等压面的形势可以反映出等压面附近气压场的形势，而等高线的高（低）值区对应于高（低）压区，因此，等压面上风与等高线的关系和等高面上风与等压线的关系一样，适合地转风关系。由此可知，分析等高线时，同样需要遵循下述规则：

①等高线的走向和风向平行，在北半球，背风而立，高值区（高压）在右，低值区（低压）在左；

②等高线的疏密（即等压面的坡度）和风速的大小成正比，因为高空空气的运动，受地面摩擦的影响很小，因此等高线和风的关系与地转风关系非常接近，等高线基本上和高空气流的流线一致。因此，在进行等高线分析时要特别重视流场的情况，除测站的风向记录是明显的不正确之外，等高线的疏密分布都必须和风速大小成比例。但由于地转偏向力在高纬比在低纬大，因此，在等压面上同样的高度梯度（即同样的坡度）下，极区和高纬区的风速比中纬度地区要小一些，而在低纬度地区风速要比中纬度地区大一些。

(2)等温线的分析

绘制等温线时，除主要依据等压面上的温度记录进行分析以外，还可参考等高线的形势进行分析。这是因为空气温度越高，空气的密度越小，气压随高度的降低也越慢，等压面的高度就越高，因此越到高空，如 700 hPa 或 500 hPa 以上的等压面，高温区往往是等压面高度较高的区域。反之，低温区往往是等压面高度较低的区域。因此，在高压脊附近温度场往往有暖脊存在，而在低压槽附近往往有冷槽存在（图 1.15）。

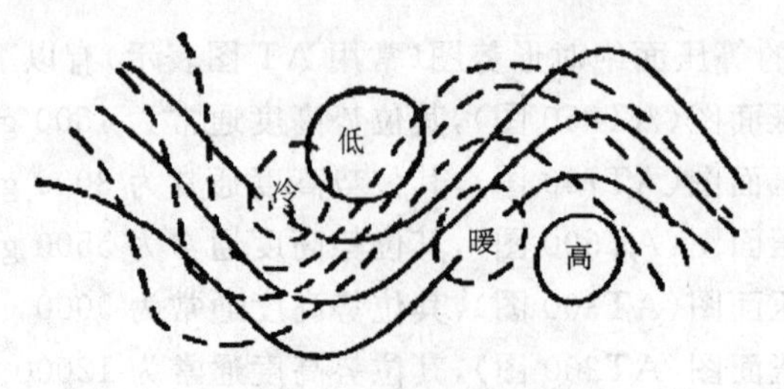


图 1.15 高空等压面图
（实线为等高线，虚线为等温线）

经过等温线分析后，可以看到等压面图上的温度场中有冷、暖中心和冷槽、暖脊，这些与气压场中有高、低压中心和槽、脊相类似。等温线的密集带是冷、暖空气温度对比较大的地带。在分析等温线时，除了要符合等值线的分析原则外，还必须把这些系统清晰地表达出来。

(3)湿度场的分析

湿度场的分析和温度场的分析相同，分析等比湿线或等露点线或等温度一露点的差值线。湿度场中有干湿中心和湿舌、干舌，这些与温度场中的冷暖中心和暖脊、冷槽相对应。

(4)槽线和切变线的分析

槽线是低压槽区内等高线曲率最大点的连线。而切变线则是风的不连续线，在这条线的两侧风向或风速有较强的切变。槽线和切变线是分别从气压场和流场来定义的不同的天气系统，但因为风场与气压场相互适应，所以槽线两侧风向必定也有明显的转变；同样，风有气旋性改变的地方，一般也是槽线所在处，两者有着不可分割的联系（图 1.16）。习惯上往往在风向气旋性切变特别明显的两个高压之间的狭长低压带内和非常尖锐而狭长的槽内分析切变线，而在气压梯度比较明显的低压槽中分析槽线。

(5)温度平流和湿度平流

由于冷暖空气的水平运动而引起的某些地区增暖和变冷的现象，称为温度的平

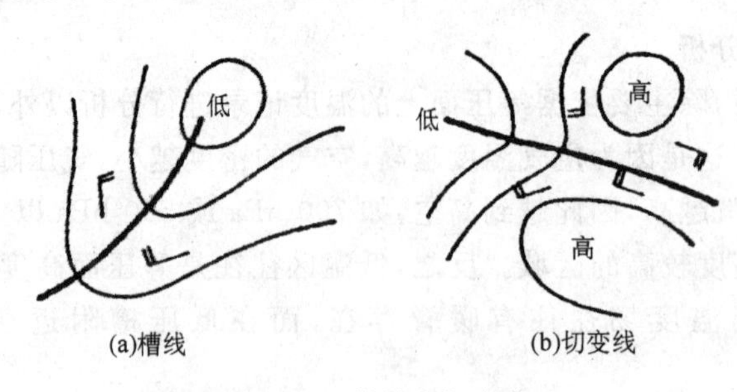


(a)槽线 (b)切变线

图 1.16 槽线和切变线

流变化,简称温度平流。同理,湿度平流是指干、湿空气的水平运动而引起的某些地区湿度改变的现象。

掌握判断温度平流的方法,不仅可以用来直接判断温度的变化,而且还可以进一步根据温度的变化来推断气压场的变化。由于AT图上等高线的分析决定了空气的流向,所以根据等高线和等温线的配置情况就能够判断温度平流的方向和大小。如图1.17a所示,等高线与等温线呈一交角,气流由低值等温线方面(冷区)吹向高值等温线方面(暖区),这时就有冷平流。显然,在此情况下,空气所经之处温度将下降。图1.17b的情况恰好与图1.17a相反,气流由高值等温线方面(暖区)吹向低值等温线方面(冷区),因而有暖平流。在此情况下,空气所经之处温度将上升。图1.17c中$AA'$线所在区域等温线和等高线平行,所以,显然此区内既无冷平流,又无暖平流,即温度平流为零。但$AA'$线两侧的区域温度平流不等于零,其东侧为暖平流,西侧为冷平流。$AA'$正好是冷平流和暖平流的分界线,因此我们把$AA'$线称为平流零线。除了判断温度平流的符号外,还要判断平流的强度,即单位时间内因温度平流而引起的温度变化的数量大小。

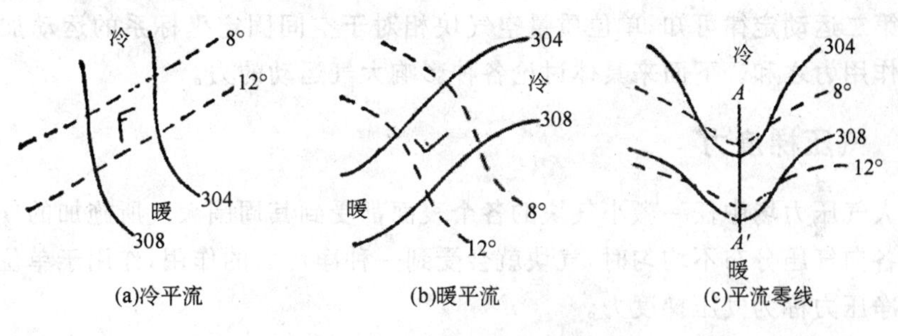


图1.17 冷暖平流的判断

# 第2章　风场和温压场的关系

天气的变化与风的变化密切相关。一般所说的“风”，就是指大气的水平运动。它是一个矢量，既有大小(风速)，也有方向(风向)。上一章中已提到风场和气压场有一定关系。本章将从物理的原因来具体地说明风场和温压场的关系。

## 2.1　作用于大气的力

大气的运动和其他物体运动一样，是遵循动量守恒定律或牛顿第二运动定律的。由牛顿第二运动定律可知，单位质量空气块相对于空间固定坐标系的运动加速度等于所有作用力之和。下面来具体讨论各种影响大气运动的力。

### 2.1.1　气压梯度力

在大气压力场中任一微小气块的各个表面都受到其周围大气所施加的气压的作用。当各向气压分布不均匀时，气块就会受到一种净压力的作用，作用于单位质量气块上的净压力称为气压梯度力。

设气块为一个微小立方体，如图2.1所示。设$A$,$B$为立方体沿$x$方向的两个侧面，两者相距为$\delta x$，其间的气压梯度为$\frac{\partial p}{\partial x}$，若周围大气作用于$B$面上的压力为$p\delta y\delta z$，则作用于$A$面上的压力应为$-\left(p+\frac{\partial p}{\partial x}\delta x\right)\delta y\delta z$(负号表示其方向与$x$方向相反)。因此，在$x$方向上周围大气作用于体积元上的净压力为此两力之和：

$$p\delta y\delta z-\left(p+\frac{\partial p}{\partial x}\delta x\right)\delta y\delta z=-\frac{\partial p}{\partial x}\delta x\delta y\delta z \tag{2.1.1}$$

同理，在$y$方向和$z$方向作用于体积元上的净压力为：

$$-\frac{\partial p}{\partial y}\delta x\delta y\delta z \text{ 和 } -\frac{\partial p}{\partial z}\delta x\delta y\delta z \tag{2.1.2}$$

作用于体积元上的总净压力为三者的矢量和，即：

$$-\left(\frac{\partial p}{\partial x}\boldsymbol{i}+\frac{\partial p}{\partial y}\boldsymbol{j}+\frac{\partial p}{\partial z}\boldsymbol{k}\right)\delta x\delta y\delta z=-\nabla p\delta x\delta y\delta z \tag{2.1.3}$$

设气块的密度为 $\rho$，该体积元所含的大气质量为 $m=\rho\delta x\delta y\delta z$，因而作用于单位质量气块上的净压力，即气压梯度力为：

$$\boldsymbol{G}\equiv-\nabla p\delta x\delta y\delta z/(\rho\delta x\delta y\delta z)=-\frac{1}{\rho}\nabla p \tag{2.1.4}$$

式中：$-\nabla p$ 是由气压分布不均匀而造成的气压梯度，$\nabla p=\frac{\partial p}{\partial x}\boldsymbol{i}+\frac{\partial p}{\partial y}\boldsymbol{j}+\frac{\partial p}{\partial z}\boldsymbol{k}$；$\boldsymbol{i},\boldsymbol{j},\boldsymbol{k}$ 分别为 $x,y,z$ 方向的单位矢量。式(2.1.4)表明：气压梯度力的方向指向 $-\nabla p$ 的方向，即由高压指向低压的方向；气压梯度力的大小与气压梯度成正比，与空气密度成反比。所以在气压不均匀时，大气总会受到气压梯度力的作用。

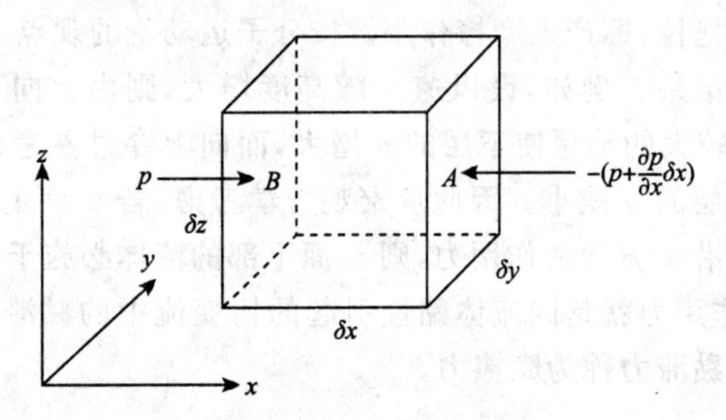


图 2.1　作用于气块上的气压梯度力 $x$ 分量

## 2.1.2　地心引力

牛顿万有引力定律说明，宇宙间任何两个物体之间都具有引力，其大小与两物体的质量乘积成正比，与两物体之间的距离平方成反比。如图 2.2 所示，有两个物体，它们的质量分别为 $M$ 和 $m$（设 $M>m$），其间距离为 $r\equiv|\boldsymbol{r}|$（$\boldsymbol{r}$ 的方向由 $M$ 指向 $m$），那么 $M$ 对 $m$ 的引力为：

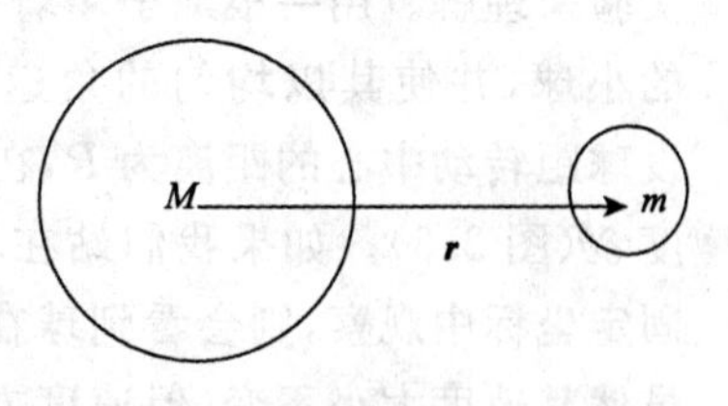


图 2.2　地心引力示意图

$$\boldsymbol{F}_g=-\frac{GMm}{r^2}\left(\frac{\boldsymbol{r}}{r}\right) \tag{2.1.5}$$

式中：$G$ 为引力常数。假定 $M$ 为地球的质量，$m$ 为空气块的质量，则地球对单位质量空气的引力（称地心引力）为：

$$\frac{\boldsymbol{F}_g}{m}=-\frac{GM}{r_u^2}\left(\frac{\boldsymbol{r}}{r}\right)=\boldsymbol{g}^* \tag{2.1.6}$$

设地球平均半径为 $a$（即中心至海平面的距离），$z$ 为海拔高度，则式(2.1.6)可写成：

$$\boldsymbol{g}^* = -\frac{GM}{(a+z)^2}\left(\frac{\boldsymbol{r}}{r}\right) = -\frac{GM}{a^2}\cdot\frac{1}{(1+z/a)^2}\left(\frac{\boldsymbol{r}}{r}\right) = \frac{\boldsymbol{g}_0^*}{(1+z/a)^2} \quad (2.1.7)$$

式中，$\boldsymbol{g}_0^* = -\frac{GM}{a^2}\left(\frac{\boldsymbol{r}}{r}\right)$，是海平面上的地心引力。在气象学应用范围内，$Z$ 值一般仅为数十千米，而地球半径 $a$ 长达 6000 多千米，故 $\boldsymbol{g}^* \approx \boldsymbol{g}_0^*$，可作为常数处理。地心引力是始终作用于地球大气的实在的力。

### 2.1.3　摩擦力

大气是一种黏性流体，当相邻两层空气速度不同，即产生相对运动时，两层空气由于黏性就会互相拖拉，即产生摩擦作用。按分子运动论的观点，大气黏性是分子运动引起动量传递的结果。例如，设风速 $u$ 随高度增大，则由上向下穿过任一参考面 $z_0$ 平面的分子携带较大的动量使下层的 $u$ 增大，而向上穿过参考面 $z_0$ 平面的分子携带较小的动量使上层的 $u$ 减小。因此从宏观力学考虑，若 $z_0$ 面上部的流体层施于该面下部流体层一个沿 $x$ 方向的作用力，则 $z_0$ 面下部的流体必施于 $z_0$ 面上部流体层一个反作用力，这种作用力就是因流体黏性引起的切变流中的黏滞力。一般把单位质量空气所受到的净黏滞力称为摩擦力。

### 2.1.4　惯性离心力

关于惯性离心力的意义可以通过一个简单的实验来理解。用一根绳子牵着一个具有单位质量的小球，并使其以均匀的角速度 $\omega$ 做旋转运动。设球距转动中心的距离为 $R$，在 $\delta t$ 时间内，旋转角度 $\delta\theta$（图 2.3）。如果我们站在不随球一起转动的固定坐标中观察，则会看到球在做匀速圆周运动，虽然其速度大小不变，但速度方向在不断变化，因而速度矢量是变化的，在 $\delta t$ 时间内其变化量为 $\delta\boldsymbol{V}$，即产生了加速度：

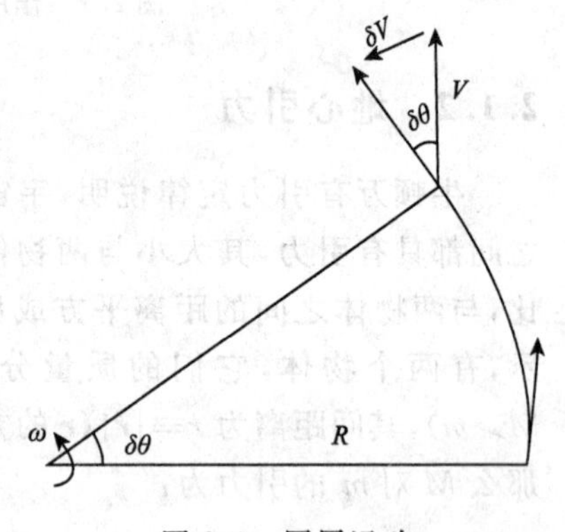


图 2.3　圆周运动

$$\frac{\mathrm{d}\boldsymbol{V}}{\mathrm{d}t} = -\omega^2\boldsymbol{R} \quad (2.1.8)$$

这就是在固定坐标系中所观察到的球的加速度，称为向心加速度。按照牛顿第二定律，产生向心加速度必定是有一个力作用于其上，这个力就是绳子对球的牵引力，称之为向心力。

现在，如果我们站在随小球一起转动的坐标系中来观察，则发现小球是静止的。但是绳子对球的牵引力是真实存在的。这就是说，小球受了向心力的作用，但不做加速运动，这是违背牛顿第二定律的。为了解释这种现象，我们在这转动坐标系中引进一个力，其大小与向心力相等，而方向与向心力相反。由于这个力与向心力平衡，因而才使小球静止。这个与向心力相反的力就叫做惯性离心力。其数学表达式为：

$$\boldsymbol{C} = \omega^2 \boldsymbol{R} \tag{2.1.9}$$

由上可见，惯性离心力不是真实存在的，而只是由于我们站在非惯性坐标系内观察到的运动，并又企图运用牛顿第二定律来解释它的结果。

同样道理，我们来看地球的情况。地球围绕地轴自西向东转，一天旋转一周，其角速度 $\boldsymbol{\Omega}$ 的方向沿地轴指向北极星，大小则为 $\Omega = 2\pi/24\ \mathrm{h} = 7.292\times10^{-5}\ \mathrm{s}^{-1}$。因此，当我们站在地球上观察时（实际是位于相对坐标系中），地表上每一静止的物体都会受到一个惯性离心力的作用。设物体所在纬圈的半径为 $R$，则其受到的惯性离心力为：

$$\boldsymbol{C} = \Omega^2 \boldsymbol{R} \tag{2.1.10}$$

惯性离心力也可写成式(2.1.9)右边出现的形式，即：

$$\boldsymbol{C} = -\boldsymbol{\Omega}\times(\boldsymbol{\Omega}\times\boldsymbol{r}) \tag{2.1.11}$$

式中：$\boldsymbol{r}$ 为地心至气块的位置矢量。

在随地球一起旋转的坐标系中，相对地球静止的物体或空气块，同时受到地心引力和惯性离心力的作用。如图 2.4 所示，惯性离心力在地心引力相反方向的分量部分抵消了地心引力，气块的重量实际上小于 $m\boldsymbol{g}^*$。因此，在气象上将单位质量大气所受到的地心引力与惯性离心力的合力定义为重力，即：

$$\boldsymbol{g} \equiv \boldsymbol{g}^* + \Omega^2 \boldsymbol{R} \tag{2.1.12}$$

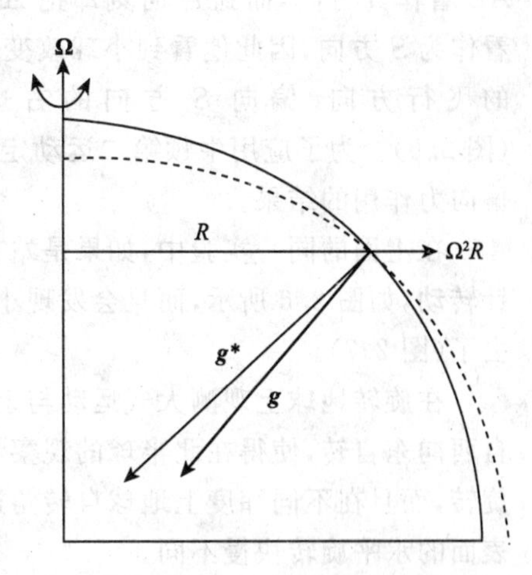

图 2.4　重力作用示意图

气象上的重力，除在极地和赤道外，并不指向地球中心。如果地球是一个正球体，在平行地面指向赤道方向上会有重力的分量。但是，由于地球是近似椭球体（赤道半径约比极地半径大 21 km），调整得平行地面指向赤道方向上没有重力分量，因而在任何地方重力都垂直于水平面。重力是随纬度和高度而变的，在海平面上，重力加速度有以下的近似公式：

$$g = 9.8062(1 - 0.00264\cos 2\phi)\ \mathrm{m\cdot s^{-1}} \tag{2.1.13}$$

重力在赤道上最小，随纬度而增大，至极地达最大。一般采用 45°纬度海平面的重力加速度值，即 $g = 9.806\ \mathrm{m\cdot s^{-2}}$。

### 2.1.5 地转偏向力

由于地球是在不停自转的，站在地球上观测大气运动时会觉得空气运动偏离其原来的运动方向，人们便认为这是由于空气质块受到偏转力的缘故，并把这种偏转力称为地转偏向力（或称为科里奥利力，简称科氏力）。实际上，地转偏向力并非真实力，而是为了应用牛顿第二运动定律来解释当空气块相对于旋转地球运动时引入的另一种视示力。

首先，我们可以用一个简单的物理实验来说明在旋转坐标系中产生偏向力的原因。设在地面上有一转盘做逆时针旋转，有一小球从圆盘中心（$A$）向 $S$ 方向飞出。站在地面（固定坐标系）上的观测者看到小球始终在向目标 $S$ 方向（$AB$ 方向）飞行，但是站在转盘（旋转坐标系）上的观测者在 $t_0$ 时刻把 $AB$ 看作 $S$ 方向，而到 $t_1$ 时刻却把 $AB'$ 方向看作为 $S$ 方向，因此他看到小球改变了初始的飞行方向，偏向 $S$ 方向的右边去了（图 2.5）。为了应用牛顿第二运动定律来解释小球运动偏转的原因，便认为是受到偏向力作用的结果。

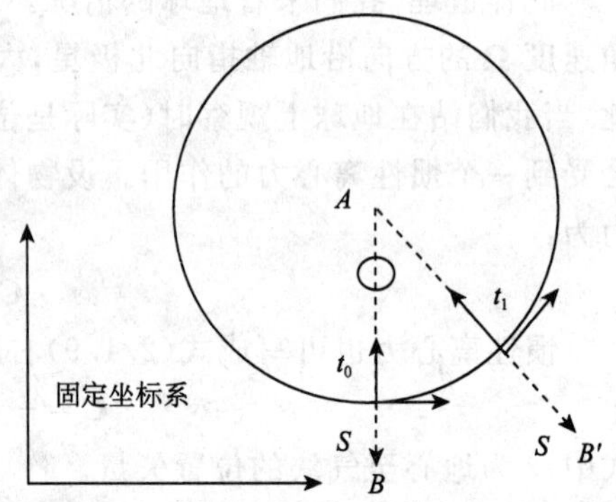


图 2.5　在旋转坐标系中产生偏向力的原因

在上面的同一实验中，如果是站在转盘的反面来观察，则会看到转盘是在做顺时针转动，如图 2.6 所示，而且会发现小球改变了初始的飞行方向，偏向 $S$ 方向的左边去了（图 2.7）。

在旋转地球上观测大气运动与上面的实验是相似的。如图 2.8 所示，由于地球自西向东自转，使得在北半球的观察者做逆时针旋转，而在南半球的观察者做顺时针旋转，而且在不同纬度上地球自转角速度的垂直分量的大小不同，即不同纬度上地球表面的水平旋转快慢不同。

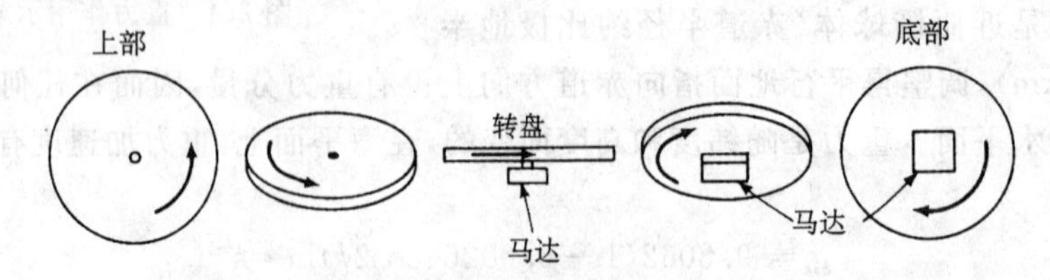


图 2.6　从转盘上部和背部观察转盘的运动（Miller 和 Thompson，1970）

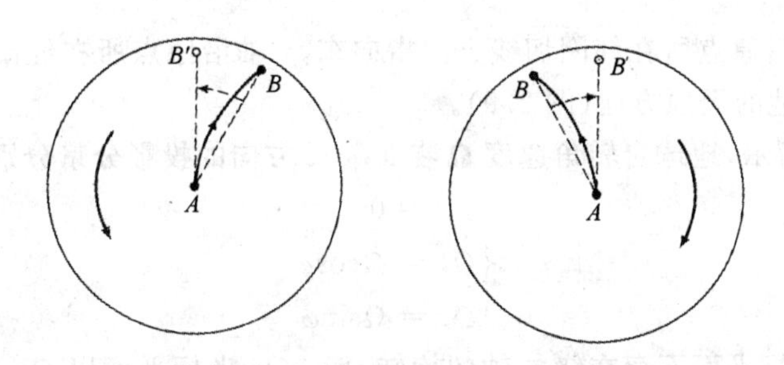


图 2.7　转盘旋转对小球运动的影响(Miller 和 Thompson，1970)
(虚直线 $AB$ 和 $AB'$分别为 $t_0$ 时刻和 $t_1$ 时刻小球飞行的目标方向($S$ 方向)；
实曲线 $AB$ 为小球相对于转盘的路径)

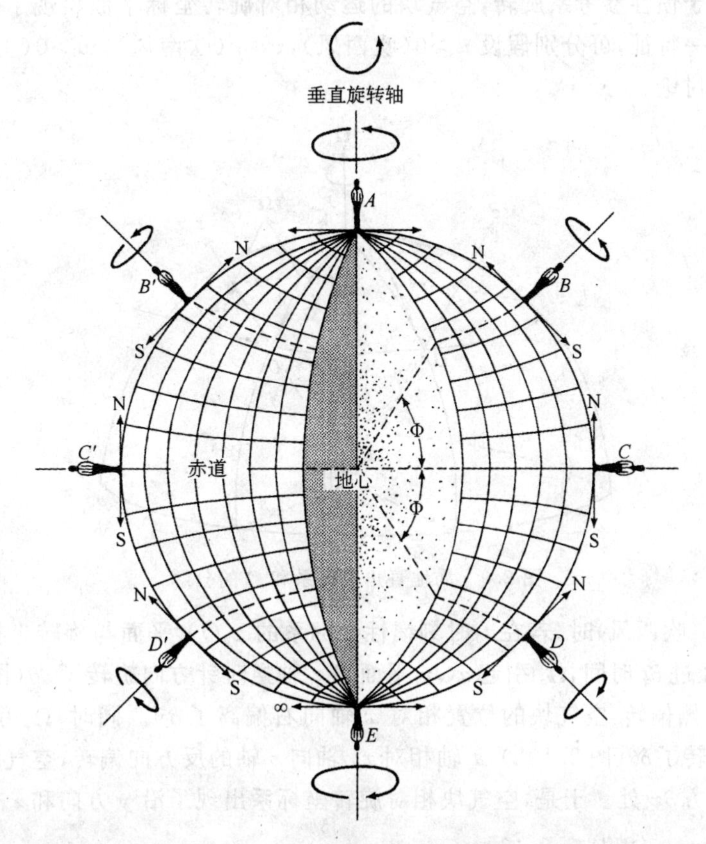


图 2.8　不同纬度上地球表面的水平旋转快慢(Miller 和 Thompson,1970)

下面我们通过分析旋转坐标系的坐标平面相对惯性坐标系的旋转与气块运动中呈现偏向加速度的关系,来进一步说明地转偏向力的意义。

取固定于地球表面上的局地直角坐标系,其原点取在北半球纬度为 $\varphi$ 的某处的地表面上，$x$ 轴沿原点所在纬圈切线方向指向东，$y$ 轴沿原点所在经圈切线方向指向北，$z$ 轴指向当地的天顶方向(图 2.9)。

如图 2.9 所示，地球自转角速度 $\mathbf{\Omega}$ 在 $x,y,z$ 方向的投影分量分别是：

$$\begin{cases}\Omega_x = 0 \\ \Omega_y = \Omega\cos\varphi \\ \Omega_z = \Omega\sin\varphi\end{cases} \tag{2.1.14}$$

这表明：$yOz$ 坐标平面不存在绕 $x$ 轴的旋转，而 $xOz$ 坐标平面以 $\Omega\cos\varphi$ 的角速度绕 $y$ 轴旋转，$xOy$ 坐标平面以 $\Omega\sin\varphi$ 的角速度绕 $z$ 轴旋转。显然，当空气块以速度 $\boldsymbol{V}(=u\boldsymbol{i}+v\boldsymbol{j}+w\boldsymbol{k})$ 相对地面运动时，从旋转坐标系观察，就会看到由于 $\Omega_y$ 和 $\Omega_z$ 使坐标平面相对于惯性参考系旋转，空气块的运动相对旋转坐标平面出现了偏转。为了直观显示这一特征，可分别假设 $u>0$(吹西风)，$v>0$(吹南风)，$w>0$(上升运动)三种情况进行讨论。

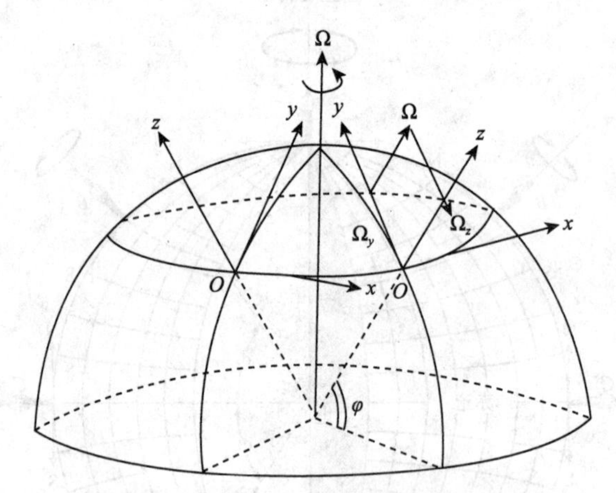


图 2.9　局地直角坐标系和 $\mathbf{\Omega}$ 的分解

当 $u>0$(吹西风)时，若在 $t_0$ 时刻惯性坐标系的 $x_aOy_a$ 平面与旋转坐标系的 $xOy$ 平面重合，经过 $\delta t$ 时间，$\Omega_z$ 引起 $xOy$ 平面绕 $z$ 轴逆时针方向旋转了 $\delta\theta$(图 2.10a)，$x$ 轴向 $x_a$ 轴左侧偏转，空气块的位置相对 $x$ 轴向右偏离了 $\delta y$。同时，$\Omega_y$ 引起 $xOz$ 平面绕 $y$ 轴旋转了 $\delta\theta$(图 2.10b)，$x$ 轴相对 $x_a$ 轴向 $z$ 轴的反方向偏转，空气块的位置偏离到 $x$ 轴上方 $\delta z$ 处。于是，空气块相对旋转坐标系出现了沿 $y$ 方向和 $z$ 方向的偏向加速度 $\left(\frac{\mathrm{d}v}{\mathrm{d}t}\right)_A$ 和 $\left(\frac{\mathrm{d}w}{\mathrm{d}t}\right)_A$(下标 A 表示偏向加速度)。

由图 2.10 可以看出：

$$\begin{cases}\delta y = u\delta t\delta\theta = u\delta t\Omega_z\delta t = u\Omega_z\delta t^2 \\ \delta z = u\delta t\delta\theta = u\delta t\Omega_y\delta t = u\Omega_y\delta t^2\end{cases} \tag{2.1.15}$$

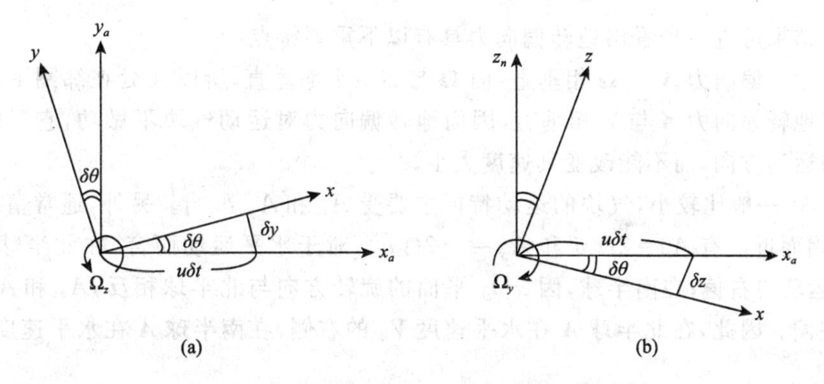


图 2.10　$\Omega_y$、$\Omega_z$ 与坐标平面旋转的关系

又因：

$$
\begin{cases}
\delta y = \dfrac{1}{2}\left(-\dfrac{\mathrm{d}v}{\mathrm{d}t}\right)_A \delta t^2 \\[2ex]
\delta z = \dfrac{1}{2}\left(\dfrac{\mathrm{d}w}{\mathrm{d}t}\right)_A \delta t^2
\end{cases}
\tag{2.1.16}
$$

于是：

$$
\begin{cases}
\left(\dfrac{\mathrm{d}v}{\mathrm{d}t}\right)_A = -2\Omega_z u = -2\Omega u\sin\varphi \\[2ex]
\left(\dfrac{\mathrm{d}w}{\mathrm{d}t}\right)_A = -2\Omega_y u = 2\Omega u\cos\varphi
\end{cases}
\tag{2.1.17}
$$

对于 $v>0$ 和 $w>0$ 的情况进行类似的分析，可得出沿 $x$ 方向的偏向加速度：

$$
\begin{aligned}
\left(\frac{\mathrm{d}u}{\mathrm{d}t}\right)_A &= -2\Omega_z v - 2\Omega_y w \\
&= 2\Omega v\sin\varphi - 2\Omega w\cos\varphi
\end{aligned}
\tag{2.1.18}
$$

从上面的讨论可知，这种相对于旋转坐标系的偏向加速度，纯粹是用旋转坐标系作为参考系观察空气块的运动而呈现出的加速度，并非是真正受力作用的结果。没有受力的作用而有加速度，这也是违背牛顿第二定律的。为了解释这种现象，于是又引入一个视示力，即地转偏向力。令 $\boldsymbol{A}$ 表示地转偏向力，其分量式可写成：

$$
\begin{cases}
A_x = \left(\dfrac{\mathrm{d}u}{\mathrm{d}t}\right)_A = 2\Omega v\sin\varphi - 2\Omega w\cos\varphi \\[2ex]
A_y = \left(\dfrac{\mathrm{d}v}{\mathrm{d}t}\right)_A = -2\Omega u\sin\varphi \\[2ex]
A_z = \left(\dfrac{\mathrm{d}w}{\mathrm{d}t}\right)_A = 2\Omega u\cos\varphi
\end{cases}
\tag{2.1.19}
$$

式(2.1.19)的矢量形式为：

$$
\boldsymbol{A} = -2\boldsymbol{\Omega} \times \boldsymbol{V}
\tag{2.1.20}
$$

从上述结果可进一步看出地转偏向力具有以下重要特点：

①地转偏向力 $\mathbf{A}$ 与 $\mathbf{\Omega}$ 相垂直，而 $\mathbf{\Omega}$ 与赤道平面垂直，所以 $\mathbf{A}$ 处在纬圈平面内。

②地转偏向力 $\mathbf{A}$ 与 $\mathbf{V}$ 相垂直，因而地转偏向力对运动气块不做功，它只能改变气块的运动方向，而不能改变其速度大小。

③$A_z$ 一般比较小，气块的运动特征主要受 $A_x$ 和 $A_y$ 影响。另外，通常情况下 $w$ 很小，因而近似有 $A_x=2\Omega_z v$ 和 $A_y=-2\Omega_z u$。对于水平运动而言，在北半球 $A_x$ 和 $A_y$ 使运动向右偏；在南半球，因 $xOy$ 平面的旋转方向与北半球相反，$A_x$ 和 $A_y$ 使运动向左偏。因此，在北半球 $\mathbf{A}$ 在水平速度 $\mathbf{V}_h$ 的右侧，在南半球 $\mathbf{A}$ 在水平速度 $\mathbf{V}_h$ 的左侧。

④地转偏向力的大小与相对速度的大小成比例。当 $\mathbf{V}=0$ 时，地转偏向力消失。

## 2.2 地转风

### 2.2.1 地转风的概念

一般把满足地转平衡的运动，即在水平方向上地转偏向力和气压梯度力相平衡的空气水平运动称为地转风，用 $\mathbf{V}_g$ 表示，则有：

$$\mathbf{V}_g=-\frac{1}{f\rho}\nabla_h p\times\boldsymbol{k} \tag{2.2.1}$$

式中：$\rho$ 为空气密度；$f=2\Omega\sin\varphi$ 为地转参数，$\Omega$ 为地球自转角速度，$\varphi$ 为地理纬度；$\boldsymbol{k}$ 为垂直方向的单位矢量。

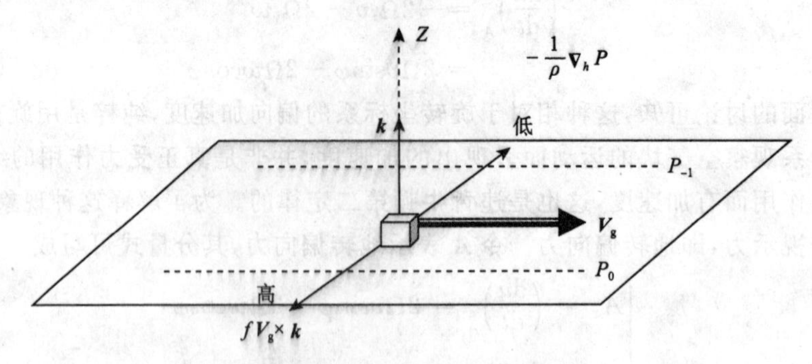


图 2.11 地转平衡示意图

对一个大气质块而言，在没有摩擦的情况下，上述气压梯度力和地转偏向力之间的平衡关系的建立，可以设想为是在经历了以下过程后而达到的：首先是在初始时刻，质块因受到气压梯度力而发生运动。随着运动的发生，地转偏向力立即在运动的垂直方向产生作用，使运动改变方向。而随着运动方向的不断改变，地转偏向力方向也随之不断改变。最后逐步达到气压梯度力和地转偏向力的平衡，实现了地转风平衡的运动(图 2.12)。

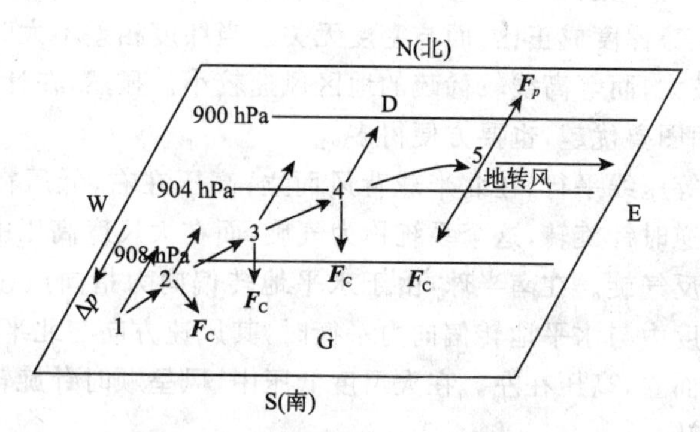


图 2.12　自由大气中空气质块建立地转平衡的过程(Ahrens,1982)

## 2.2.2　地转风的特性

为了进一步了解地转平衡和地转风的意义和特性，我们做如下讨论。

(1)地转平衡(即水平气压梯度力与水平地转偏向力平衡)只有当没有加速度、摩擦力及垂直速度时才能建立。在中纬度自由大气的大尺度系统中，这种平衡是近似成立的。它反映了在这种情况下，风场和压场关系的主要特点。事实证明，实际风与地转风相差很小。因此，地转风原理可以用来指导我们的天气图分析。严格地说，地转平衡只有在中纬度自由大气的大尺度系统中，当气流呈水平(无垂直运动)、直线(非曲线)匀速(无加速度)运动，而且无摩擦作用时才能成立。这种条件在实际大气中经常不能完全满足。因此，地转平衡只能看成是一种近似关系，绝对的地转平衡并不存在。

(2)在赤道上($\varphi=0$)水平地转偏向力等于零(因 $\sin\varphi=0$)，因此不可能建立地转平衡的关系，也不存在地转风。即使不在赤道而在较低的纬度，由于 $\varphi$ 较小，$\sin\varphi$ 也较小，因而地转偏向力也较小。例如，同样的风速，低纬度 4°～5°处的地转偏向力比中纬度 45°处的地转偏向力要小一个量级，而运动方程中其他各项则相对较大，地转平衡不能建立，所以在低纬处地转风与实际风差别较大，地转风原理不能应用。

(3)地转风速大小与水平气压梯度力成正比。这是因为水平气压梯度力愈大，就需要有较大的水平地转偏向力与之平衡。而在同一纬度上($f$ 不变)，出现较大的地转偏向力，必须存在较大的地转风速。在同一张等高面图上(如地面图)，密度在水平方向的变化较小，所以当纬度相差不大时，凡等压线较密集的地区(即气压梯度较大)，则地转风较大，因而实际风也较大。反之，凡等压线较稀疏的地区，风速也较小。

但对于不同高度的等高面，由于密度相差很大，所以相互之间不能比较。但如绘制等压面图，则不但同一幅图上各处之间可以进行比较，而不同层次的图也可互相比较。因为地转风仅与位势梯度成正比，而与密度无关。当纬度相差不大时，凡等高线较密集的地区则风速较大，而等高线较稀疏的地区风速较小。显然，在计算地转风时用等压面图较用等高面图要优越，也要方便得多。

(4)地转风与等压线平行，在北半球背风而立，高压在右，低压在左。因此，在大尺度低压中，风呈逆时针旋转，这个系统称为气旋，而在大尺度高压中，风呈顺时针旋转，这个系统称为反气旋。在南半球，由于水平地转偏向力指向风速去向的左方，因此，当水平气压梯度力与水平地转偏向力平衡时，其风速方向与北半球正好相反。所以，在南半球背风而立，高压在左。在大尺度低压中，风呈顺时针旋转；在大尺度高压中，风呈逆时针旋转。

(5)地转风速大小与纬度成反比，这是因为纬度愈高，同样的风速，地转偏向力愈大；所以水平气压梯度力相同时，纬度愈高地转风速愈小。当分析天气图时，在相同纬度上，风速大的地方等高线应分析得密集一些，风速小的地方，应分析得稀疏一些。但纬度相差较大时，就不能按此原则办理。如果风速相同，在低纬的等高线应比高纬的等高线分析得稀疏一些。

## 2.3 梯度风

### 2.3.1 空气的匀速曲线运动

在上节中讨论了地转风近似，指出地转平衡只有在中纬度的大尺度系统中，当气流呈水平(无垂直运动)、直线(非曲线)运动，而且无摩擦作用时才能成立。但实际大气往往是做曲线运动的。我们先来考虑一种最简单的曲线运动——匀速曲线运动，即沿流线风速大小是均匀的，但风的方向是不断变化的。在气块做曲线运动的时候，会受到惯性离心力的作用。

在第 2.1.4 节中曾讲到，当一个小球做圆周运动，在固定坐标系中来观察它的运动时，发现它具有一个向心加速度，其大小为$\frac{V^2}{R}$($V$ 为运动的速率，$R$ 为旋转半径，方向指向转动中心)。如果站在随球一起转动的坐标系中观察时，则发现球是静止的，但受到一个惯性离心力的作用，其量值亦为$\frac{V^2}{R}$，而其方向则指向与转动中心相反的方向。现在我们站在固定于地球上的坐标系中来观察气块的运动，如果空气相对地球做曲线运动，那么我们也能观察到气块具有向心加速度，其值为$\frac{V^2}{R_T}$，方向指向曲率中心。这里 $V$ 是气块运动的速率，$R_T$是气块做曲线运动时的曲率半径，称为气块轨迹的曲率半径，$R_T>0$ 称为气旋性曲率（逆时针转），$R_T<0$ 称为反气旋性曲率（顺时针转）。如果我们站在随气块一起运动的坐标系中来观察，则会发现气块是静止的，但受到一个惯性离心力的作用，其值亦为$\frac{V^2}{R_T}$，方向指向与曲率中心相反的方向。

当在水平运动方程中除考虑水平气压梯度力和地转偏向力外，并考虑惯性离心力，而且三力达到平衡时，就得到梯度风的概念。

现在我们引入自然坐标系。其坐标原点取在某流线 $s$ 上，水平坐标为 $\boldsymbol{s}$ 和 $\boldsymbol{n}$。$\boldsymbol{s}$ 的方向称为切线方向，简称切向，它与流线上每一点的瞬间风速方向一致。$\boldsymbol{n}$ 的方向称为法线方向，简称法向，它与 $\boldsymbol{s}$ 轴垂直并指向流线前进方向的左方。一般情况下，它的水平轴 $\boldsymbol{s}$、$\boldsymbol{n}$ 的方向是随时间和地点而变的（图 2.13）。

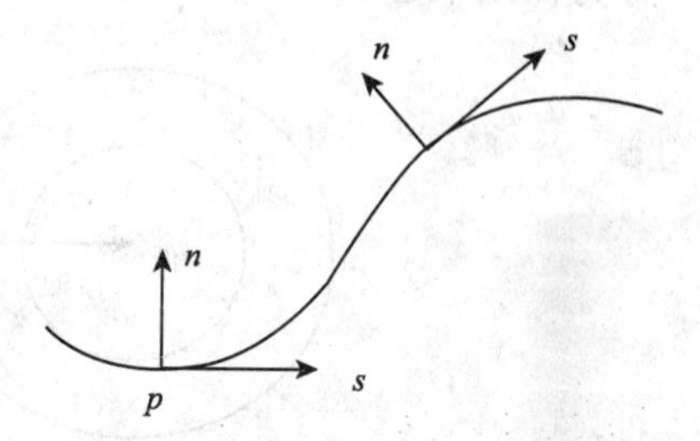


图 2.13　自然坐标系

对于无摩擦的水平运动，在流线的切线方向只有气压梯度力的作用，这是因为地转偏向力是与风速垂直的。而在法线方向有两个力的作用，即气压梯度力和地转偏向力。如果空气做匀速曲线运动，则出现了惯性离心力，于是法向方程可以写为：

$$0=-\frac{V^2}{R_T}-\frac{1}{\rho}\frac{\partial p}{\partial n}-fV \tag{2.3.1}$$

这表示气压梯度力、地转偏向力和惯性离心力三力平衡。

## 2.3.2　梯度风平衡

在没有或不考虑摩擦力时，气压梯度力、地转偏向力和惯性离心力三力平衡时的空气水平运动称为梯度风，这种三力平衡关系称为梯度风平衡。当梯度风平衡时，等压线与流线重合，即$\frac{\partial p}{\partial s}=0$，故切向方程写成：

$$\frac{\mathrm{d}V}{\mathrm{d}t}=0 \tag{2.3.2}$$

这就是说，这时无切向加速度，但具有法向加速度。因而气压梯度力、地转偏向力、惯性离心力平衡时梯度风与等压线平行。用 $\boldsymbol{V}_f$ 表示梯度风风速，于是法向方程可以写为：

$$0=-\frac{V_f^2}{R_T}-\frac{1}{\rho}\frac{\partial p}{\partial n}-fV_f \tag{2.3.3}$$

假定气块运动的轨迹就是流线，在梯度风情况下，也就是等压线，$R_T$也可当做流线或等压线的曲率半径。现在我们来研究三力是如何平衡的，可分两种情况来讨论。

(1)气旋性环流

如以 $\boldsymbol{G},\boldsymbol{A},\boldsymbol{C}$ 分别表示气压梯度力、地转偏向力和惯性离心力。从图 2.14a 可看出：当气块做气旋式旋转时，惯性离心力和地转偏向力皆指向 $-\boldsymbol{n}$ 的方向，因此要求气压梯度力必须指向 $\boldsymbol{n}$ 方向，三力才能平衡，即 $-\frac{1}{\rho}\frac{\partial p}{\partial n}>0\left(\frac{\partial p}{\partial n}<0\right)$，所以气旋中心即为低压中心。

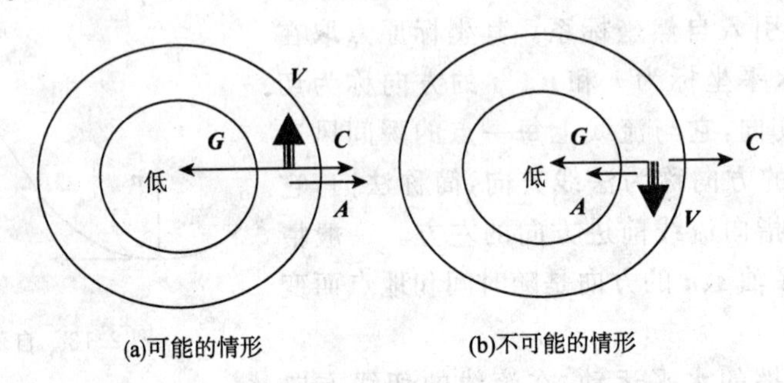


图 2.14　大尺度低压中的梯度风平衡

(2)反气旋性环流

当气块做反气旋式环流时惯性离心力指向 $\boldsymbol{n}$ 方向，地转偏向力指向 $-\boldsymbol{n}$ 方向，那么气压梯度力的方向就有两种可能性。如气压梯度力指向 $-\boldsymbol{n}$ 方向 $\left(\frac{\partial p}{\partial n}>0\right)$ 反气旋中心为低压中心。在这种情况下，惯性离心力大于地转偏向力。在大尺度运动系统中，等压线的曲率较小，$R_T$ 较大，故惯性离心力是较小的，而地转偏向力则相对较大，所以这种情况在大尺度运动系统中是不可能出现的(图 2.14b)。另外一种情形，如气压梯度力指向 $\boldsymbol{n}$ 的方向 $\left(\frac{\partial p}{\partial n}<0\right)$，反气旋中心为高压中心。在这种情况下，惯性离心力比地转偏向力小，这在大尺度运动系统中是常见的(图 2.15)。

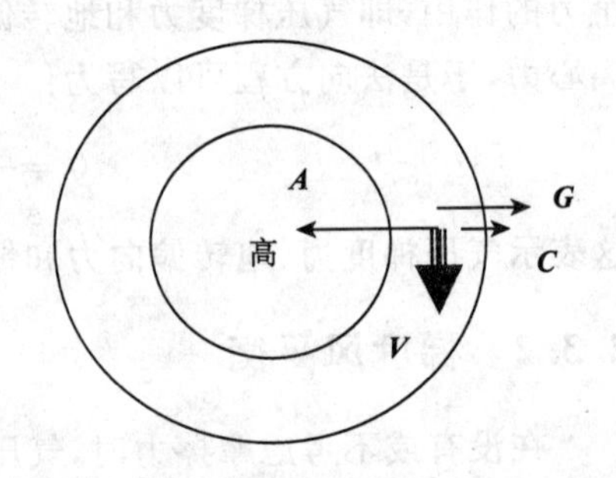


图 2.15　大尺度高压中的梯度风平衡

综上所述，在大尺度运动系统中，低压与气旋性环流相结合，低压中心就是气旋性环流中心。反之，高压与反气旋性环流相结合，高压中心就是反气旋性环流中心。因此，在天气图中分析高、低压中心的位置时，必须考虑环流型式。因为测站正好位于系统中心的可能性是很少的，而根据气压值标注系统中心比较困难，因此，一般都应根据风场的环流来确定系统中心。

# 2.4　地转偏差

## 2.4.1　地转偏差的概念

地转风是指地转偏向力和气压梯度力平衡时的空气水平运动,它是对大气水平运动的近似。在一般情况下,大气中的实际风都不是地转风。所以地转风平衡只是相对而暂时的状态。既然实际风与地转风不同,二者之间必有一定的差别。我们把实际风与地转风的矢量差称为地转偏差 $\boldsymbol{D}$,或称为偏差风(图 2.16)。用数学公式表示为:

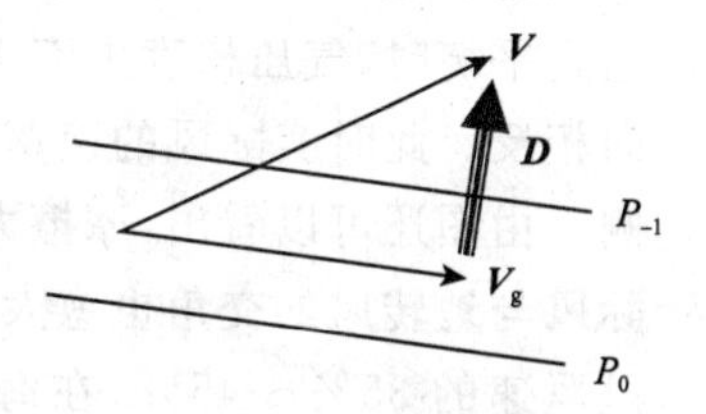

图 2.16　地转偏差示意图

$$\boldsymbol{D}=\boldsymbol{V}-\boldsymbol{V}_g \tag{2.4.1}$$

在大气中,地转偏差相对于地转风来说并不大,但是它对于大气运动和天气变化却有非常重要的作用。因为地转偏差使实际风穿越等压线,造成有的地区空气质量增大,有的地区空气质量减少,从而引起气压场的改变。同时,当风穿越等压线时气压梯度力对空气做功,从而使空气动能改变,促使风速变化。地转偏差也是造成垂直运动的重要原因,而垂直运动则是产生天气的重要因素。所以如果设想没有地转偏差的存在,风与等压线平行,天气系统成了与外界隔绝的封闭系统,没有风的辐散或辐合,没有气压场的改变,没有垂直运动,当然也就没有复杂的天气变化了。

地转风是在假定大气为无摩擦、无加速度的水平气流的条件下,由地转偏向力和气压梯度力平衡而产生的空气水平运动,它是对大气水平运动的零级近似。这种假设当然与实际情况有所不同。实际大气运动是三维的运动,既有水平运动,又有垂直运动;实际大气运动受到摩擦的作用,既有内摩擦,又有外摩擦;实际大气运动具有加速度,风速既有大小的变化,又有风向的变化。显然,地转偏差或偏差风正是由于这些原因而产生的。下面我们将分别讨论由各种原因引起的地转偏差。

## 2.4.2　摩擦引起的地转偏差

首先,我们来研究一下由于摩擦引起的地转偏差。由于摩擦层接近下垫面,湍流交换强,故能产生较大的摩擦力。在摩擦层中,地转偏向力和气压梯度力不能达到平衡,据实际资料分析,在摩擦层中主要是摩擦力、气压梯度力和地转偏向力三者互相平衡。因此,摩擦层中的大气运动主要是上述三力平衡下的运动。

在气压梯度力、地转偏向力和摩擦力三力相平衡的情况下,因为摩擦力的作用主要是使空气运动减速,故可假设其方向总是与空气运动方向相反的。可以设想,三力平衡经历了下述过程。假定初始时刻，空气运动是地转平衡的，气压梯度力与地转偏向力平衡，实际风与地转风相等。紧接着，来考虑摩擦的作用。初始时刻，摩擦力作用在地转风的反方向，使风速减小，地转偏向力减小，运动方向偏转，摩擦力作用在偏转后的风向的反方向，使风速减小，地转偏向力减小，运动方向进一步偏转，这个过程持续进行，直至最后达成如图 2.17 所表示的三力平衡时的情形。由图可见，当三力达到平衡时，气压梯度力 $\boldsymbol{G}$ 与摩擦力 $\boldsymbol{F}$ 和地转偏向力 $\boldsymbol{A}$ 的合力($\boldsymbol{F}+\boldsymbol{A}$)大小相等，方向相反。此时实际风的速率减小，方向偏离等压线指向低压一侧，即偏向地转风的左侧。由图还可以看出，摩擦力愈大，实际风的速率减小得愈多，向左偏得也愈多，而实际风与地转风的交角也愈大。根据统计，在中纬度地区，陆地上地面风风速约为地转风风速的 35%～45%，在海上约为 60%～70%。风向与地转风的交角，陆上约为 35°～45°，海上约为 15°～20°。这是因为陆地比海面粗糙，湍流交换比海上强，因而摩擦系数较海上大的缘故。

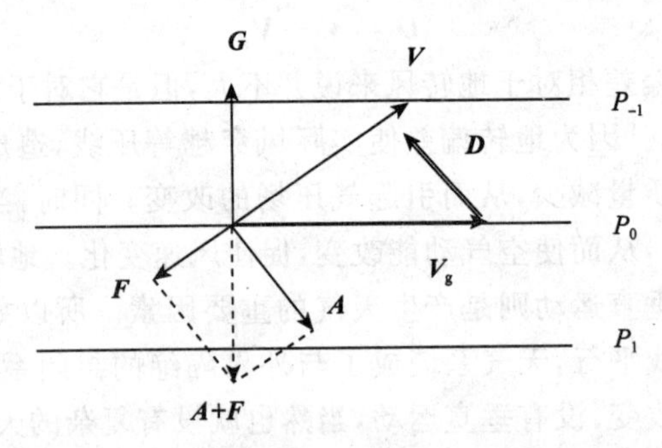


图 2.17　摩擦层中力的平衡示意图

由摩擦力所造成的地转偏差，在弯曲等压线的气压场中的情况，与在平直等压线的气压场中的情况相似。即实际风速比梯度风风速小，风向要偏向低压一方。因此，在北半球摩擦层中，低压中的空气总的看来是沿逆时针方向流动的，但有向内流的分量(图 2.18a)；高压中的空气总的看来是沿顺时针方向流动的，但有向外流的分量(图 2.18b)。因此，在低压中摩擦作用使空气水平辐合，并引起上升运动，在高压中，

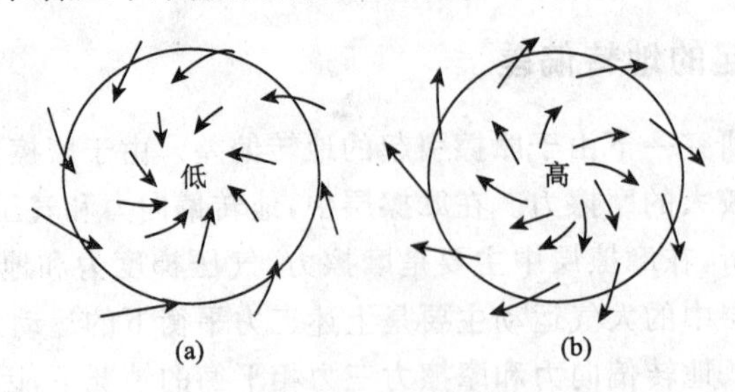


图 2.18　摩擦造成的空气水平辐合和辐散

就使空气水平辐散，并引起下沉运动。

### 2.4.3　自由大气中的地转偏差

在自由大气中摩擦力很小，可以略去。当气压梯度力与地转偏向力不平衡时，就要产生加速度。由运动方程可得：

$$\begin{aligned}\frac{\mathrm{d}\boldsymbol{V}}{\mathrm{d}t} &= -\frac{1}{\rho}\nabla_h p - f\boldsymbol{k}\times\boldsymbol{V} \\ &= f\boldsymbol{k}\times\boldsymbol{V}_g - f\boldsymbol{k}\times\boldsymbol{V} \\ &= f\boldsymbol{k}\times(\boldsymbol{V}_g-\boldsymbol{V}) = \boldsymbol{A}-\boldsymbol{A}_g = \boldsymbol{a} \\ &= -f\boldsymbol{k}\times\boldsymbol{D}\end{aligned} \tag{2.4.2}$$

式中：$\boldsymbol{D}=\boldsymbol{V}-\boldsymbol{V}_g=\frac{1}{f}\boldsymbol{k}\times\frac{\mathrm{d}\boldsymbol{V}}{\mathrm{d}t}$为地转偏差，由式(2.4.2)可知，$\boldsymbol{D}$ 与$\frac{\mathrm{d}\boldsymbol{V}}{\mathrm{d}t}$的方向相垂直，且指向$\frac{\mathrm{d}\boldsymbol{V}}{\mathrm{d}t}$的左方。

进一步分析可见，地转偏差与 $\boldsymbol{D}_1$，$\boldsymbol{D}_2$ 及 $\boldsymbol{D}_3$ 等三种因子有关。其中，$\boldsymbol{D}_1$ 表示与变高梯度或变压梯度的大小相联系的地转偏差；$\boldsymbol{D}_2$ 表示与等高线的辐合(辐散)和弯曲所造成平流加速度相联系的地转偏差；$\boldsymbol{D}_3$ 表示与对流加速度相联系的地转偏差。在不考虑垂直运动的情况下，地转偏差便只与 $\boldsymbol{D}_1$，$\boldsymbol{D}_2$ 这两种因子有关。下面分别对其加以讨论。

(1)$\boldsymbol{D}_1$ 的分析判断

$\boldsymbol{D}_1$ 是由变高梯度或变压梯度表示的地转偏差，通常称为变压风。变压风产生的物理原因是由于变压场叠加在气压场上使气压场发生变化，气压梯度力发生变化，从而引起风场变化，产生加速度而造成的结果。如图 2.19a 所示，由于有一个南北向的变压梯度，使南北向的气压梯度加大，气压梯度力加大，结果引起东西向风速的变化，产生了加速度，从而引起了南北向的变压风。

常规天气图中，地面天气图上分析 3 h 等变压线，由变压分布可定性判断变压风的方向和强弱。变压风的方向应与等变压线垂直并指向低值区，如图 2.19 所示。其中，图 2.19a 是平直等变压线时的情形；图 2.19b 是有负变压中心时的情形，这时变压风向负变压中心辐合；图 2.19c 是有正变压中心的情形，这时变压风由正变压中心向外辐散。

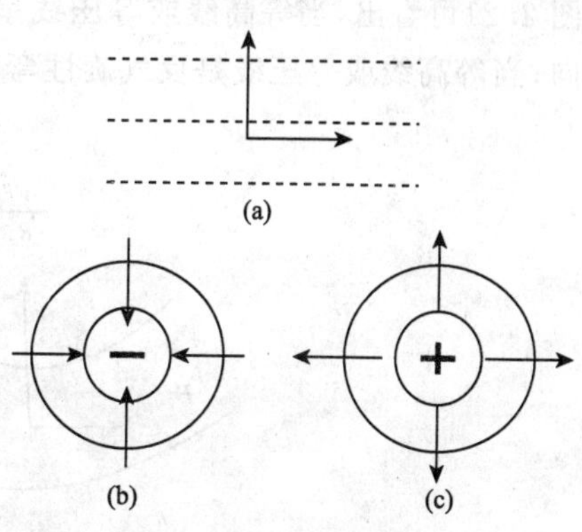

图 2.19　变压风示意图

由于在有限范围内可把 $f$ 视为常数，而且地转风的散度为零，所以实际风的散度取决于地转偏差的散度，因此，在地面天气图上负变压中心区，变压风辐合会引起上升运动，在正变压中心区，变压风辐散会引起下沉运动。据估计，变压风可达到5 m/s，变压风辐合所引起的降水可达 4 mm/h。

(2)$\boldsymbol{D}_2$ 的分析判断

如前所述，$\boldsymbol{D}_2$ 是表示与等高线的辐合（辐散）和弯曲所造成平流加速度相联系的地转偏差。

当等高线辐合时，出现$\dfrac{\partial V_g}{\partial s}>0$，如图 2.20a 所示。当气块保持原来的速度 $V_g$ 由 A 到 B 时，在 B 处所受到气压梯度力与气块受到的地转偏力出现不平衡（前者大于后者），在其合力作用下将获得加速度 $\boldsymbol{a}$（采用地转近似，所以在$\dfrac{\partial V_g}{\partial t}=0$ 的情况下 $\boldsymbol{a}$ 出现在地转风方向），同时由于气压梯度力大于地转偏向力，实际风偏向低气压一侧，出现地转偏差，并指向 $\boldsymbol{a}$ 的左方，同理可以推论，当等高线辐散时地转偏差指向高压一侧，实际风穿越等压线吹向高压一侧，如图 2.20b 所示。

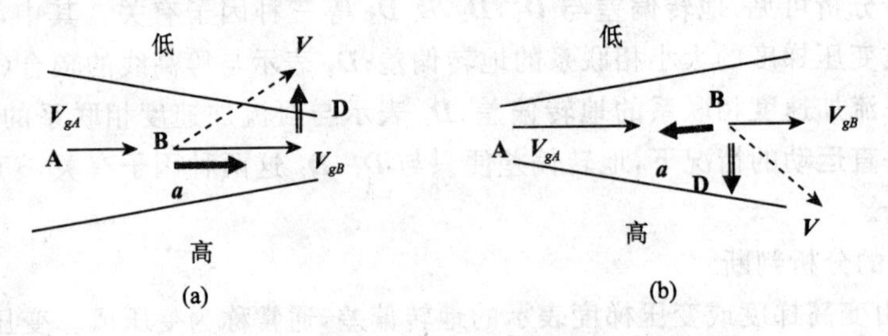

图 2.20　平流加速度所对应的地转偏差

再来看当流线曲率不等于零的情况下（曲线运动），由于气压梯度力和地转偏向力不平衡所产生的法向（向心）加速度所对应的地转偏差（又称纵向地转偏差）。由图 2.21可看出，当等高线或等压线呈气旋性弯曲（$R_s>0$）时，$V_f<V_g$，$\boldsymbol{D}_2$ 指向负切向；当等高线或等压线是反气旋性弯曲（$R_s<0$）时，$V_f>V_g$，$\boldsymbol{D}_2$ 指向正切向。

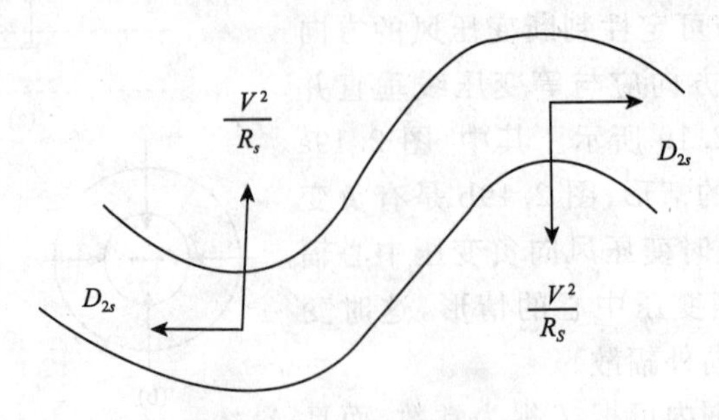

图 2.21　纵向地转偏差

从图 2.21 还可以看出，在槽前脊后有纵向地转偏差的辐散。反之，在脊前槽后有纵向地转偏差的辐合。综上所述，在水平运动中，地转偏差可分解为三项来进行判断。一项是变压风($\boldsymbol{D}_1$)，用三小时变压判断；一项是横向地转偏差($\boldsymbol{D}_{2n}$)，用等压线(等高线)的辐散、辐合来判断；还有一项是纵向地转偏差($\boldsymbol{D}_{2s}$)，用等压线(等高线)的曲率来判断。

如图 2.22 所示，在纬向气流中，有一有限宽的槽，自西向东移动，其槽前脊后必有负变压发生，因而有变压风辐合；槽后脊前必有正变压发生，因而有变压风辐散。但由于等高线的弯曲，槽前脊后有纵向辐散，槽后脊前有纵向辐合。另外，在槽前脊后的上部因等高线辐合必有指向低压的横向地转偏差；在下部因等高线辐散，必有指向高压的横向地转偏差，因而在槽前脊后有横向辐散。反之，在槽后脊前有横向辐合。那么，总的结果在槽前脊后和槽后脊前是辐合还是辐散要看具体情形而定。一般来说，在中纬度对流层中，地转西风是随高度增加而增大的，但系统的移动速度在高层与低层却相差不大。因为纵向和横向辐散(合)的数值与风速成正比，所以相对来说，在高层以纵向和横向辐散(合)为主，在低层以变压风辐散(合)为主。因而在高层，槽前脊后为辐散，槽后脊前为辐合；在低层，槽前脊后为辐合，槽后脊前为辐散。就某一固定地点而言，由下层向上层，辐散(合)转为辐合(散)，其间必有一层辐散(合)为零，称为无辐散(合)层。因为在槽前，低层辐合，高层辐散，而有上升运动；在槽后，低层辐散，高层辐合，而有下沉运动。同时因上、下层辐散、辐合的不同，也不至于在槽前和槽后造成空气的大量堆积和流失，而能使上下层之间起到补偿的作用。

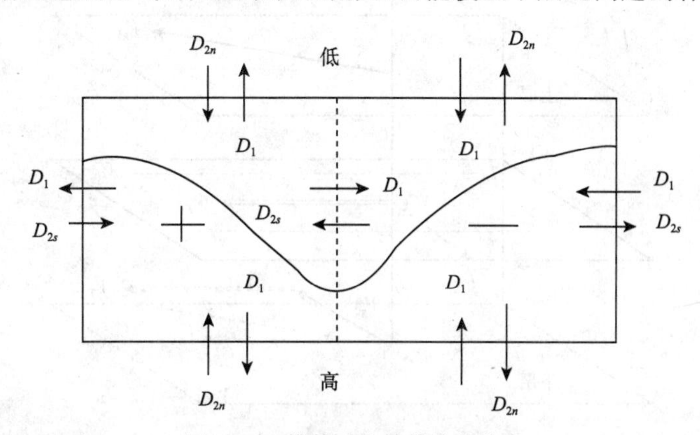


图 2.22　槽前后地转偏差的分布

## 2.4.4　地转适应

前文分析了各种引起地转偏差的原因。虽然中纬度大尺度大气运动基本上是处于地转平衡状态的，但地转偏差也是经常发生的，正因为有地转偏差的存在，天气才会不断地发生变化。所以地转偏差对天气变化起着重要的作用。同时也说明地转平衡不是绝对的，它只是一种运动中的平衡、变化中的平衡。它包含着矛盾对立的两个过程，即地转平衡状态的破坏过程和地转平衡状态的建立过程。从不平衡状态转变成平衡状态称为地转适应过程。可以把天气系统的发展过程近似看做是一连串的地转平衡状态的发展演变过程，这种大气运动变化过程称为准地转演变过程，或称为准地转运动。

## 2.5　热成风

### 2.5.1　热成风的概念

前面我们讨论了在某一等高面或等压面上的地转风。分析不同层次的地转风可以发现地转风是变化的。一般把地转风随高度的变化称为热成风。用矢量 $\mathbf{V}_T$ 表示热成风，则热成风的表达式可写成：

$$\mathbf{V}_T = \mathbf{V}_{g1} - \mathbf{V}_{g0} \tag{2.5.1}$$

式中：$\mathbf{V}_{g1}$ 和 $\mathbf{V}_{g0}$ 分别表示上层（高度为 $z_1$）和下层（高度为 $z_0$）的地转风矢量（图 2.23）。

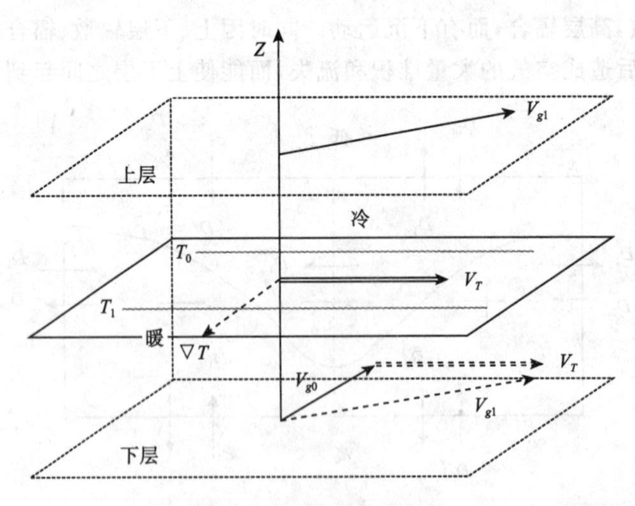


图 2.23　热成风示意图

热成风的表达式也可写成：

$$\mathbf{V}_T = \frac{\partial \mathbf{V}_g}{\partial z} \text{ 或 } \mathbf{V}_T = \frac{\partial \mathbf{V}_g}{\partial p} \tag{2.5.2}$$

热成风的表达式还可写成：

$$\boldsymbol{V}_T=\boldsymbol{V}_{g1}-\boldsymbol{V}_{g0}=\frac{g}{f}\boldsymbol{k}\times\nabla(z_1-z_0) \tag{2.5.3}$$

或

$$\boldsymbol{V}_T=\frac{R}{f}\ln\frac{p_0}{p_1}\boldsymbol{k}\times\nabla\overline{T} \tag{2.5.4}$$

由式(2.5.4)可知，热成风与平均温度线（或厚度线）平行，在北半球，背风而立，高温在右，低温在左。热成风大小与平均温度梯度（或厚度梯度）成正比，与纬度成反比。同时也与 $\ln\frac{p_0}{p_1}$ 有关，也就是说，在不同的两等压面之间，即使平均温度梯度和纬度相同，其热成风大小也不同。但用厚度梯度表示热成风大小时，就简单得多了。

设在 $p_0$ 和 $p_1$ 等压面间(图 2.24)，$x_a$ 处的平均温度 $\overline{T_a}$ 小于 $x_b$ 处的平均温度 $\overline{T_b}$，即 $\overline{T_a}<\overline{T_b}$，根据静力学方程式 $\mathrm{d}p=-\rho g\mathrm{d}z$，则两层等压面间的厚度 $\delta z_a<\delta z_b$。于是 $p_1$ 等压面的坡度必大于 $p_0$ 等压面的坡度，因为地转风的大小和等压面的坡度成正比，设 $p_0$ 等压面上某点的地转风为 $\boldsymbol{V}_{g_0}$，则由于等压面坡度随高度增大，此点上空的地转风也相应增大，从而 $\boldsymbol{V}_{g1}>\boldsymbol{V}_{g0}$。因此，地转风随高度增大是由此两层等压面间温度分布不均匀所造成的，所以称地转风随高度的改变量为热成风。

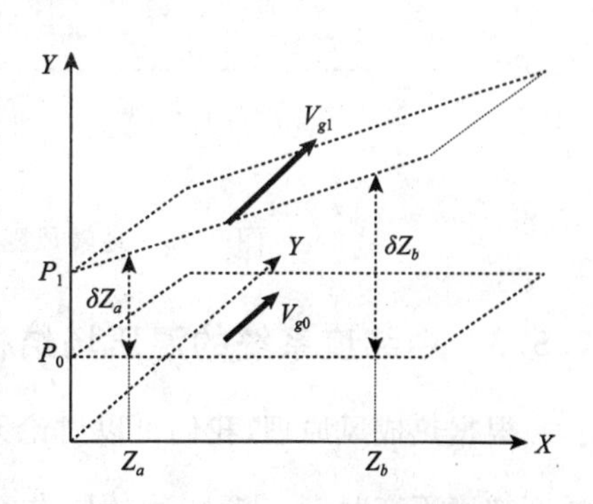


图 2.24　等压面坡度与地转风大小的关系

不管 $p_0$ 与 $p_1$ 两等压面的具体数值，只要厚度梯度和纬度相同，热成风也相同。因此，实际工作中经常分析厚度图。日常工作中最常用的是 1000～500 hPa 的厚度图($OT_{1000}^{500}$)。可见，$OT_{1000}^{500}$ 不仅表示了这两层之间的平均温度，同时也大致表示了这两层之间的热成风。若令 $z_1-z_0=h$，则：

$$\boldsymbol{V}_T=\frac{g}{f}\boldsymbol{k}\times\nabla h \tag{2.5.5}$$

这和地转风的形式是一样的，只要把等高线 $H$ 换成等厚度线 $h$ 就可以了。

## 2.5.2　热成风与冷暖平流

根据热成风公式($\boldsymbol{V}_T=\boldsymbol{V}_{g1}-\boldsymbol{V}_{g0}$)，当 $p_1$ 和 $p_0$ 上下两层等压面的地转风已知时，即可从地转风的向量差求出 $\boldsymbol{V}_T$，并可从 $\boldsymbol{V}_T$ 的方向确定此两层间冷暖区的分布，且从其大小确定温度梯度的强弱。设地转风随高度逆转，且 $\boldsymbol{V}_{g1}$ 与 $\boldsymbol{V}_{g0}$ 的向量差 $\boldsymbol{V}_T$ 向东。由此可推断等温线是东西走向，且北冷南暖。从图 2.25 可见，在 $p_0$ 与 $p_1$ 层间，地转风温度平流是冷平流。又设地转风随高度顺转，且 $\boldsymbol{V}_{g1}$ 与 $\boldsymbol{V}_{g0}$ 的向量差也向东，因此，等温线也是东西向的，且北冷南暖。由图看出，在 $p_0$ 与 $p_1$ 层间地转风温度平流为暖平流。因此可得结论:当某层中地转风随高度逆转时有冷平流,地转风随高度顺转时有暖平流。

因为在自由大气中实际风接近地转风,于是我们就可根据某站高空风随高度的转变,来定出冷、暖平流的层次和估计冷暖平流的大小。

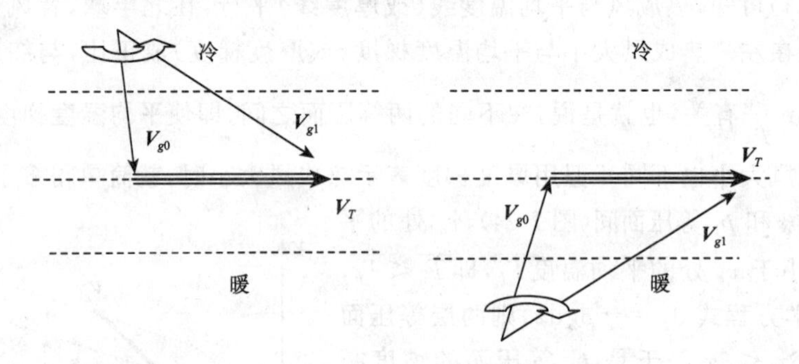


图 2.25 地转风随高度的变化与冷暖平流的关系

## 2.5.3 中纬度系统的温压场结构

根据热成风原理,我们可以讨论天气系统的温压场特点。从式(2.5.3)可知,当温度梯度不变时,$p_0$ 与 $p_1$ 间的层次愈厚$\left(\ln \dfrac{p_0}{p_1}\text{愈大}\right)$则热成风愈大,由图 2.26 也可看出,不管低层风速 $\boldsymbol{V}_{g0}$ 的方向、大小如何,只要温度梯度指向北,热成风指向东,则愈到高层 $\boldsymbol{V}_{g1}$ 愈向东偏,并逐渐与等温线平行。我们知道,在中纬度对流层中主要是北冷南暖,温度梯度向北,所以高层主要是西风气流。

现在我们来看一下,在这种温度分布下,地面的高、低压系统随高度是如何变化的。如图 2.26 所示,等温线平直时,地面低压和高压之间,地面吹北风(实线箭头),热成风为西风(虚线箭头),因而高空为西北风(点画线箭头);在地面低压前部、高压后部地面吹南风,热成风为西风,因而高空吹西南风;在地面低压南部、高压北部,地面吹西风,热成风也为西风,因而高空风仍为西风,且风速加大;在地面低压北部、高压南部,地面吹东风,热成风为西风,因而随着高度的升高,东风减小,至某一高度热成风和地面风互相抵消,高空风为零,再向上则高空风转为西风。结果,在这种温度场(虚线)的分布下,地面闭合高、低压(实线)至高空转变为波状槽、脊(点画线)。由图 2.26 还可看出,在高、低压中心及其南北轴线上,等温线与等高线平行,地转风随高度除做 180°的转向外(高压南部和低压北部),整层风向不转变,因而无冷暖平流。在低压后部高压前部,地转风随高度逆转故有冷平流;在低压前部高压后部,地转风随高度顺转,故有暖平流。结果是平直等温线不能维持。在高、低压之间出现冷舌,在低压前部高压后部出现暖舌。

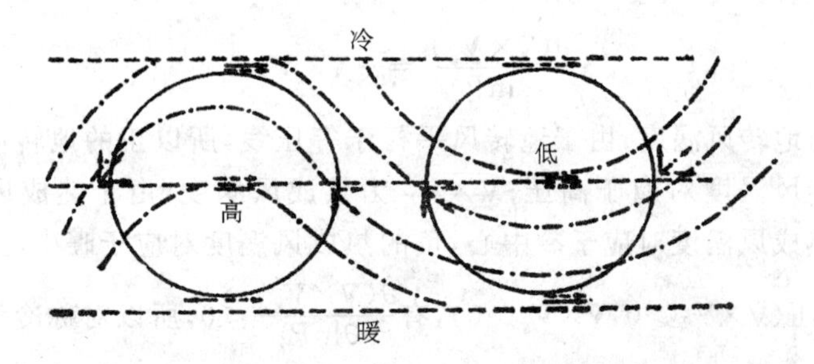


图 2.26　南北向温度梯度情形下高低空系统的配置

在这种温度场的配置下，地转风随高度的变化也发生改变(图 2.27)。改变的结果是高空低压槽位于地面低压之后、高压之前；而高压脊则位于低压之前和高压之后。今以图 2.27 中 A,B,C,D 四点予以说明。在 A,B 两点，地面风与热成风合成后，高空风为西南风；在 C,D 两点，地面风与热成风合成后，高空风为西北风。因而高空槽线必在 B,C 之间，而脊线则在 A 点之前、D 点之后。这个图形是在中纬度经常见到的温压场结构。最后需要着重指出的是：在上面讨论中，突出地讨论了在一定的温度场下，地转风场(及气压场)随高度的变化。而实际上地转风场(及气压场)和温度场是互相联系而制约的关系，并不是因果关系。在一定的地转风随高度变化的形式下，反过来讨论温度场的分布也是可行的。

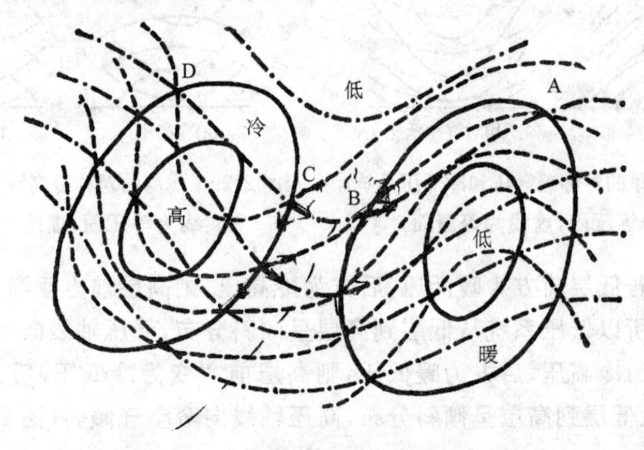


图 2.27　中纬度系统的一般温压场结构

应用热成风原理，也可以解释对称暖高压和冷低压、对称冷高压和暖低压、倾斜气压系统的垂直结构。由方程：

$$\frac{\partial \mathbf{V}_g}{\partial \ln P} = -\frac{R}{f}\boldsymbol{k} \times \nabla_p T = -\mathbf{V}_T \tag{2.5.6}$$

将$\nabla \times$作用于式(2.5.6)两边，可得：

$$\frac{\partial(\nabla\times \boldsymbol{V}_g)}{\partial \ln P}=-\nabla\times \boldsymbol{V}_T \qquad (2.5.7)$$

式中：$\nabla\times\boldsymbol{V}_g$ 为地转风涡度，由于地转风平行于等压线，所以正的地转风涡度对应于低压，负的地转风涡度对应于高压；$\nabla\times\boldsymbol{V}_T$ 为热成风涡度，由于热成风平行于等温线，所以正的热成风涡度对应于冷中心，负的热成风涡度对应于暖中心。因此，对于一个对称冷低压（$\nabla\times\boldsymbol{V}_T>0,\nabla\times\boldsymbol{V}_g>0$），有$\frac{\partial(\nabla\times\boldsymbol{V}_g)}{\partial\ln P}<0$，所以对称冷低压随高度增加而增强（加深）；对于一个对称暖高压（$\nabla\times\boldsymbol{V}_T<0,\nabla\times\boldsymbol{V}_g<0$），有$\frac{\partial(\nabla\times\boldsymbol{V}_g)}{\partial\ln P}>0$，所以对称暖高压随高度增加而增强；因此对称冷低压和对称暖高压都是深厚系统（图 2.28）。相反，对于一个对称暖低压（$\nabla\times\boldsymbol{V}_T<0,\nabla\times\boldsymbol{V}_g>0$），有$\frac{\partial(\nabla\times\boldsymbol{V}_g)}{\partial\ln P}>0$，所以对称暖低压随高度减弱（变浅），甚至变成高压；对于一个对称冷高压（$\nabla\times\boldsymbol{V}_T>0$，$\nabla\times\boldsymbol{V}_g<0$），有$\frac{\partial(\nabla\times\boldsymbol{V}_g)}{\partial\ln P}<0$，所以对称冷高压随高度减弱（变弱），甚至变成低压，因此对称暖低压和对称冷高压都是浅薄系统（图 2.29）。

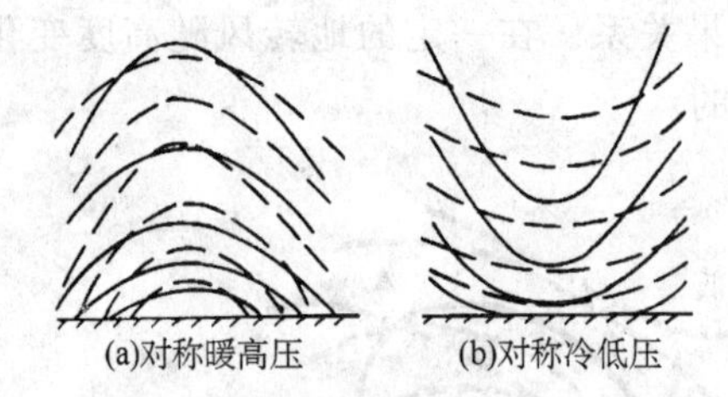


图 2.28 深厚的对称暖高压和冷低压系统
（实线为等压面，虚线为等温面）

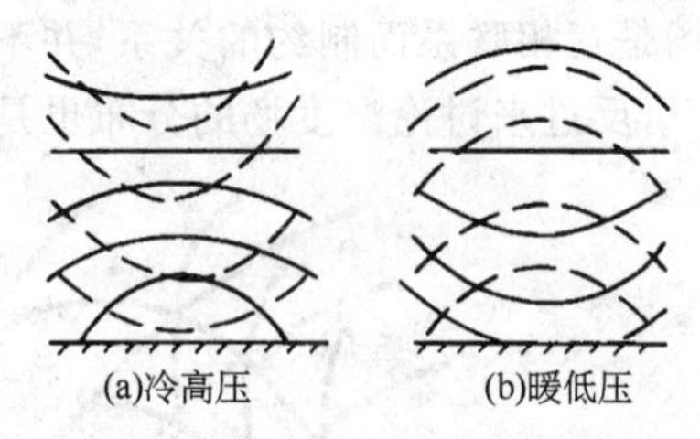


图 2.29 浅薄的对称冷高压和暖低压系统
（实线为等压面，虚线为等温面）

同样道理，若低层前方为暖低压，后方为冷高压，则高层前方逐渐变成暖高压，后方变成冷低压，所以低压系统从低层到高层呈倾斜分布，低压轴线向冷空气倾斜。相反，若低层前方为冷高压，后方为暖低压，则高层前方变为冷低压，后方变为暖高压，所以高压系统从低层到高层呈倾斜分布，高压轴线向暖空气倾斜（图 2.30）。

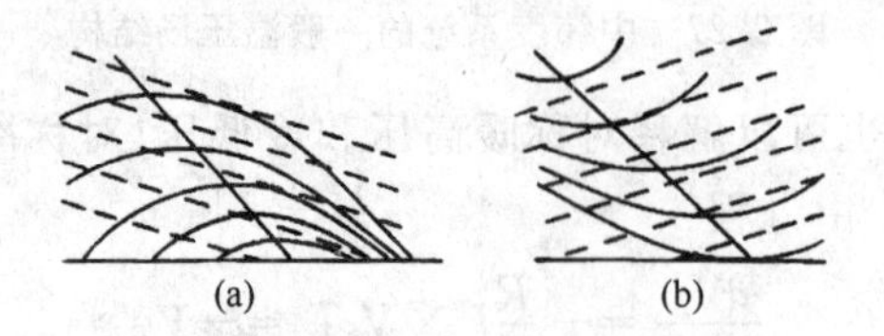


图 2.30 倾斜气压系统的垂直结构
（实线为等压面，虚线为等温面）

上述的深厚系统、浅薄系统及倾斜系统的成因，也可以用静力学公式或厚度公式来解释。厚度公式可写为：

$$\Delta H = H_2 - H_1 = \frac{R\overline{T}}{9.8}\ln\frac{p_1}{p_2} \tag{2.5.8}$$

其中，

$$\overline{T} = \int_{p_2}^{p_1} T\mathrm{d}(\ln P) \Big/ \int_{p_2}^{p_1} \mathrm{d}(\ln P) \tag{2.5.9}$$

式中：$p_1, p_2$ 为等压面，且 $p_1 > p_2$；$H_1, H_2$ 分别为等压面 $p_1, p_2$ 的位势高度；$\overline{T}$ 为等压面 $p_1, p_2$ 之间的平均温度。由式(2.5.8)可知，当温度比较低时，等压面 $p_1, p_2$ 之间的厚度小，即气压随高度降低快；而当温度比较高时，等压面 $p_1, p_2$ 之间的厚度大，即气压随高度降低慢；所以便出现对称冷低压随高度加深、对称暖高压随高度增强、对称暖低压随高度减弱或变成高压、对称冷高压随高度减弱或变成低压，以及在不对称温度分布时低压轴线随高度向冷区倾斜和高压轴线随高度向暖区倾斜的情况。

### 2.5.4　正压大气和斜压大气

当大气中密度的分布仅仅随气压而变时，即 $\rho \equiv \rho(p)$，这种状态的大气称为正压大气。所以，在正压大气中等压面也就是等密度面。对于一个理想大气（$p = \rho RT$），当大气是正压时，等压面也就是等温面。于是在等压面上没有温度梯度，即 $\nabla_h T = 0$，也就是在等压面上分析不出等温线，因而也就没有热成风，这也就是说，在正压大气中，地转风不随高度发生变化。

当大气中密度分布不仅随气压而且还随温度而变时，即 $\rho = \rho(p, T)$，这种状态的大气称为斜压大气。所以，在斜压大气中，等压面和等密度面（或等温面）是相交的。在等压面上具有温度梯度即 $\boldsymbol{\nabla}_h T \neq 0$，因而就有了热成风：

$$\frac{\partial V_g}{\partial p} \neq 0 \tag{2.5.10}$$

这就是说，在斜压大气中地转风是随高度而发生变化的。大气的斜压性对于天气系统的发生、发展有很重要的意义。上述等压面与等密度面（或等温面）相交，必须理解为是指某一固定时刻，气压与密度（或温度）的空间分布状态，因而正压大气与斜压大气也只是指某一瞬间而言的。一般说来，大气的状态都是斜压的，虽然在局地或短时期可以出现正压状态，但在受扰动后，便不能维持其正压性。例如，开始时大气中等压面与等密度面（或等温面）重合，但当大气垂直温度递减率不等于绝热递减率时，只要大气在垂直方向受到扰动，使一块空气由一个等压面移到另一个等压面上，由于绝热变化，这块空气在新的等压面上就将与其周围的空气温度不同，因而在等压面上就有了温度梯度，大气就变成斜压的了。如果有条件使大气的状态始终维持正压性，这种状态称为自动正压状态。例如在上例中，当大气垂直温度递减率等于绝热递减率时，则受到扰动而移动的空气将按绝热递减率改变其温度，并与其周围温度相等，因而大气始终维持正压状态。

# 第 3 章　气团与锋

通过天气图分析实践可以发现，有的广大范围内气象要素分布均匀，空间变化不大；有的狭窄区域内气象要素差异很大，空间变化急剧。这些地方分别是“气团”或“锋”所在之处。气团与锋是大气中最重要的天气系统之一，特别是锋系统的侵袭常常是引起激烈天气变化的原因。本章将介绍气团与锋的概念、成因、类别、结构特征，以及锋生和锋消等知识。

## 3.1 气团

### 3.1.1　气团的概念及成因

气团是指气象要素（主要指温度和湿度）水平分布比较均匀的大范围的空气团。在同一气团中，各地气象要素的垂直分布、大气层结稳定度及天气现象也大致一样。气团的水平尺度可达几千千米，垂直范围可达几千米到十几千米，常常从地面伸展到对流层顶。

每个气团都有其形成和变性的过程。所谓气团形成是指在一个几千千米的大范围区域内，气象要素和各种大气特性的分布逐渐均匀化，并形成某种共同属性的变化过程。而所谓气团变性是指原有气团的属性逐渐改变，最后成为另一种属性的气团的变化过程。

气团的形成取决于多种因素，其中，首要条件之一是要有一个性质比较均匀的广阔地球表面作为大气的“下垫面”，使地面上的大气能获得比较均匀的属性。这是因为大气的热量和水汽主要是来自地球表面，所以地球表面的温度和湿度状况对气团形成和变性具有重要作用。

众所周知，地球热量主要来源于太阳。地球表面吸收太阳短波辐射，同时放射出长波辐射。但大气对太阳的短波辐射直接吸收较少，而对地球表面的长波辐射吸收较多。据估计，大气由吸收太阳短波辐射所得到的热量仅相当于大气吸收地球表面长波辐射所得到热量的 1/8。可以认为，大气的热量主要来自地球表面。同时，大气中水汽也只能是来自地球表面水分的蒸发。所以地球表面的温度和湿度状况对气团形成与变性具有重要的作用。性质比较均匀的广阔地球表面,是气团获得比较均匀属性的首要条件。当空气在性质比较均匀的广阔地球表面上空停留或缓慢移动时,通过大气中各种尺度系统性的垂直运动、湍流扩散、蒸发、凝结和辐射等物理过程与地球表面进行水汽和热量交换,经过足够长时间的交换后便能获得与下垫面的温度、湿度等相一致的物理属性。

气团形成的另一个重要条件是有一个稳定少动的环流和下沉辐散运动。下沉辐散气流可以使大气中温度、湿度的水平梯度减小,水平均匀性增大。稳定少动的环流(如移动甚少的反气旋环流)使空气能较长时间地缓慢移动在温、湿特性比较均匀的下垫面上,使空气能够有足够长的时间取得与下垫面相同的温、湿特征。

一般把有利于形成气团比较均匀的温、湿属性的地区称为气团源地。但大气处在不断的运动中,当气团在其源地取得与源地一致的物理属性后,离开源地移至与源地性质不同的下垫面时,二者间又产生了热量及水分的交换,因此气团的物理属性逐渐发生变化,这种变化就称为气团变性。当气团在新的源地上缓慢移动,基本上取得新源地物理属性时,新的气团便形成了。因此,老气团变性过程亦是新气团形成的过程。

### 3.1.2 气团的分类

气团的分类方法主要有按地理分类和按热力分类两种方法。

地理分类法以气团形成的地理位置来命名气团。以北半球为例,北极地区全年都是冰雪覆盖的北冰洋,下垫面性质较均匀,盛行反气旋环流,是气团源地之一,在这个地区上形成的气团称为北极气团(或冰洋气团)。靠近极圈的高纬广大地区(冬半年为冰雪覆盖,夏季冰雪覆盖区仅限于极圈附近),冬季受反气旋环流控制,夏季亦有弱的辐散气流,在这个地区上形成的气团称为极地气团。在副热带高压及其以南的广大信风区内形成的气团称为热带气团。赤道地区形成的气团称为赤道气团。极地气团和热带气团又有大陆性与海洋性之分,分别称为极地大陆气团、极地海洋气团和热带大陆气团、热带海洋气团。

热力分类法是根据气团温度和气团所经过的下垫面温度对比来划分气团的。按照这种分类法,气团可以分为暖气团和冷气团两种类型。当气团向着比它暖的下垫面移动时称为冷气团,冷气团所经之处气温将下降。相反,当气团向着比它冷的下垫面移动时称为暖气团,暖气团所经之处气温将升高。冷、暖气团是相互比较而言的,同一个气团相对于比其较暖的相邻气团而言称为冷气团,而相对于另一个比其较冷的相邻气团而言则称为暖气团。同时冷、暖气团也不是固定不变的,它们会依一定的条件,各自向着其相反的方面转化。例如,当冷气团南下时通过对流、湍流、辐射、蒸发和凝结等物理过程会很快地把下垫面附近的热量和水汽传到上层去,结果便使冷气团逐渐变暖；同理，当暖气团北上时，同样通过一些物理过程而使暖气团逐渐变冷。

在我国，冬半年常受极地大陆气团影响，其源地在西伯利亚和蒙古，通常称其为西伯利亚气团。这种气团的地面流场特征为很强的冷性反气旋，中低空有下沉逆温，它所控制的地区为干冷天气。当它与南方的热带海洋气团相遇时，在两者交界处则可造成阴沉多雨的天气，冬季我国华南地区常见到这种天气。热带海洋气团可影响到我国华南、华东和云南等地，其他地区除高空外，一般影响不到地面。北极气团也可南下侵袭我国，造成气温剧降的强寒潮天气。

夏半年，西伯利亚气团在我国长城以北和西北地区活动频繁，它与南方热带海洋气团交绥，是构成我国盛夏南北方区域性降水的主要原因。热带大陆气团常影响我国西部地区，被它持久控制的地区就会出现严重干旱和酷暑。来自印度洋的赤道气团（又称季风气团），可造成长江流域以南地区大量降水。

春季，西伯利亚气团和热带海洋气团二者势力相当，互有进退，因此是我国天气变化最为频繁的时期。

秋季，变性的西伯利亚气团占主要地位，热带海洋气团退居东南海上，我国东部地区在单一的气团控制下，出现全年最为宜人的秋高气爽的天气。

## 3.2　锋的概念及类别

### 3.2.1　锋的概念

大气锋面或锋区是指两个冷暖性质不同的气团之间的一个朝冷侧倾斜的分界面或过渡区。如果把两个不同性质的气团看做是被一个没有厚度的空间界面截然分开，那么这个分界面就称为锋面，它与地面的交割线称为锋线，简称为“锋”。锋线的长度一般可达1000 km以上。如果把两个不同性质的气团看做是被一个过渡区分开的，那么这个过渡区就称为锋区。通过锋区的过渡，一个气团的属性渐渐地转变成另一个气团的属性。锋区应该有上下两个界面，靠暖空气一侧的界面称为暖界面，靠冷空气一侧的界面称为冷界面。由于锋区总是朝冷空气一侧倾斜的，空间剖面上暖空气在锋区上方，冷空气在锋区下方，所以锋区的暖界面又称为上界面，冷界面则称为下界面。锋区的水平宽度约为几十千米到几百千米，一般是上宽下窄（图3.1）。锋面的宽度完全可以在高空图、空间剖面图或在测站稠密的地面图上清楚地显示出来。锋面分析时一般把锋区上边界与地面的交割线定为地面锋线。

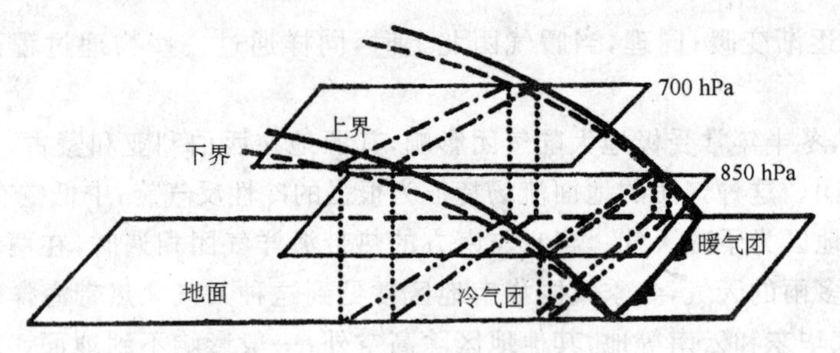


图 3.1 锋面的空间结构

如上所述，气团内的温度和湿度等气象要素水平分布是比较均匀的。但在大气锋区中，气象要素的水平梯度很大。例如，在图 3.2 所示的高空天气图中，实线表示等高线，虚线表示等温线，在高空低压槽东西两侧分别为暖温度脊和冷温度槽，冷槽和暖脊之间有一个等温线相对密集，也就是温度水平梯度较大的地带。这个等温线密集的地带就是两个不同性质的气团之间的过渡区，即在高空天气图上高空锋区所在的位置。而此时地面图上的锋线则位于高空锋区的东侧，说明整个高空锋区就像图 3.1 所示的那样，是朝冷空气一侧倾斜的。

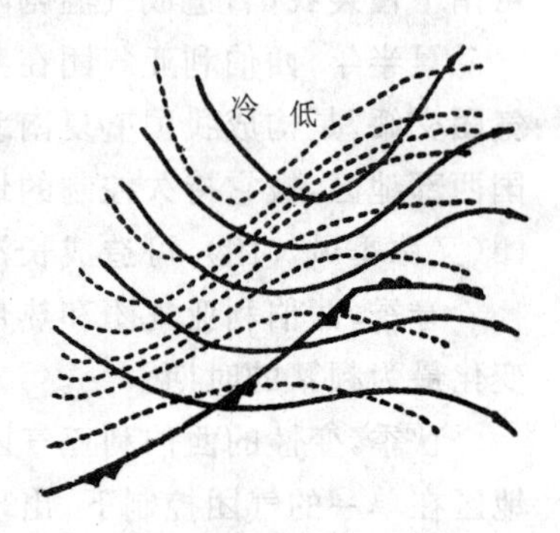


图 3.2 地面锋线与高空锋区的相对位置

## 3.2.2 锋面的坡度

锋区是两个温度不同，亦即密度不同的气团之间的过渡区。由于湍流、辐射、分子扩散等作用，锋区两侧的密度水平分布是连续的(图 3.3a)。但锋区的水平宽度较小，在比例尺很小的天气图上，狭窄的锋区有时表示不出来，因此常常成为一条锋线(图 3.3b)，此时锋线两侧密度不连续，一般称其为密度的零级不连续线，而三度空间

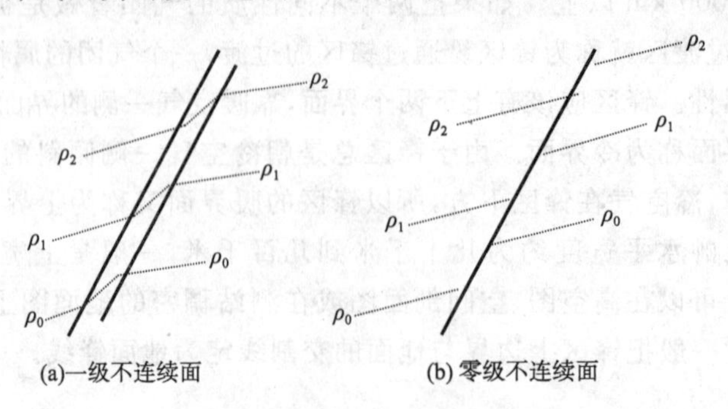


图 3.3 一级和零级不连续面附近的密度分布图

的锋面则可以近似地看做密度的一级不连续面。

根据流体力学的知识可知，处于绝热状态中的空气，一般不连续面具有与空气移速大小相同的传播速度；如果不连续面以一般空气移速传播，那么这个不连续面必须是由相同的空气质点组成的，这种不连续面称为物质面。大气中的锋面虽然不是严格的物质面，但锋面的移速与流体力学所研究的物质面的传播速度很相近。为了便于理论上的处理，气象上常常假设锋面是一个物质面，并以此为基础，从中得出了一些与实际情况基本符合的结论。

锋面是一个倾斜的界面，这是锋面结构的重要特点之一。但是锋面的斜率在不同情况下是不同的，为了说明影响锋面斜率的因子，马古列斯在锋面是一个物质面的假设条件下，推导出了下列锋面坡度公式：

$$\mathrm{tg}\alpha = \frac{f(\rho_L V_{gL} - \rho_N V_{gN})}{g(\rho_L - \rho_N)} \tag{3.2.1}$$

式(3.2.1)称为马古列斯(Margules)锋面坡度公式。用状态方程 $\rho = P/(RT)$ 代入上式，可得：

$$\mathrm{tg}\alpha = \frac{f(T_N V_{gL} - T_L V_{gN})}{g(T_N - T_L)} \tag{3.2.2}$$

式中：$\alpha$ 为锋面的坡角，$f$ 为地转参数，$g$ 为重力加速度，$T_N$ 为暖气团的绝对温度，$T_L$ 为冷气团的绝对温度，$V_{gL}$ 为冷气团中平行于锋线的地转风分量，$V_{gN}$ 为暖气团中平行于锋线的地转风分量。

令：$\Delta T = T_N - T_L$，$\Delta V_g = V_{gL} - V_{gN}$，$T_m = (T_N + T_L)/2$，$V_{gm} = (V_{gL} + V_{gN})/2$ 代入式(3.2.2)则得到：

$$\mathrm{tg}\alpha = \frac{f}{g} T_m \frac{\Delta V_g}{\Delta T} + \frac{f}{g} V_{gm} \tag{3.2.3}$$

式(3.2.3)中第一项比第二项等压面的平均坡度大得多，故马古列斯公式可以简化为：

$$\mathrm{tg}\alpha \approx \frac{f}{g} T_m \frac{\Delta V_g}{\Delta T} \tag{3.2.4}$$

从式(3.2.4)可以得出以下结论：

(1)锋面之所以是倾斜的，主要是因为锋面两侧的风速不同、温度不同及地球自转。

(2)锋面两侧温差愈大坡度愈小；当温差 $\Delta T = 0$ 时，$\mathrm{tg}\alpha = \infty$，$\alpha = 90°$，实际上就不会有锋面。

(3)当锋面两侧风速差 $\Delta V_g = 0$ 时，锋面坡度 $\mathrm{tg}\alpha = 0$，锋面亦不存在。如图 3.4 所示，锋面

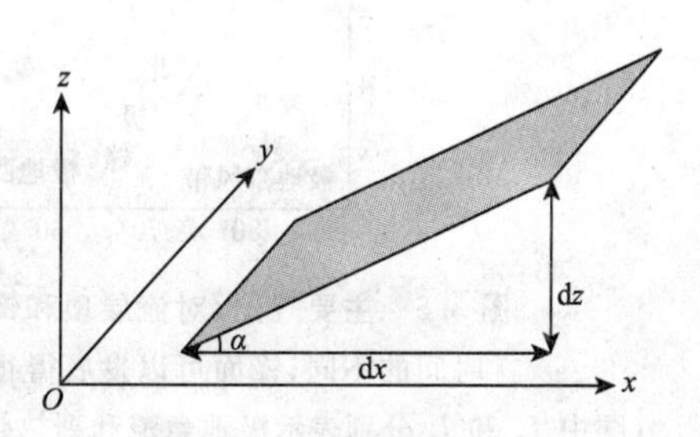

图 3.4　锋面的坡度

存在时，$tg\alpha>0$，因为 $f$、$g$、$T_m$、$\Delta T$ 均大于零，所以 $\Delta V_g$ 必须大于零，即 $V_{gL}>V_{gN}$，也就是说，锋面两侧平行于它的地转风分速应具有气旋性切变。而且锋面坡度与锋两侧风速差值（即风切变）成正比。风速差值增大，锋面坡度亦增大；风速差值减小，锋面坡度亦减小。然而，温差 $\Delta T$ 和风速差 $\Delta V_g$ 是相互联系的，当温差 $\Delta T$ 增大时，风速差也往往增大，有相互抵消作用。因此，锋面坡度也就改变得不多。此外，从式(3.2.4)中还可以看出，当锋面两侧平均温度愈高时，锋面坡度也愈大。

(4)锋面坡度与纬度有关，如果其他条件不变，锋面坡度随纬度增高而增大。当锋面南移时，纬度减小，其坡度也变小；在赤道上 $\varphi=0$，$tg\alpha\approx0$，故没有锋面存在的可能。

据统计，在我国南方，锋面坡度为$\frac{1}{200}\sim\frac{1}{500}$，在我国北方，锋面坡度为$\frac{1}{50}\sim\frac{1}{200}$。其中，冷锋坡度较大，暖锋和准静止锋坡度较小。

### 3.2.3 锋的分类

通常根据锋面所处的地理位置、锋面伸展的高度，以及锋面两侧的冷、暖气团的相对地位等不同的分类原则，可以把锋分成各种不同的类型。

根据气团的不同地理类型，又可将锋分为冰洋锋（北极锋）、极锋和副热带（热带）锋三种，其中，冰洋锋（北极锋）位于极地东风带和极地西风带之间；极锋位于极地西风带和地面副热带高压及对流层中纬度气团之间；副热带（热带）锋位于对流层中纬度气团和对流层下部热带气团之间，如图 3.5 所示。

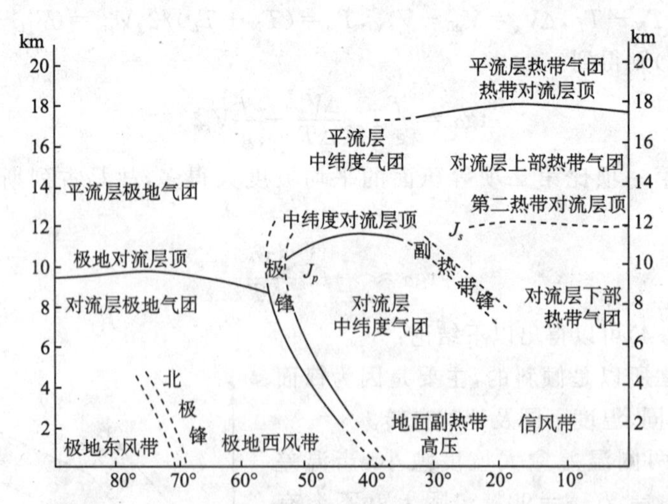


图 3.5 主要气团、对流层顶和锋面及急流与低层风系特征的关系随着地点和时间的不同，锋面可以发展得很强或者是比较弱（Palmen 和 Newton，1978）

（图中 $J_p$ 和 $J_s$ 分别表示极地急流和副热带急流的位置；虚线表示气团和锋的位置随季节有摆动）

根据锋伸展的不同高度，也可将锋分为地面锋、对流层锋和高空锋三种，它们分别是指主要处在对流层低层、整层和高层的锋区。冰洋锋（北极锋）、极锋和副热带（热带）锋分别属于处于对流层低层、整层和高层的锋区，如图3.5所示。

此外，根据锋在移动过程中冷、暖气团所占的不同地位及锋的移动和结构情况可将锋分为冷锋、暖锋、准静止锋和锢囚锋四种。

下面，我们根据最后一种分类法对锋加以分类讨论。

(1)冷锋

若锋面在移动过程中冷气团起主导作用，推动锋面向暖气团一侧移动，这种锋面称为冷锋。冷锋过境后，冷气团占据了原来暖气团所在的位置（图3.6a，双箭头表示锋移动的方向）。冷锋在我国一年四季都有，冬半年更为常见。气团在移动过程中，由于变性程度不同，或有小股冷空气补充南下，在主锋后面，即在同一个冷气团内又可形成一条副锋，一般说来，主锋两侧的温差较大，而副锋两侧的温差较小，而且延伸的高度也较低。

根据冷锋与高空槽的配置及移速和锋上垂直运动的关系，可将冷锋分为第一型与第二型两类。第一型冷锋的地面锋线位于高空槽前部，坡度较小（约为1/100），移速较慢，暖空气沿锋面上滑（故称其为上滑锋）。第二型冷锋的地面锋线位于高空槽附近或后部，移速较快，坡度较大（约为1/70），其低层坡度特别陡峭，有时呈“鼻状”，使前方暖空气强烈抬升。

(2)暖锋

若锋面在移动过程中暖气团起主导作用，推动锋面向冷气团一侧移动，这种锋面称为暖锋。暖锋过境后，暖气团就占据了原来冷气团的位置（图3.6b）。暖锋多在我国东北地区和长江中下游地区活动，大多发生在高空槽前或地面倒槽之中，与冷锋连结在一起，构成锋面气旋。

(3)准静止锋

若冷暖气团势力相当，锋面移动很少时，称为准静止锋（图3.6c）。事实上，绝对静止是没有的。在这期间，冷暖气团势力相当，互相对峙，有时冷气团占主导地位，有

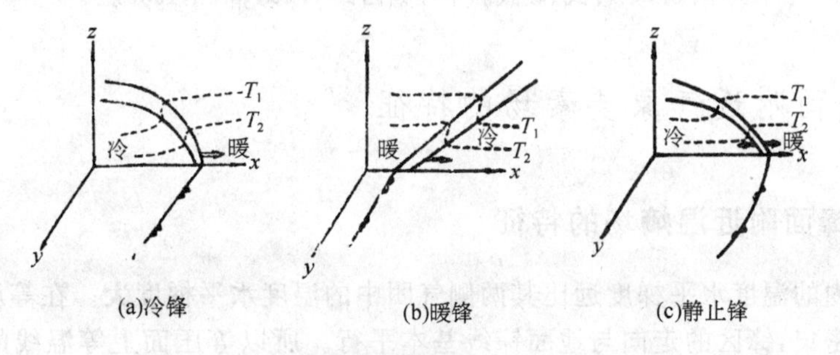


图3.6 冷锋、暖锋和静止锋（Petterssen，1956）

时暖气团占主导地位，使锋面来回摆动。实际工作中，一般把 6 h 内（连续两张图上）锋面位置无大变化的锋定为准静止锋，或简称为静止锋。在我国华南和云贵高原等地区常见到冷锋由于受到山脉阻挡和适当流场共同作用而形成准静止锋。新疆的天气预报员普遍认为，当冷空气进入北疆后，由于东西走向的天山山脉阻挡，使冷空气在天山北麓堆积，当冷空气灌满北疆盆地时锋面所伴随的天气现象也随之消失，就不宜分析准静止锋，他们认为天山准静止锋尚属较少见。

（4）锢囚锋

当暖气团处在两个冷气团之间时，暖气团就会与两侧的冷气团之间分别构成锋面，倘若其中一个锋面追上另一个锋面，便形成“锢囚”。我国常见的形成锢囚的情况有锋面受山脉阻挡而造成的地形锢囚；或冷锋追上暖锋，或两条冷锋迎面相遇而造成的锢囚。它们都迫使冷锋前暖空气被抬离地面，锢囚（封锁）在高空。我们将冷锋后部冷气团与暖锋前面冷气团的交界面，称为锢囚锋。锢囚锋又可分为三种：如果冷锋后的冷气团比暖锋前的冷气团更冷，其间的锢囚锋称为冷式锢囚锋，它类似于冷锋，由相对来说较冷的一侧向较暖的一侧推移（图 3.7a）；如果暖锋前的冷气团比冷锋后的冷气团更冷，其间的锢囚锋称为暖式锢囚锋，它类似于暖锋，由相对来说较暖的一侧向较冷的一侧推移（图 3.7b）；如果锋前后的冷气团属性无大差别，则其间的锢囚锋称为中性锢囚锋，它类似于静止锋，没有明显的向哪一侧推移的趋向（图 3.7c）。空间剖面图上原来两条锋面的交接点称为锢囚点。

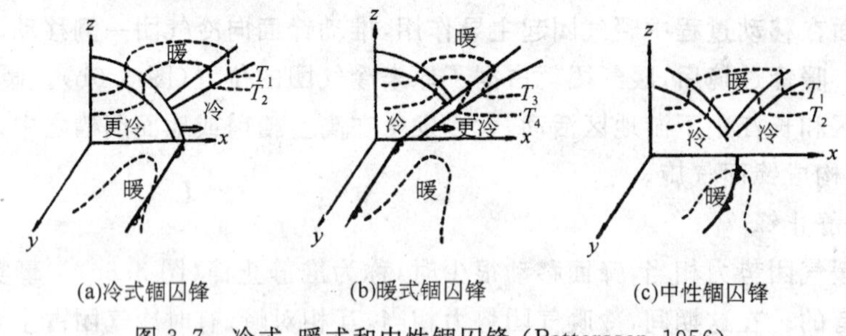


(a)冷式锢囚锋　(b)暖式锢囚锋　(c)中性锢囚锋

图 3.7　冷式、暖式和中性锢囚锋（Petterssen，1956）

## 3.3　锋面附近气象要素场的特征

### 3.3.1　锋面附近温熵场的特征

锋区内的温度水平梯度远比其两侧气团中的温度水平梯度大。在等压面图上等温线相对密集，锋区的走向与地面锋线基本平行。所以等压面上等温线的分布可以很明显地指示锋区的位置所在和强度特点。等温线越密集，则水平温度梯度越大，锋区越强。由于锋面在空间是向冷空气一侧倾斜的，所以高空图上的锋区位置偏在地面锋线的冷空气一侧(图 3.7)，等压面高度越高，锋区位置向冷空气一侧偏移越多。对比同一时刻各等压面上锋区的位置，大致可以决定锋面的坡度。各等压面上的锋区位置相对越近，锋面坡度越大。

根据等压面图上高空冷暖平流的性质可以确定锋的类型，一般来讲，若在等压面图上锋区内有冷平流，则地面所对应的是冷锋；若有暖平流则地面所对应的是暖锋；如果无平流或仅有弱的冷、暖平流，而且地面锋在 24 h 内又移动很少，则可定为静止锋。锢囚锋附近的温度分布比较复杂，其共同特点是原在低空的暖空气完全为冷空气所代替，暖空气则被抬举到高空，在等压面图上反映有暖舌(图 3.7 中地面的虚线表示等压面上的暖舌在地面上的投影位置)，在暖舌两侧等温线比较密集。因锢囚锋的类型不同，暖舌在各高度上的位置也不同。若暖舌位于地面锢囚锋的前方，则为暖式锢囚锋；若暖舌位于地面锢囚锋的后方，则为冷式锢囚锋；当暖舌位于地面锢囚锋上，而且暖舌在各高度上的位置基本不变，只是其宽度随高度有所增大，则为中性锢囚锋。在实际工作中，因测站密度不够，等温线分析又不那么准确及其他原因，锢囚锋只能笼统地确定其位置，类型难以确定。对某个测站而言，如果它的上空有锋面，则因锋的下面是冷气团，上面是暖气团，因此当探空气球通过锋区时，可以观测到温度随高度增高而升高(即锋面逆温)或温度直减率很小的现象。根据实测资料发现，位于锋区下面冷空气一侧的测站，其温度随高度的变化有如图 3.8a～c 所示的有明显锋区逆温、锋区等温及垂直递减率很小等三种情况。图 3.9 为剖面图上锋区的温度场和位温场特征。图中 $T_0$ 和 $T_1$ 为通过锋区有明显逆温的等温线形式，$T_2$ 和 $T_3$ 为等温的形式，$T_4$ 和 $T_5$ 为递减率很小的降温形式，它们正好分别为如图 3.8a～c 所示的三种情况。因为在冷、暖气团内部，温度随高度递减，温度的水平分布比较均匀，所以等温线在气团内部呈准水平，等温线与水平面的交角可以反映气团的变性情况。当等温线由冷气团穿越锋区时出现曲折。冷、暖气团间温差愈大，锋面逆温愈强或过渡区愈窄，通过锋区时等温线弯折得愈大。反之亦然。

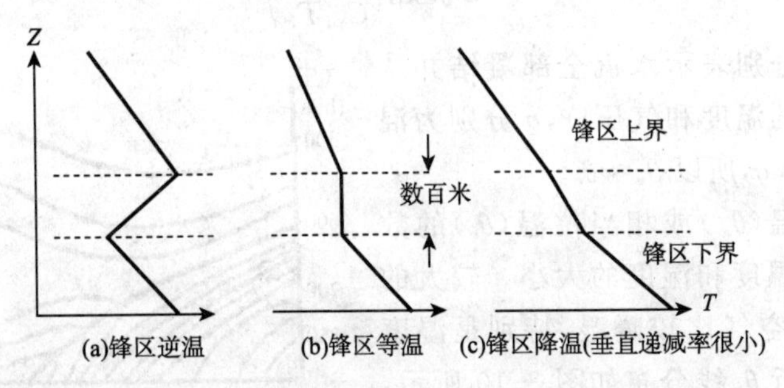


图 3.8　锋面温度垂直廓线的类型

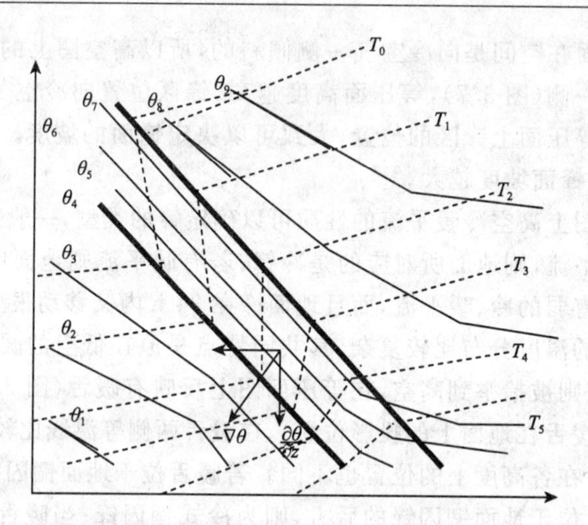


图 3.9　锋附近等温(T)线和等位温(θ)线的分布示意图

在锋区中等位温线很密集，等位温面随高度向冷空气倾斜与锋面倾斜方向一致，在绝热条件下与锋面平行，在近地面层因辐射、湍流等因素影响，大气的过程是非绝热的，等位温线与锋面则不平行。

如果大气中有蒸发凝结等相变现象，位温就不保守，在这种情况下宜用假相当位温($\theta_{se}$)或相当位温($\theta_e$)代替位温($\theta$)。假相当位温($\theta_{se}$)定义为将未饱和空气抬升达到抬升凝结高度，并继续抬升至高度 $N$，使水分全部脱离气块后，干绝热下降至 1000 hPa 时的温度。位温($\theta$)、假相当位温($\theta_{se}$)及相当位温($\theta_e$)的数学表达式如下：

$$\theta = T\left(\frac{1000}{p}\right)^{\frac{R_d}{C_{pd}}} \tag{3.3.1}$$

$$\theta_{se} = T_N\left(\frac{1000}{P_N}\right)^{\frac{R_d}{C_{pd}}} \approx \theta\exp\left(\frac{Lr}{C_{pd}T_c}\right) \tag{3.3.2}$$

$$\theta_e \approx \theta\exp\left(\frac{Lq}{C_{pd}T_c}\right) \tag{3.3.3}$$

式中：$T_N$，$P_N$ 分别表示水汽全部凝结并从气块中脱落后的温度和气压；$r$，$q$ 分别为混合比和比湿，$r \approx q$，所以 $\theta_{se} \approx \theta_e$。

假相当位温($\theta_{se}$)或相当位温($\theta_e$)的数值大小取决于温度和湿度的大小。较大的 $\theta_{se}(\theta_e)$ 值，说明空气比较暖湿，特别是湿度较大。锋区附近 $\theta_{se}$ 线分布如图 3.10 所示，锋区上凸的 $\theta_{se}$ 舌表明有上升运动，湿度较

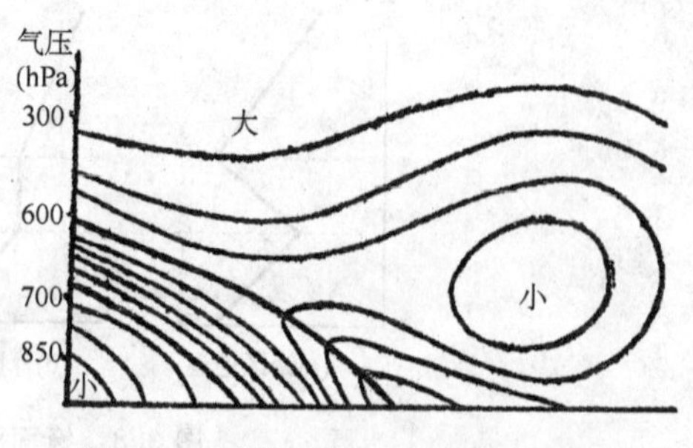


图 3.10　锋附近等 $\theta_{se}$ 线分布示意图

大，而等 $\theta_{se}$ 线下凸处则表示有下沉运动，相对干燥。所以锋面两侧不仅温差较大，而且湿度差异显著。有的锋面在温度场上可能不明显，但在湿度场上却很明显。

### 3.3.2 锋面附近的风、压场特征

下面我们把锋面看作密度的零级不连续面，来讨论锋面附近气压场、风场和变压场的特征。

如图3.11中平面部分所示，如果实线表示无锋时气压水平分布情况，那么有锋以后，由于冷空气团中气压沿 AA′线逐点升高(例如，a 点的气压由 1000 hPa 升至 1002.5 hPa；b 点由 1000 hPa 升至 1005 hPa)，冷区中的等压线必然变为虚线所示的情况。锋线就处在低压槽中，等压线通过锋面时就有气旋性弯曲。也就是说，在锋面形成前，气压场中的气压梯度均为 $-\frac{\partial p_N}{\partial y}$；锋面形成后，在地面锋线的两侧，因冷暖空气的密度差异和锋面向冷气团一侧倾斜而产生方向由冷气团指向锋线的气压梯度，等压线方向必须变成虚线所示的形状，在锋面处产生折角，而且折角指向高压，即锋区处于低压槽中。

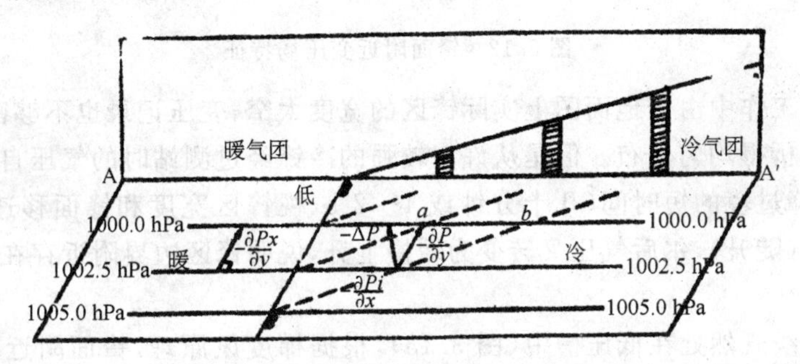


图3.11 锋面附近气压场的特征(朱乾根等，1981)

空间各点气压随时间的变化在某位面上的分布情况称为变压场。在日常工作中，所用的是 3 h 变压 $\Delta p_3$ 与 24 h 变压 $\Delta p_{24}$ 在地面上分布的变压场。一般来说，气压变化包括地面以上整个气柱中密度平流(通常亦称为热力因子)及整个气柱内速度水平散度的总和(这种作用通常称为动力因子)。因为在相同的气压条件下冷空气密度比暖空气大，故整个气柱中以冷平流为主时地面气压将上升；若以暖平流为主时则地面气压将下降。暖锋前有暖平流，故地面减压，暖平流愈强，地面降压愈多；冷锋后有冷平流故地面加压，冷平流愈强，地面加压愈大；冷锋前和暖锋后或静止锋附近因为温度平流很弱，故由密度平流所引起的变压不明显。再来看动力因子，若整个气柱散度总和净值为辐散，气柱内质量减少，地面气压下降；若散度总和净值为质量辐合，地面气压上升。假设锋面前后的气团中各地动力因子作用都差不多，那么由密度平

流所引起的锋面两侧的地面变压场就有这样的特点:在暖锋前有暖平流,故有负变压,在暖锋后的暖区中,平流很弱,故变压很小。同理,在冷锋后有冷平流,故有正变压,而冷锋前变压很小。如果再附加上气压变化的动力因子及日变化等(这些因子引起的气压变化在锋前后差不多),那么不管变压的绝对值如何,对冷、暖锋来说皆有:锋前的变压代数值小于锋后的变压代数值;静止锋两侧的变压相差很小;移动锋面引起的变压差随着锋面移速、锋面坡度及锋两侧气团密度差的增大而增大。图 3.12a、b 表示地面暖、冷锋附近的变压分布情况。锢囚锋附近的变压场是由冷、暖锋二者的变压场共同造成的,其分布就更复杂一些,如图 3.12c 所示。

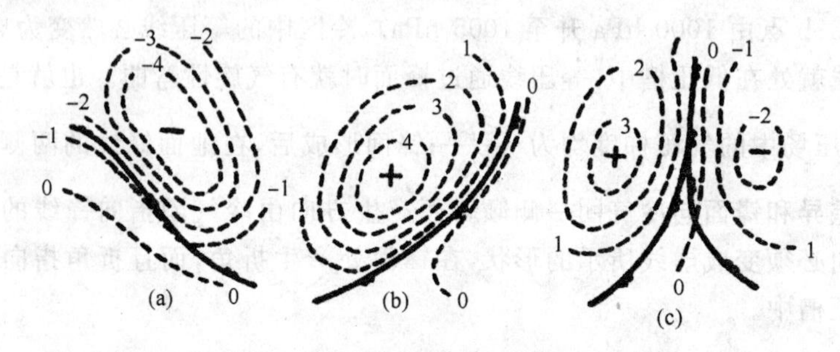


图 3.12 锋面附近变压场特征

在日常工作中由于地面图上实际锋区的宽度太窄,变压记录也不够密,通常就把等变压线分析得均匀分布。但是从许多较强的冷锋经过测站时的气压自记曲线可以看出,在冷锋过境的短时间(几十分钟或 1～2 h,视锋区宽度和锋面移速不同而定)气压有急升(陡升),尔后气压又转变为缓慢上升,说明锋区边界附近存在变压梯度不连续现象。

地面锋线既然处在低压槽中(图 3.13),根据梯度风原理,锋面附近的风场具有气旋性切变。由于地面摩擦作用,风向偏离等压线向低值区吹。一般情况下,锋面附近气流是辐合的,地面锋线也是气流的辐合线。

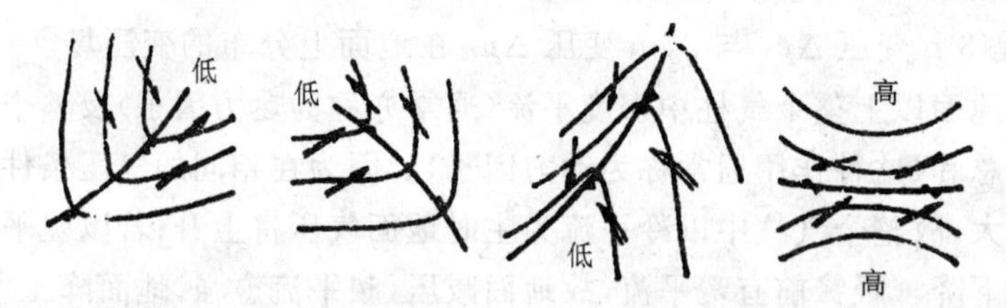


图 3.13 锋附近常见的几种气压场与风场的型式

### 3.3.3 锋面附近的湿度场和云系特征

再来看冷锋附近的湿度场和云系的分布。一般说来,暖空气来自南方比较潮湿的地区或洋面上，气温高、饱和水汽压大、露点温度高；冷空气来自北方内陆，气温低、水汽含量小、露点温度也低，所以锋面附近露点温度差异常比温度差异显著。但必须指出，并不是所有冷空气一定比暖空气干燥，如冬季从欧洲南部来的冷空气就比锋前暖空气湿，又如从日本海向西南或南移动的冷空气，其低空也相当潮湿。

冷锋附近的云和降水可分为第一型和第二型冷锋两种情况。第一型冷锋的云和降水出现在地面锋线后方，从地面锋线向后方典型的云系排列次序为雨层云、高层云、卷层云、卷云，由近至远云层厚度由厚变薄。冷锋下方有时会产生层云、碎层云和碎积云等云系。第二型冷锋的云和降水出现在地面锋线附近或前方。通常为强烈的积云雨和雷阵雨天气。雨区较狭窄，宽度仅数十千米(图 3.14)。

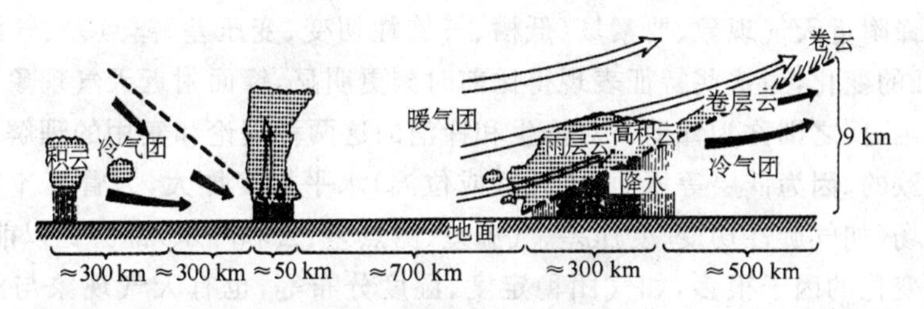


图 3.14 冷锋和暖锋附近的云和降水示意图(Houze 和 Hobbs，1982)

暖锋锋前的云系序列大致与第一型冷锋云系相反。由地面锋线向前方较远处依次出现雨层云、高层云、卷层云、卷云，由近至远云层厚度由厚变薄。暖锋下方也会有层云、碎层云和碎积云等云系。若暖空气层结不稳定，暖锋上也可发展积雨云和雷阵雨天气；相反，当暖空气很干燥，水汽含量很少时，锋面上可能只有中高云，甚至无云出现。

准静止锋云系可分为两类。一类是锋上暖空气较干，一般没有显著的云系，无降水或仅有层积云产生的雨量极小的零星降水。另一类是有显著的降水，锋上暖空气有较强的上升运动。因为静止锋往往坡度较小，暖空气要滑升到距地面锋线一段距离才能有明显的降水，降水区不一定从地面锋线开始；但若锋面坡度稍大，地面辐合又强，降水区可从地面锋线开始，雨区北界位置往往与 700 hPa 切变线位置一致。准静止锋停滞某地区时，就使该地区产生连阴雨天气。

锢囚锋是由冷锋赶上暖锋或是两条冷锋迎面相遇，把暖空气抬到高空而在原来锋面下面形成的新的锋面。它的云系也是由两条锋面的云系合并而成的，所以天气最恶劣的地区及降水区多位于锢囚锋附近，云系多为高层云(雨层云)、复高积云和层积云等。锢囚锋的外围多高云，如卷云和卷层云等。降水区的宽度一般从地面锋线至 700 hPa 槽线。当锢囚锋随时间推移时，锋上云系由于暖空气被抬升的高度越来越高，云底高度也就越来越高，而云也就越来越薄，这时锋下的锢囚锋面上所形成的新云系就获得发展。设想当图 3.14 中的冷、暖锋相遇时，两种锋面的云系合并在一起时所形成的云系就是典型的锢囚锋云系。

## 3.4 锋生与锋消

### 3.4.1 锋生、锋消的概念

锋面是两个温度(密度)不同的气团之间的分界面或过渡区,具有密度的不连续性及较大的温度(或位温)水平梯度。从锋面的这一基本定义出发,“锋生”是指密度不连续性形成的一种过程,或是指已有的一条锋面,其温度(或位温)水平梯度加大的过程;“锋消”则是指作用相反的过程。实际工作中,更多分析锋在地面图上表现清楚的程度和锋附近天气现象、要素场(低槽、气旋性切变、变压差、露点差、气温差、云和降水)特征的变化,当这些特征表现得比前时刻更明显,锋面附近天气现象也加强时,就称为锋生,反之则称为锋消。对锋生和锋消的这两种理论和实用的理解,在多数情况下是一致的,因为低层等压面上温度(或位温)水平梯度加大,力管环流加强,锋附近的要素场(如气旋性切变、变压差、气温差、露点差、云和降水)都会比以前明显。但影响天气变化的因子很多,如气团稳定度、湿度分布等,也有天气现象与温度(或位温)水平梯度的变化关系并不一一对应,有时温度梯度加大并不一定导致天气现象更加严重。

下面我们从温度水平梯度加大或减小来讨论锋生和锋消。

### 3.4.2 锋生、锋消的运动学特点

实际上,锋生和锋消是三维空间的现象。但是实际分析预报工作中,常用几层等压面图和地面图配合起来以理解锋的空间结构,因此从实际工作需要出发,仅考虑平面图上(二维空间)的锋生与锋消。设在等压面图上某一带有一组等温线,其水平升度为$T_n=\frac{\partial T}{\partial n}$,假如大气运动使$T_n$沿着这一带(或线)比其他部分增大得更迅速,那么这个带(线)称为锋生带(线),这种使$T_n$加大的过程称为锋生过程。以$F$表示锋生函数,$F=\frac{\delta}{\delta t}(T_n)$,$\frac{\delta}{\delta t}$表示与锋生带一起移动的坐标系里的局地微分。$F>0$,表示有锋生作用,即温度水平梯度将加大;$F<0$,表示有锋消作用,即温度水平梯度将减小。但是有了锋生作用,只是锋面生成和加强的必要条件,如图3.15中所示,$T_3$与$T_4$等温线之间是个锋生带,虚线为锋生线。在锋生带(线)要有锋面生成还必须满足以下两个条件:第一,在锋生带(线)里,有一个狭窄的区域,

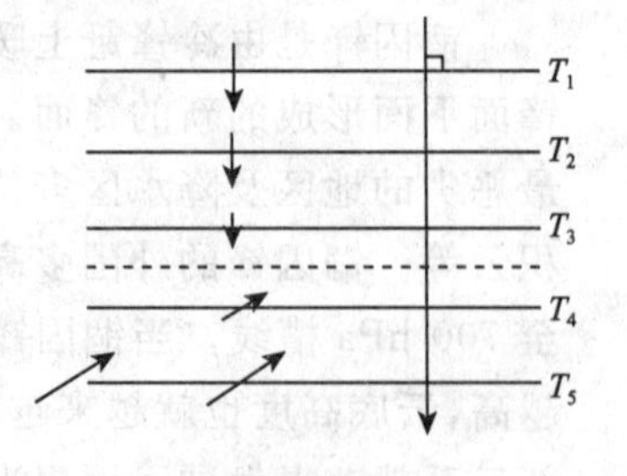

图3.15 锋生作用示意图

其锋生作用最强烈，即$F>0$，$\frac{\partial F}{\partial n}=0$，$\frac{\partial^2 F}{\partial n^2}<0$，这样，锋生作用的结果才能出现一个温度水平梯度比周围大得多的锋区，否则均匀的温度水平梯度加大是不可能形成锋面的；第二，锋生线必须是个物质线（或是近似物质线），也就是说，在一定时段内，锋生作用应发生在同一空气团上，否则虽然有锋生作用 $F>0$，但先后作用在不同的空气团上，等温线还是不能在某个地方特别密集起来，锋区也不会形成。锋生线是一条物质线，那么锋生函数就可以写为：$F=\frac{\mathrm{d}}{\mathrm{d}t}(T_n)$，称为个别锋生函数。锋面生成的条件是：$F>0$，$\frac{\partial F}{\partial n}=0$，$\frac{\partial^2 F}{\partial n^2}<0$；锋面消失的条件是：$F<0$，$\frac{\partial F}{\partial n}=0$，$\frac{\partial^2 F}{\partial n^2}>0$。在等压面图上等温线就是等位温线，在绝热过程中位温 $\theta$ 具有保守性，故以它作为锋生参数。等压面具有准水平特点，等压面上等位温线密集程度的变化可以看做水平面上的锋生。设$|\nabla\theta|$表示位温水平梯度的绝对值，则锋生强度 $F=\frac{\mathrm{d}}{\mathrm{d}t}|\nabla\theta|$。

### 3.4.3　我国锋生、锋消概况

(1)锋生概况

我国境内的锋生区集中在华南到长江流域和河西走廊到东北这两个地区，常称之为南方锋生带和北方锋生带。这两个锋生带是和南北两支高空锋区相对应的。锋生带随高空锋区的季节变化而相应地发生位移。自春到夏，锋生带逐渐北移，自夏到冬，则逐渐南移。冬半年(10月至翌年 5 月)南方锋生带位于江南地区。春季锋生最频繁，因为这时南下的冷空气势力比冬季弱，而南方暖湿空气已开始加强，东移的高空低槽增多，地面“倒 V”形槽容易发展，故利于锋生。6、7 月，锋生带移到长江流域，盛夏时，锋生带移到华北，这时江南极少有锋生。9 月以后，锋生带又逐渐南移。北方锋生带有显著的季节变化。冬季，由于这一带经常位于高空脊前槽后，地面反气旋活动频繁，锋生不多。3 月以后，这地区的反气旋势力减弱，从西方东移的高空槽频繁，这时蒙古和我国东北地区常有锋生。5 月以后，高空锋区北移，中蒙边界一带的锋生又减少。但在我国东北地区，这时因常有冷涡存在，涡后强烈的冷平流常在东北及华北地区生成副冷锋。河西地区在夏季锋生较多，这是因为夏季侵入我国的冷空气路径偏西，常沿青藏高原东侧南下，此时，河西地区是冷空气必经之路。冬半年，由于冷空气路径偏东，所以春、冬两季在河西地区一带的锋生较少。我国有些地区的锋生与地形有关，如天山北坡、南岭北坡和昆明—贵阳—成都一线的坡地等，都是常见的静止锋锋生区。

锋生时典型的高空温压场形势是：锋生区的上空常有低槽移入和发展，在高空槽前，地面低压或低压槽容易获得发展，使得地面的气流辐合加强，有利于锋生。

冷锋锋生和暖锋锋生的温压场并不是一样的。冷锋锋生以冷空气活动为主，所以冷锋锋生时，高空常有冷性低槽发展，槽后有较强的冷平流，促使温度梯度加大，利于冷锋生成(图 3.16)。

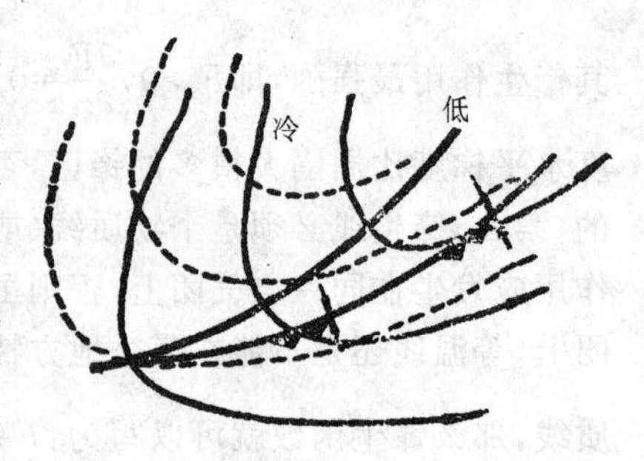

图 3.16　冷锋锋生

暖锋锋生时，往往在 700 hPa 或 850 hPa 上有暖式切变，切变线南部有较强的偏南风，且有温度脊配合，在较强的暖平流作用下，促使温度梯度加大，造成暖锋锋生(图 3.17)

在江淮流域附近，700 hPa 图上有时出现变形场，在此种形势下，江淮流域一带常有锋生。

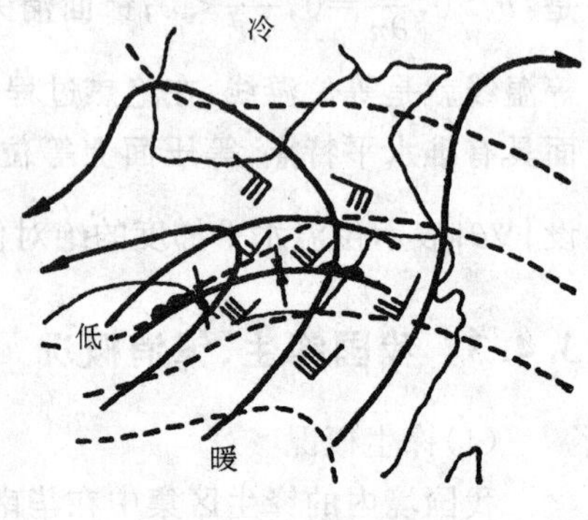

图 3.17　暖锋锋生

锋生时典型的地面气压场形势是：在地面天气图上，锋生常发生在低压或低槽中。例如，在东北地区，当低槽加深较快，致使后部冷平流显著增强时，槽内便有冷锋锋生。又如江淮地区，当亚洲大陆冷高压停留在 35°N 以北而不再南下，或高压在 30°～35°N 入海，使江淮流域处在东高西低的形势中，这时从西南地区常有“倒 V”形槽向东北方向伸展过来，并逐渐转为东东北—西西南方向，于是锋生便在倒槽中发生。

有时冷锋锋生也不一定在低槽中，而是在冷高压的东或东南侧。如东北地区，当停留在西伯利亚的冷高压迅速向东或东南方向移动时，高压前部有明显的正 3 h 变压，风速也显著增大，高压东或东南侧便有冷锋锋生。

锋生时气象要素的变化有下述特点：

1)24 h 和 3 h 变压场：锋生过程中，$\Delta P_{24}$ 和 $\Delta P_3$ 也有明显的表现。据经验，在华南地区，当高压从长江口入海，而有倒槽逐渐发展起来，且在倒槽内 $\Delta P_{24}$ 达 $-3$～$-4$ hPa 以后，则在 6～12 h 内可能有锋生成，锋生区大致在 $\Delta P_{24}$ 零线附近。四川盆地与江南一带预报锋生时，常要注意西藏高原上 $\Delta P_{24}$ 的变化。西藏高原的平均高度是海拔 4000 m，故有 $-\Delta P_{24}$ 东移时，就表示高空有槽移来，该区可能有锋生。

由于冷锋锋生以冷空气活动为主，所以冷锋锋生前，地面常有明显的 $+\Delta P_3$ 出现。例如，河西地区冷锋锋生时、冷锋后高压一般不强，但 $\Delta P_3$ 却很明显，常在 $+3$ hPa 以上。而暖锋锋生是以暖空气活动为主，所以暖锋锋生前，地面常有明显的 $-\Delta P_3$ 出现。如东北地区，若低压前部某地带气象要素值有很大差异，两侧风速加大，低压内出现明显的 $-\Delta P_3$，就标志着该地带有暖锋锋生。

2)风场：江南地区，暖锋锋生前常有明显的气旋性风切变出现。例如，在入海高压西部或倒槽东侧锋生区南边有西南风加大，而在锋生区的北边，风向多由西南转东南，风力也稍有加大。有些地区还根据某些指标站的高空风的变化来预报锋生。如在一定形势下，当桂林、南宁 850 hPa 上风向由东北（或东南）顺转为西南时，华南地区将有锋生。

3）天气状况：锋生之前，天气常常有明显的变化。例如，江南锋生之前在四川一带有雨区发展，并逐渐向东扩展，雨区由南北向转为东西向。又如东北地区，锋生前低槽内常出现 8～10 成的密卷云，天气逐渐转坏。

（2）锋消概况

我国的锋消区主要是在青藏高原以东 30°～40°N 一带。这是因为它常处在东亚大槽后部，有利于加压与气流下沉。当冷空气从西北高原向东南方向移动时，地形助长了西北来的冷空气的下沉，因此，冷锋经过此地区时常有显著的锋消现象。一般来讲，夏半年（6—9 月）锋消较多，特别是 7、8 月，锋消过程最多。这是由于 7 月份以后，太平洋高压开始西伸并北移，高压脊控制我国近海及东南大陆，环流形势有利于锋消。7、8 月我国北部虽有冷空气活动，亦有冷锋南下，但冷空气势力都不强，且到达的位置偏北，就是能南下也因为大陆温度高，冷空气极易增暖变性。所以，从西方或北方侵入我国大陆的锋面，绝大多数在我国境内消失，能继续向东入海的极少。

当出现不利于锋面存在的条件时，就会产生锋消。常见的有下列几种情况。

①高空或地面的气压形势发生变化。例如，和锋面配合的高空槽减弱或前倾，使锋面处在高空槽后脊前，或锋面附近出现下沉运动，或地面风场出现辐散时，锋将减弱或消失。

②维持锋面的冷暖平流减弱或消失。例如，华南准静止锋的维持常和西南暖平流有关，当南海的高脊减弱或东撤，锋面由于没有充分的暖平流存在就会减弱消失。又如东北地区的冷锋，其上空的冷中心常位于低槽的西部或西北部，当其移至低槽的西南部或南部时，冷平流便减弱，就可能出现锋消现象。

③锋消过程中，许多气象要素也有明显的表现。如当地面锋两侧 $\Delta P_{24}$ 差减弱时，说明锋在减弱之中。据统计，在江南地区，当冷锋两侧 $\Delta P_{24}$ 皆为正时，则一般在 24 h 后锋消；当冷锋前 $\Delta P_{24}$ 达＋3 hPa 以上时，则一般在 6～12 h 后锋消。与锋面相联系的天气区强度减弱或范围缩小，也是锋消的征兆。

④气团变性对锋消有很大影响。我国冷锋活动较多，在其南下过程中，往往由于下垫面热力作用使冷气团逐渐增暖变性，而使冷锋逐渐减弱、消失。在夏半年，东北或华北地区的冷锋，在东移过程中如受强大的太平洋高压阻挡，冷空气停留而增暖，也会导致锋消。但当海上有台风活动、太平洋高压东撤时，则冷锋可一直移到海上而不会消失。

# 第4章 气旋和反气旋

气流和水流一样，常常流速不均或流线弯曲，因此具有旋度或涡度，有时还会形成流线闭合的涡旋(包括气旋式与反气旋式)环流。气旋式与反气旋式旋转的涡旋环流简称气旋与反气旋，它们是造成天气变化的重要天气系统。因此，研究气旋和反气旋的发生和发展规律对做好天气分析预报具有重要意义。气旋和反气旋可以发生在高纬和极地、中纬温带和低纬热带等不同地区，且可以有各种不同的尺度。本章主要讨论大尺度温带气旋和反气旋的主要特征及其发生、发展的机制。关于其他各种类型的气旋与反气旋将在以后各有关章节中讲述。地面涡旋系统的上空常常变成波动状的气压槽脊系统。由于高低层系统是相互关联的，所以地面气旋和反气旋的发生发展与高空槽脊系统的发生发展紧密相关。本章将讨论影响高空槽脊移动及发生发展的机制，以及它们对地面系统发生发展的影响。

## 4.1 气旋和反气旋的特征

大尺度气旋(反气旋)是指占有三度空间的、在同一高度上中心气压低(高)于四周的大型涡旋。气旋和反气旋是流场中定义的天气系统。在北半球，气旋(反气旋)范围内的空气做逆(顺)时针旋转，在南半球其旋转方向则相反(图 4.1)。在气压场

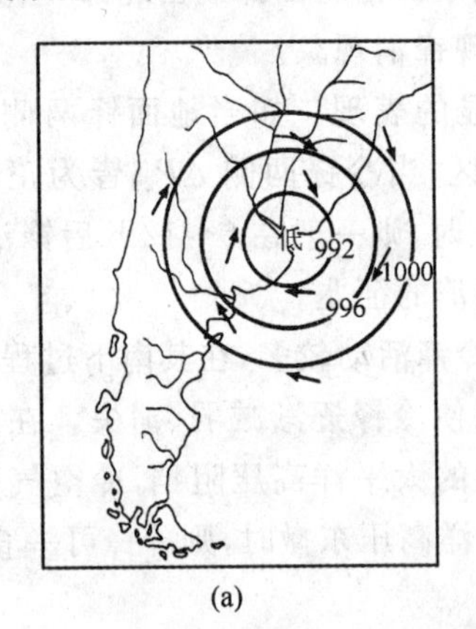


(a)

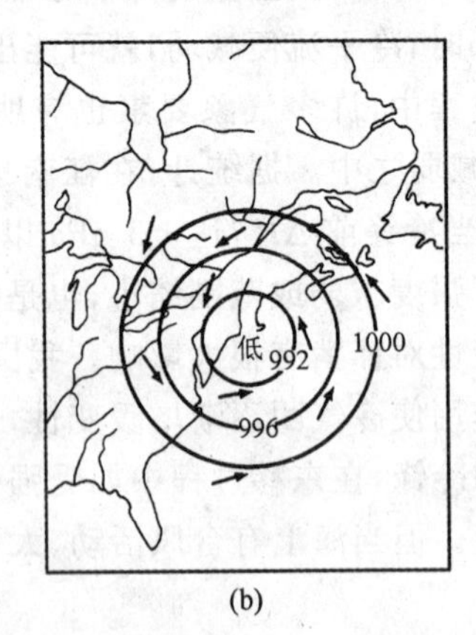


(b)

图 4.1 在南半球(a)和北半球(b)围绕低压的风型(Miller 和 Thompson,1970)

上，气旋对应为低气压(简称低压)，反气旋对应为高气压(简称高压)。所以大尺度气旋和低压及反气旋和高压常常是互相对称的。

### 4.1.1　气旋和反气旋的尺度及强度

气旋和反气旋的水平尺度(范围)一般以其最外围一条闭合等压线的直径长度来表示。大尺度气旋的直径平均为 1000 km，大的可达 3000 km。大尺度反气旋的直径一般更大，大的反气旋可以和最大的大陆或海洋相比(如冬季亚洲大陆的反气旋，往往占据整个亚洲大陆面积的四分之三)。

气旋、反气旋的强度一般用其中心气压值来表示。气旋中心气压值愈低，气旋愈强；反之，气旋愈弱。大尺度温带地面气旋的中心气压值一般在 970～1010 hPa。发展十分强大的气旋，中心气压值可低于 935 hPa。地面反气旋的中心气压值一般在 1020～1030 hPa，冬季东亚大陆上反气旋的中心气压可达到 1040 hPa，1968 年 12 月 31 日出现在中西伯利亚北部的高压中心气压曾高达 1083.8 hPa。就平均情况而言，冬季温带气旋与反气旋的强度都比夏季要强。海上的温带气旋要比陆地上的强；海上的温带反气旋则比陆地上的要弱。

### 4.1.2　气旋和反气旋的类别及演变

气旋和反气旋的分类方法较多，通常按其形成和活动的主要地理区域或其热力结构的不同进行分类。

根据气旋和反气旋形成和活动的主要地理区域，可将气旋分为温带气旋和热带气旋两大类；可将反气旋分为极地反气旋、温带反气旋和副热带反气旋三大类。

按气旋形成情况可将气旋分为无锋气旋和锋面气旋两大类。无锋气旋有热带气旋(指发生在热带洋面上强烈的气旋性涡旋，当其中心风力达到一定程度时，称为台风或飓风)和地方性气旋(指由于地形作用或下垫面的加热作用而产生的地形低压或热低压，这种低压基本上不移动)，以及锋前热低压(指经常出现在锋前的一种热低压)等类型。锋面气旋则是指有锋面的气旋，其移动性一般较大。

按热力结构则可将反气旋分为冷性反气旋和暖性反气旋。冷性反气旋习惯上多称为冷高压，活动于中高纬度大陆近地面层的反气旋多属此类。当冷高压主体从北方或西北方南下到达一定纬度后静止时，它的前方常以“扩散”形势扩散出一股股冷空气向偏南方向移动，在气压上表现为小的冷高压或高压脊，一般移动很快，锋面气旋的冷锋后面的小高压即属此类移动性的冷高压。冬半年强大的冷高压南下，可造成 24 h 降温超过 10℃的寒潮天气。暖性反气旋习惯上也称为暖高压，出现在副热带地区的副热带高压多属此类。北半球的副热带高压主要有太平洋高压和大西洋高压。副热带高压较少移动，但有季节性的南北位移和中、短期的东西进退。

不同类型的气旋之间或反气旋之间，在一定的条件下常常是可以互相转化的。例如，锋面气旋可在一定的条件下（当其处在消亡阶段时）转化为无锋气旋（冷性低压）；而无锋气旋（如热低压）则可因一定条件（如有冷空气进入）转变为锋面气旋；又如冷性反气旋，当其南下变性到一定程度时就转化为暖性反气旋。

气旋、反气旋的强度也会不断产生变化。类似于锋生（消）的概念，一般把气旋生成（从无到有）和加强（从弱到强）的过程称为“气旋生”，相反则称为“气旋消”。

### 4.1.3 地面气压系统与高空槽脊的相互配置

在第2章2.5节中我们根据热成风原理讨论了在一定的温度场下，地转风场（及气压场）随高度的变化，解释了斜压系统的垂直结构。地面闭合的气旋或反气旋系统到了高空就逐渐变成波状的高压脊或低压槽。图4.2是高层系统与地面系统相互配置的示意图。由图可见，地面为闭合的低压和高压（气旋和反气旋），到了高空便逐渐转变成波动气流。高空槽位于地面高低之间的交界处的上空。高低空低压轴线随高度向冷空气一侧倾斜。地面低压上空，低层辐合，高空辐散，气流做上升运动。地面高压上空，低层辐散，高空辐合，气流做下沉运动。

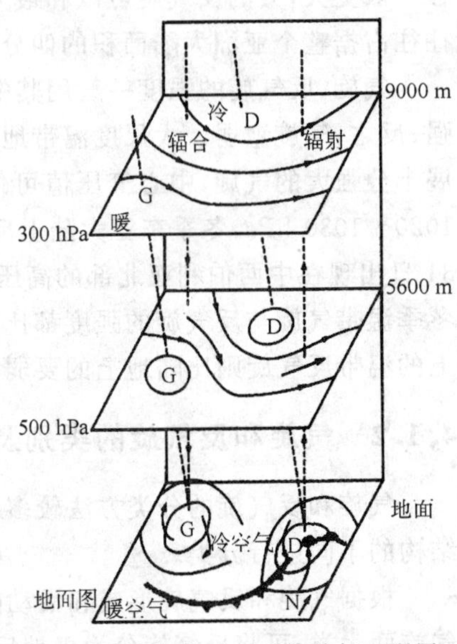


图4.2 高层与地面系统的相互配置（Abrens，1982）

## 4.2 温带气旋与反气旋

在温带形成和活动的气旋和反气旋大都是锋面气旋与冷性反气旋。由于温带气旋和反气旋在其生命演变史中各个阶段的温、压场结构极不相同，因而与其伴随的天气现象也极不相同。为了便于理解、掌握温带气旋和反气旋的一些基本特征，下面着重讨论它们的温压场结构及其演变过程。

### 4.2.1 温带气旋及其生命史

温带锋面气旋是一种猛烈的温带风暴，是一个低气压及气旋式涡旋系统。在其成熟阶段包含一条冷锋和暖锋，两者相交于低压中心。冷、暖锋之间为暖空气，冷锋后和暖锋前均为冷空气。冷、暖锋面上均有较强的温度对比和风的气旋性切变，并有云系和降水。冷锋面上降水出现在冷锋锋后，而暖锋面上降水出现在暖锋锋前（图4.3）。

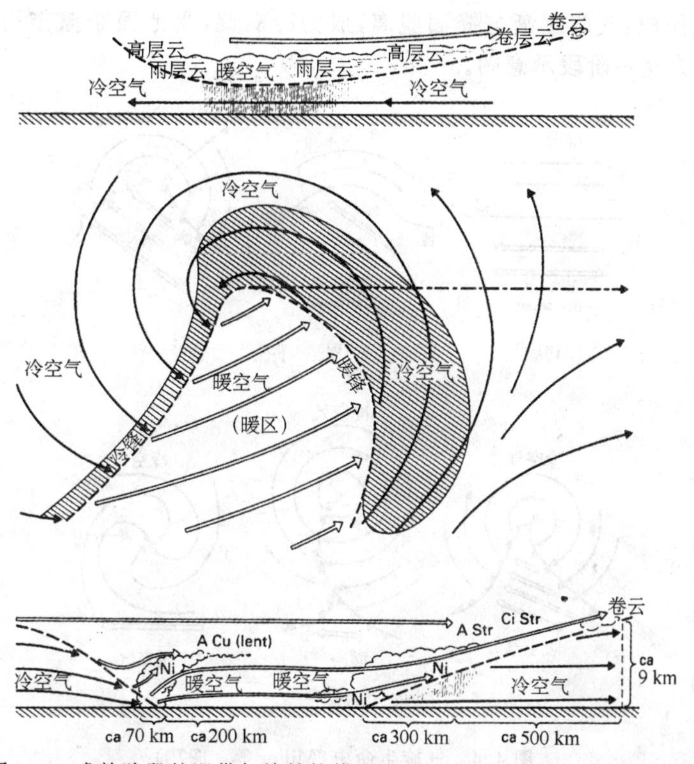


图 4.3 成熟阶段的温带气旋结构模型(Bjerknes J 和 Solberg H, 1922)
(Ni, A Str, Ci Str, A Cu 分别表示雨层云、高层云、卷层云、高积云)

温带气旋的生命史可分为四个发展阶段,每个阶段的基本特征如下。

(1)波动阶段:在气旋发生前(图 4.4a),高纬为东风,低纬为西风。高纬冷,低纬暖,中间有一条锋面。开始出现波动时(图 4.4b),冷空气向南侵袭,暖空气向北扩展,出现冷暖锋面及锋面降水。地面图上,开始出现低压中心,比周围气压低 2~3 hPa,有时有一根闭合等压线。低压沿暖气流方向移动,24 h 可移动十几个经距。

(2)成熟阶段:图 4.4c 和 4.4d 表示成熟阶段的情况。波动振幅增加,冷暖锋进一步发展,锋面降水继续增强,雨区扩大。地面图上闭合等压线增多,中心气压可比外围低 10~20 hPa,低压一般仍沿暖区气流方向移动,速度比波动阶段略减,24 h 约移动 10 个经距。这个阶段也称为青年气旋阶段,这时的气旋称为青年气旋。

(3)锢囚阶段:图 4.4e 表示锢囚阶段的情况。锢囚开始时,冷暖锋相遇,使锋面抬升增强,降水强度及范围均增大。由于冷暖锋相互叠置,气旋涡旋在低层成为冷涡旋,而不像波动阶段,冷暖空气各占一部分。同时暖空气被抬离地面,气旋上空仍为冷暖空气交汇之处。随着锢囚的加深,冷涡旋的厚度也愈来愈大。这时地面图的低压中心气压较周围气压低 20 hPa 以上,移速大大减慢。

(4)消亡阶段:气旋逐渐与锋面脱离,成为冷涡旋,受地面摩擦作用慢慢填塞消亡。图 4.4f 为这一阶段示意图。

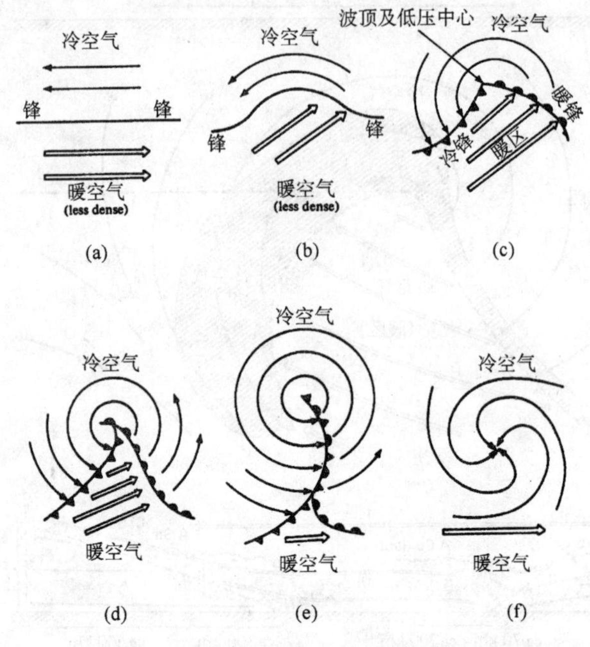


图 4.4　气旋生命史(Miller 等, 1970)

完成这四个阶段一般要 5 天左右,但不同地区可以有很大差异。例如,在北大西洋与欧洲有时锢囚阶段比较长,气旋自波动到消亡阶段可远远超过 5 天。但在东亚,波动与成熟阶段较短,有时 1～2 天即到达锢囚阶段,所以在东亚,一次气旋活动过程一般在 5 天以下,经常在 3 天左右即可完成。

## 4.2.2　气旋再生与气旋族

(1)气旋再生

锋面气旋的形成到消亡的整个生活史,就其温、压场结构来说,就是其内部温度对比由大到小,以致最后气旋完全被冷空气所充塞,温度对比完全消失的演变过程。从高层来看就是由波状温压场变为闭合中心,由温度场落后于气压场变为两者重合的对称温压场结构的演变过程。在已衰亡的锋面气旋内若有新的温度差异重新出现,即水平温度梯度增大,其对称的温、压场结构受到破坏,那么气旋的发展因子又起作用,锋面气旋又会重新发展起来。这种趋于消亡或已在消亡的气旋,在一定的条件下又重新发展起来的过程,称为气旋的再生。在东亚地区,气旋再生过程一般有三种情况。

第一种情况是副冷锋加入后的再生。气旋在锢囚消亡阶段，环流最强，气旋后部的偏北气流带来高纬度新鲜的冷空气，并与变性的冷空气之间构成新的温度对比，形成副冷锋(图 4.5)。由于副冷锋的侵入，气旋重新活跃起来。东北低压常常会出现这种再生情况。

第二种情况是气旋入海后加强。气旋在大陆上已发展到锢囚并已开始衰亡，但到海上又可再度加强。我国东北低压有时发展到锢囚阶段就会开始填塞，但当它东移入海后，就可以再度发展。此外，华北及江淮地区有些低压在大陆上本来没有很大发展，但当它们东移入渤海、黄海及日本海后，就能迅速发展。这一方面是因为海上的摩擦力影响比陆地小，另一方面是由于暖海上非绝热加热影响所致。

第三种情况是两个锢囚气旋合并加强。当第一个气旋锢囚后，移速变慢，同时开始减弱，后面第二个气旋还在发展，也开始锢囚，而且移速较快，赶上第一个锢囚气旋，两者合并，气旋就可再度发展(图 4.6)。

图 4.5　副冷锋进入锢囚气旋引起气旋再生
(北京大学地球物理系气象教研室，1976)

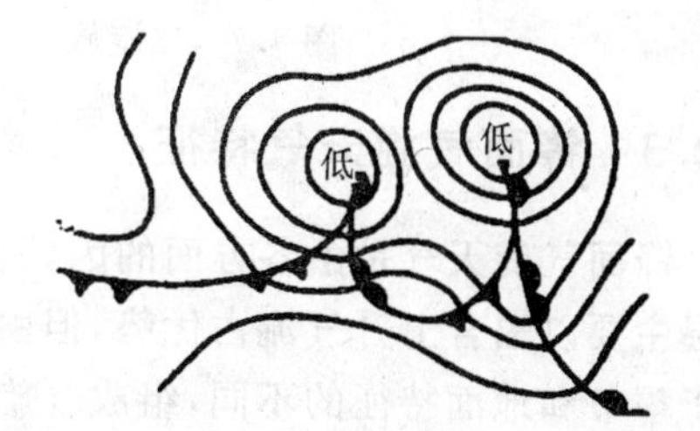


图 4.6　两锢囚气旋合并引起气旋再生
(北京大学地球物理系气象教研室，1976)

(2)气旋族

有的锋面气旋单独出现，有的则是一连串气旋在一条锋上出现，沿锋线顺次移动，最先一个可能已经锢囚，其后跟着一个发展成熟的气旋，再后面跟着一个初生气旋等(图 4.7)。这种在同一条锋系上出现的气旋序列，称为气旋族。在我国境内除江淮地区的梅雨季节外，气旋族较少产生，往往是单个出现的气旋入海以后，在日本及其东南海面上常有气旋族发展起来。反之，在欧洲单个气旋较少，而气旋族最为常见。

一个气旋族的气旋个数多少不等，多者可达 5 个，少者只有 2 个。据统计，大西洋上平均每族有 4 个气旋，太平洋上和我国沿海多是 2、3 个。一个气旋族经过某一区域的时间平均为 5～6 天，但也有长达 10 天或更长的。

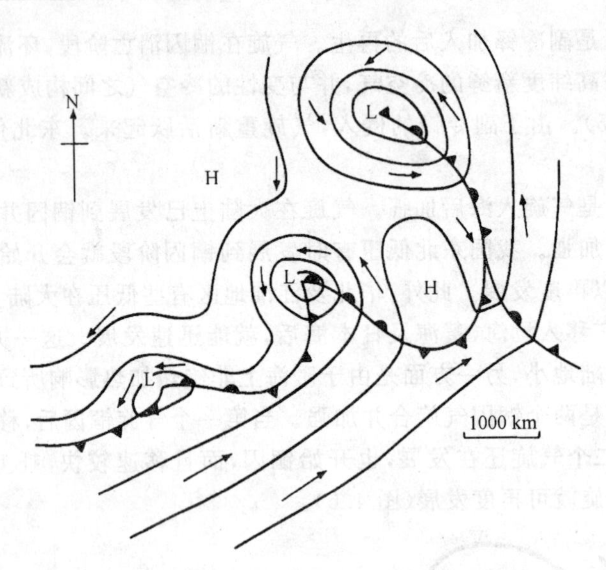


图 4.7 气旋族与流场示意图(Miller 等，1970)

### 4.2.3 锋面气旋天气特征

锋面气旋天气是由各方面的因素决定的。锋面气旋的中部和前部在对流层中、下层主要以辐合上升气流占优势,但由于上升气流的强度和锋面结构各有差异,同时由于季节和地面特征的不同,组成气旋的各个气团的属性也有所区别,因此,锋面气旋的天气特征不仅是复杂的,而且随着发展阶段、季节和地区的不同而有差异。要给出锋面气旋在各种情况下的具体天气特征,确实有一定的实际困难,同时也过于烦琐。但只要牢牢掌握住各种锋面、气团所具有的天气特征,以及各种天气现象(如云、雨和风等)的成因及气旋各部位流场的情况,那么由锋面气旋带来的各种天气现象就不难推断出来。

下面按典型气旋的不同发展阶段来讨论其天气特征。

锋面气旋在波动阶段强度一般较弱,坏天气区域不大。暖锋前会形成雨层云,伴有连续性降水及较坏的能见度,云层最厚的地方在气旋中心附近。当大气层结不稳定时,如夏季,暖锋上也可出现雷阵雨天气。在冷锋后,大多数是第二型冷锋天气。在气旋的暖区,如果是热带海洋气团,水汽充沛,则易出现层云、层积云,有时可出现雾和毛毛雨等天气现象。如果是热带大陆气团,则由于空气干燥,无降水,最多只有一些薄的云层。

当锋面气旋处于发展阶段时,气旋区域内的风速普遍增大,云和降水的型式在气旋前部具有暖锋的云系和天气特征。云系向前伸展很远,尤其是在靠近气旋中心部分,云区最宽,离中心愈远,云区愈窄。气旋后部的云系和降水特征要视高空槽与地面锋线的配置情况及锋后风速分布情况而定。若高空槽在地面锋线的后面，地面上垂直于锋的风速小，一般属于第一型冷锋；若地面锋位于高空槽线附近或后部，则通常属于第二型冷锋。

当锋面气旋发展到锢囚阶段时，气旋区内地面风速较大。辐合上升气流加强，当水汽条件充沛时，云和降水天气加剧，云系比较对称地分布在锢囚锋的两侧。当锋面气旋进入消亡阶段，云和降水也就开始减弱，云底抬高。以后，随着气旋趋于消亡，云和降水区也就逐渐减弱消失了。

以上所讲的都是假定暖气团为热力稳定时的情况，如暖气团为热力不稳定时，则在气旋的各个部位都可能有对流性天气发生。

### 4.2.4　锋面气旋的卫星云图特征

在气旋形成过程中，其云系变化在卫星云图上极为清楚，所以卫星云图的分析有助于判断气旋的生成和发展。

如图 4.8a 所示，当高空槽前与之伴随的逗点云系 A 逼近锋面云带 E、G 时，这时锋面云带变宽，最宽处 G（地面最大降压中心所在处）中高云变厚、范围变宽。云区北界向冷空气一侧凸起，表示原锋面上出现冷锋和暖锋结构。云带向冷空气一侧凸起部分即是地面气旋生成的地区。

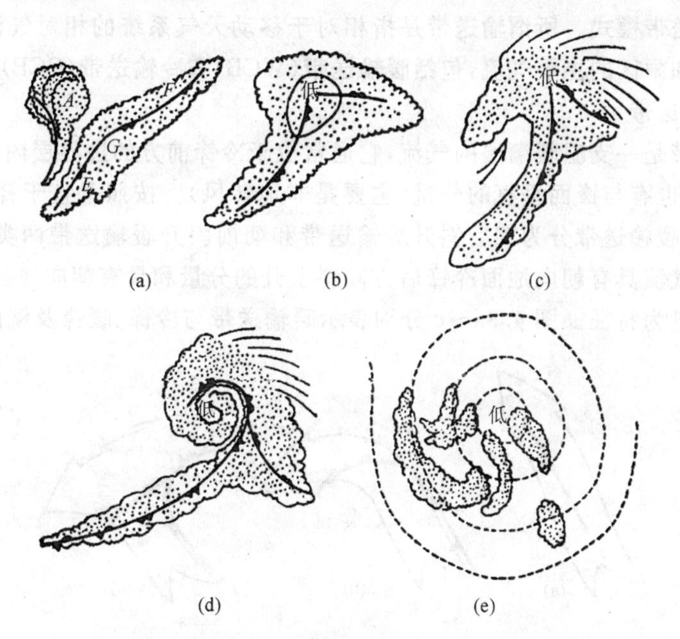


图 4.8　在卫星云图上锋面气旋云系的演变

地面气旋中心一般定在锋面云带的曲率从凹变成凸的部位(图 4.8b)。在波动气旋中气旋区的云系没有涡旋状结构。

当气旋发展到青年气旋阶段时,锋面云带(图 4.8c)的凸起部分更加明显,有一条条向四周辐散的卷云线,这表示对流层上部气流有辐散,同时,在气旋中高云区的后部边界表现有凹向低压中心的曲率,这是即将出现干舌的前兆。

在锢囚气旋阶段,云系出现螺旋状(图 4.8d),在锋面云带后面出现干舌,并逐渐伸向气旋中心。当干舌已经伸到气旋中心时,水汽供应切断,表示气旋不再发展。锢囚气旋涡旋云系的中心与地面低压中心及 500 hPa 低压中心重合。

当气旋发展到消亡阶段时,原涡旋云带断裂(图 4.8e),断裂处无云。涡旋云带里不再是高云而是积状或层状的中云或低云。与这种涡旋云系相对应,在 500 hPa 图上一般是一个具有冷中心的气旋,地面则处在削弱着的低压中。这时锋面云带已同涡旋中心分开,并且在涡旋中心附近一般是无云的,或产生一些由于下垫面加热而形成的对流性云。

### 4.2.5 锋面气旋云系的输送带模式

20 世纪 70 年代,Browning 等在分析总结大量关于锋面气旋云系和降水分布特征的卫星和雷达探测事实的基础上,提出了“输送带”概念,建立了锋面气旋中的云系和天气的输送带模式。所谓输送带是指相对于移动天气系统的相对气流,它们是系统内产生云和雨区的主要气流,包括暖输送带(WCB)和冷输送带(CCB)。

(1)暖输送带

暖输送带是一支温暖潮湿的气流,它通常位于冷锋前方的边界层内,方向主要与冷锋平行,但也有与锋面垂直的分量(主要是非地转风)。按照垂直于锋分量的不同情况,可以将暖输送带分为朝后斜升暖输送带和朝前斜升暖输送带两类。它们分别以暖输送带气流具有朝向地面冷锋后方倾斜上升的分量和具有朝向地面暖锋前方倾斜上升的分量为特征。图 4.9a～c 分别表示暖输送带与冷锋、暖锋及锢囚锋的关系。

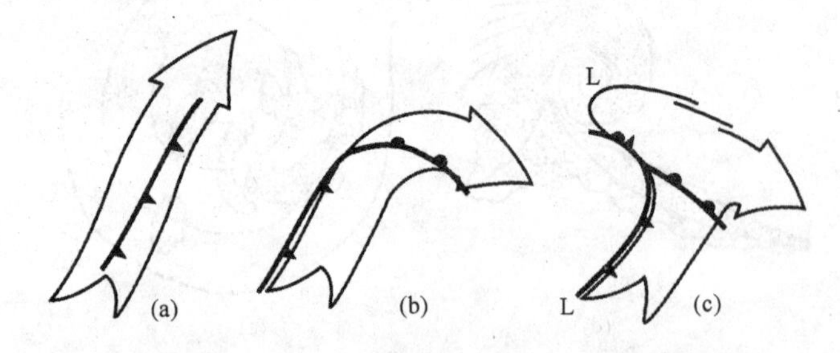


图 4.9 暖输送带与冷锋、暖锋及锢囚锋的关系(Browning,1983)

(a)冷锋;(b)暖锋;(c)锢囚锋(LL 表示流线边界)

朝后斜升暖输送带的上升发生在地面冷锋附近和冷锋面的上方。在地面冷锋线附近的锋面坡度比较陡，冷锋前方边界层中的暖空气受到剧烈抬升，有时可在其附近形成具有强度为几米/秒的上升速度狭长带状区域，通常称其为线对流区(图 4.10)。线对流产生的一个重要原因是因为冷锋前低空急流的西侧为强气旋性切变区，切变值可达 $10^{-2}\ s^{-1}$，锋后干冷下沉气流引起边界层中很强的辐合，辐合上升凝结引起潜热释放，对低空急流和气旋性切变的加强都有重要作用。

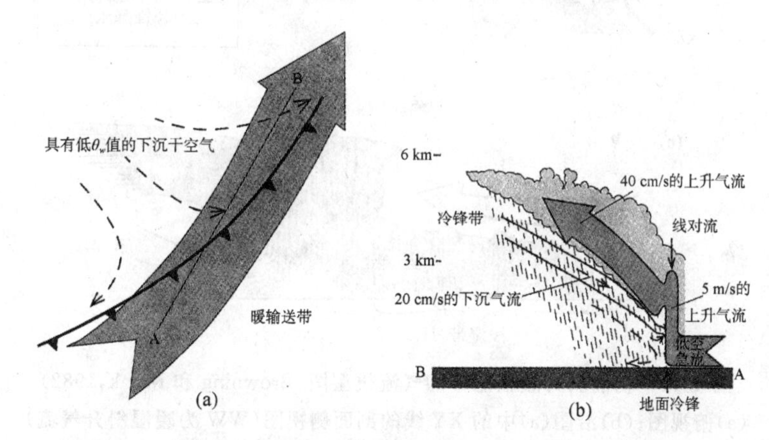


图 4.10 朝后斜升暖输送带的气流模型图(Browning,1985)

(a)俯视图；(b)沿图(a)中的 AB 线的剖面侧视图(大的阴影箭头为暖湿斜升气流)

地面冷锋线附近强烈抬升作用一般只限于 2～3 km 以内，再向上暖空气沿着冷锋楔的上方滑升，上升速度仅为几十厘米/秒。两种不同的上升运动区产生了两种明显不同的降水型，在线对流区形成窄的暴雨(大雨)带，另一种则是宽广的中、小雨区，它扩展到冷锋后相当大的范围。

朝前斜升暖输送带的结构如图 4.11 和图 4.12 所示，主要上升运动发生在地面冷锋前方的暖区中，继而在暖锋上方朝暖锋前方倾斜上升。在冷锋上方的暖空气从对流层下部下沉具有很低的湿球位温，这支具有很低湿球位温的空气叠置在暖输送带上方时，在这两支气流叠加处建立了位势不稳定区，如果有足够触发抬升作用，就将有对流发生，甚至可能有深对流发生，但更多见的是发生在对流层中层的浅对流。当暖输送带在暖锋区上滑升时逐渐发生反气旋向右偏转，在转向区形成向北凸出的边界，卫星云图上可以看到一个卷云幕覆盖在低云之上，就是暖锋云雨。

叠加在暖输送带之上的干、低湿球位温空气的前缘，有时形成很清楚的高空冷锋(或高空露点锋)，在高空冷锋的前部，暖湿空气的厚度突然增加，形成有组织的对流云带，尾随弱的暖锋降水之后出现大的对流性降水带。高空冷锋过境之后，除了在气旋中心附近可能出现深对流之外，在浅层湿区内则出现小雨或分散的弱对流降水。

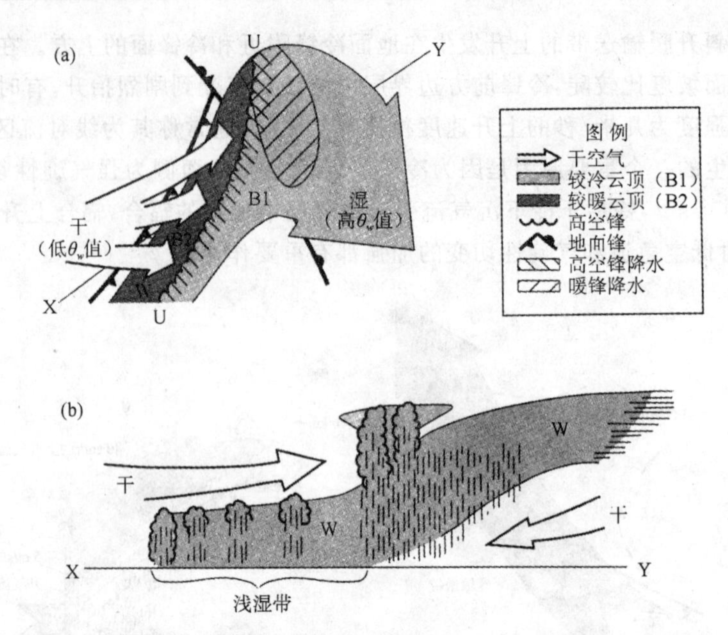


图 4.11　朝前斜升暖输送带的气流模型图(Browning 和 Monk,1982)
(a)俯视图;(b)沿图(a)中的 XY 线的剖面侧视图(WW 为暖湿斜升气流)

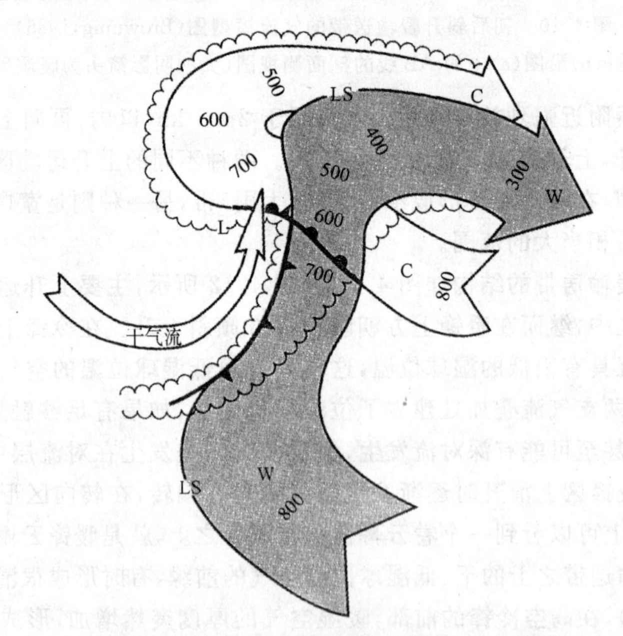


图 4.12　中纬度成熟气旋中的冷、暖输送带特征的示意图(Carlson,1980)
(WW 为暖输送带;CC 为冷输送带;数字表示输送带顶部的高度(单位:hPa);花边表示这些气流所产生的云系的边缘,LS 是流线边界,L 为地面低压中心)

(2)冷输送带

冷输送带是一支位于地面暖锋前面和暖输送带之下，来源于气旋东北部的反气旋的辐散流出气流，它相对于移动的气旋向西运动(图 4.12，图 4.13)。原为冷干的空气，因接收从暖输送带中落下来降水物的迅速蒸发而变湿。当冷输送带空气继续向西接近气旋中心或接近暖锋地面锋线时，摩擦辐合上升增强，可能与暖输送带合并做反气旋旋转上升，形成了大尺度逗点云系的一个组成部分。暖输送带是支配中纬度锋面中云和降水形成的主要气流，而冷输送带则是形成锋面云系的次要气流。

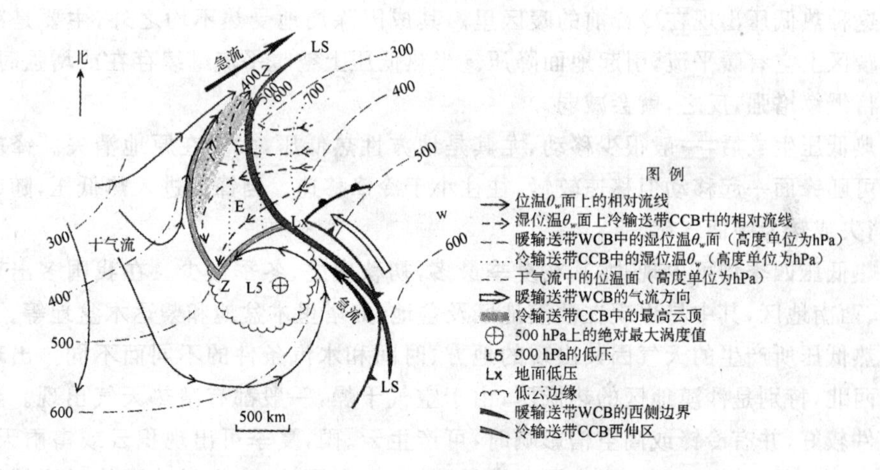


图 4.13　一个气旋结构的实例分析(Carlson，1991)

(E 为由冷输送带 CCB 产生的云；ZZ 是变形带；LS 是暖输送带 WSB 流线的边界)

## 4.2.6　热低压

在气旋分类中有一种是无锋面气旋。热低压就是其中之一，它只出现在近地面层，一般到 3、4 km 的高度就不明显了，是浅薄而不大移动的暖性气压系统。按其形成过程，通常可分为地方性热低压和锋前热低压两种。

(1)地方性热低压

地方性热低压是单纯由于近地面层空气受热不均而形成的。一般出现在暖季大陆上。当地表面受到太阳的强烈照射后，由于地形和地表面的热力性质的不同，地面增温不均，增温快的地区空气温度高于四周，体积膨胀，单位气压高度差加大，于是该地上空的等压面向上凸起(图 4.14a)，产生自内向外的气压梯度力。在气压梯度力的作

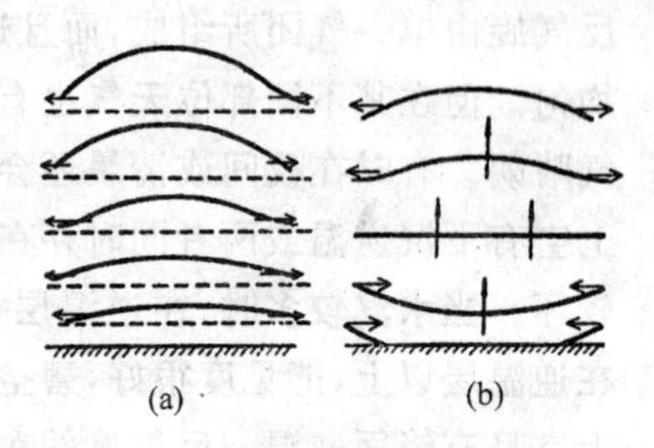


图 4.14　地方性热低压形成过程

用下，空气向四周辐散，使该地上空气柱的质量减少，地面气压因而下降。这时，在低层产生自外向内的气压梯度力，使空气向中心区辐合上升，到高层又向外辐散（图 4.14b）。当高层的辐散气流占优势时，地面气压会继续下降，在地转偏向力的作用下，低层出现闭合的气旋性环流，于是就有热低压形成。这种热低压的强度有明显的日变化：夜间和早晨，地面温度较低，热低压较弱，有时甚至消失；白天，随着地面温度的增高，热低压逐渐增强，到午后达到最强；傍晚又随着地面温度的下降而减弱。

（2）锋前热低压

这种热低压出现在冷锋前的暖区里。其成因除局地受热不均之外，主要是冷锋前的暖区上空有暖平流，引起地面降压。当热低压上空暖平流继续存在或增强时，热低压将继续增强，反之，就会减弱。

热低压生成后，一般很少移动，尤其是地方性热低压，大多在原地消失。锋前热低压可随锋面一起移动但移速较慢，往往小于冷锋移速。当锋面进入热低压，随即填塞、消失或转为锋面气旋。

热低压四季均可出现，尤其在夏季最多，初秋次之，冬季最少。在我国多出现在西北、西南地区，其中易出现在沙漠地区及盆地，如塔里木盆地和柴达木盆地等。

热低压所产生的天气因其出现的地方、时间和水汽条件的不同而不同。出现在我国西北，特别是沙漠地区的热低压，由于空气干燥，一般都有晴热天气出现。当水汽条件较好，并有冷锋或高空槽影响时，可产生云、雨，夏季可出现积云或雷雨天气。热低压发展较强时，也可出现大风和沙暴，如云贵高原地区，有时就因热低压的发展而出现偏南大风。在河西走廊和柴达木盆地的热低压强烈发展时，也会出现大风。

### 4.2.7 反气旋的天气特征

反气旋的天气由于所处的发展阶段、气团性质和所在地理环境的不同而具有不同的特点。同时对某一个反气旋而言，随着反气旋结构变化、气团变性，天气情况也在变化。

反气旋的中、下层，因有显著的辐散下沉运动，一般说来，常是晴朗天气。同时，反气旋由单一气团所组成，而且近地面层有明显的辐散，所以反气旋内天气分布比较均匀。但在其不同部位天气也有所不同。通常在反气旋的中心附近，下沉气流强，天气晴朗。有时在夜间或清晨还会出现辐射雾，日出后逐渐消散。如果有辐射逆温或上空有下沉逆温或两者同时存在时，逆温层下面聚集了水汽和其他杂质，低层能见度较坏。当水汽较多时，在逆温层下往往出现层云、层积云，毛毛雨及雾等天气现象。在逆温层以上，能见度很好，碧空无云。反气旋的外围往往有锋面存在，边缘部分的上空且有锋面逆温。反气旋的东部或东南部，因接近冷锋，常有较大的风力和较厚的云层，甚至有降水；反气旋西部和西南部，冷锋往往处在高空槽前，上空就有暖湿空气滑升，因而有暖锋前天气。

规模较小的位于两个气旋之间的反气旋天气是：前部具有冷锋后部的天气特征，后部具有暖锋前部的天气特征。

规模特大而强的冷性反气旋（即所谓寒潮高压），从西伯利亚和蒙古侵入我国时，能带来大量的冷空气，使所经之地气温骤降、风速猛增，一般可达 10～20 m/s，有时甚至可达 25 m/s 以上。

## 4.3　东亚气旋与反气旋

我国地处东亚大陆，本节就东亚地区的气旋和反气旋的源地、路径及形成和发展特点做一简略介绍。

### 4.3.1　东亚气旋的源地、路径和移速

(1)气旋的源地

从气旋发生频数的地区分布（图 4.15）来看，东亚地区的气旋主要发生在两个地区。南面的一个源地位于 25°～35°N，即我国的江淮流域、东海和日本南部海面的广大地区，习惯上称这些地区的气旋为南方气旋。南方气旋有江淮气旋（发生地主要在长江中下游、淮河流域和湘赣地区）和东海气旋（活动于东海地区，有的是江淮气旋东移入海后而改称的，有的是在东海地区生成的）等。另一个源地，即北面的一个位于 45°～55°N，并以黑龙江、吉林与内蒙古的交界地区产生最多，习惯上称这些地区的气旋为北方气旋。北方气旋有蒙古气旋（多生成在蒙古中部、东部）、东北气旋（又称东

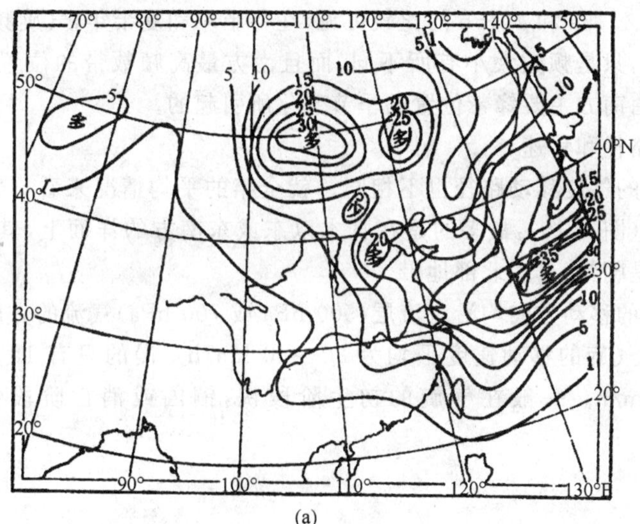


(a)

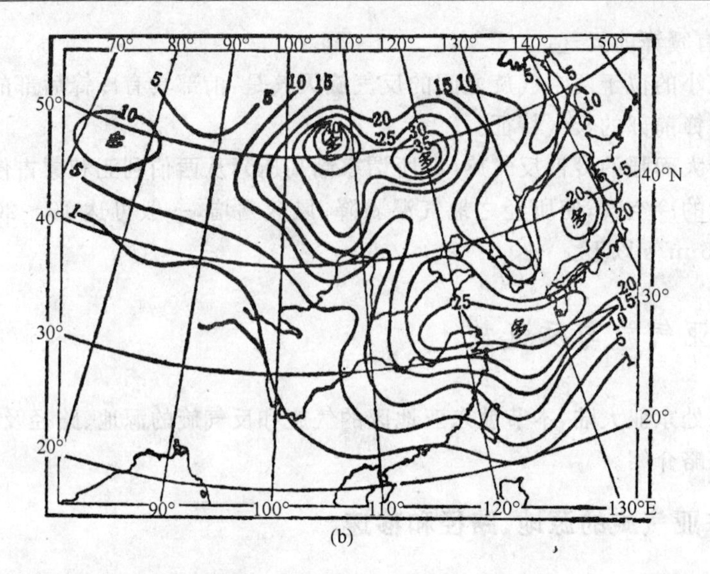

(b)

图 4.15 东亚气旋发生频数的地区分布图(a)冬半年;(b)夏半年

北低压,多系蒙古气旋或河套、华北及渤海等地气旋移到东北地区而改称的)、黄河气旋(生成于河套及黄河下游地区)、黄海气旋(生成于黄海和由内陆移来的气旋)等。

气旋源地的这种分布与东亚南北两支锋带是一致的。另外,处于太行山东侧的华北平原、日本海及苏联的巴尔喀什湖附近,也是气旋发生较多的地区。我国大陆110°E以西地区很少有气旋发生,我国长白山区、朝鲜、日本北部也都是气旋发生相对少的地区,而在20°N以南就没有产生过锋面气旋。

通过对图4.15a和4.15b的比较可见,在冬半年和夏半年,气旋频数地区分布的形势是相似的,只是频数大小有所不同,而且南方最高频数带的位置也有较大的变动,这主要是由南方主要锋带位置的季节变化所引起的。

(2)移动路径和移速

不同源地的气旋移动路径也不相同。就全年的平均情况来看,气旋路径主要集中在三个地带(图4.16):最多的是在日本以东或东南方的洋面上,其次是我国的东北地区,第三是朝鲜、日本北部地带。

锋面气旋的移动方向均沿对流层(500 hPa或700 hPa)气流的方向移动。

东亚锋面气旋的移动速度平均为30～40 km/h。慢的只有15 km/h左右;快的高达100 km/h。一般在气旋的初生阶段快,锢囚或消亡阶段慢;春季快,夏季慢。

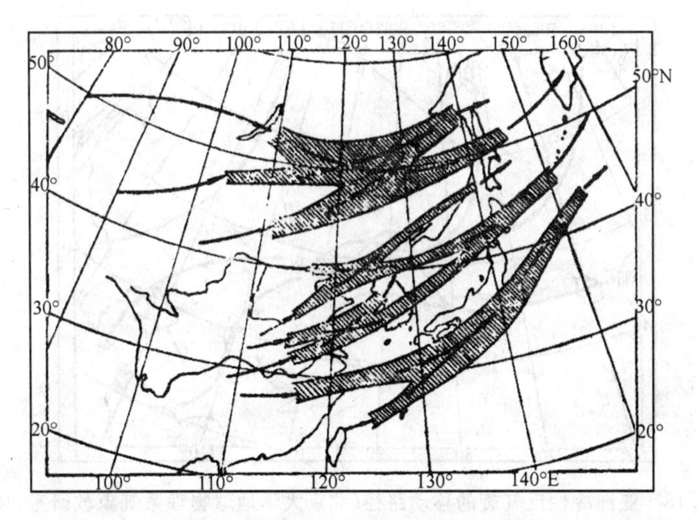


图 4.16 东亚锋面气旋的移动路径(北京大学地球物理系气象教研室,1976)

## 4.3.2 东亚反气旋活动地区、移动路径和移速

(1)活动地区

从反气旋频数分布图(图 4.17)来看,从蒙古西部到我国河套地区呈西北—东南向的狭长地带内反气旋出现频数最高,并以此为中心向东北和西南方向减少。冬半年冷性反气旋的脊可延伸到华南沿海,夏季则偏北,一般活动在 40°N 以北地区。

(2)移动路径和速度

进入我国的温带反气旋,大都是从亚洲北部、西北部或西部移来的,只有少数是在蒙古西部形成。它们进入我国的路径可归纳为以下4条(图 4.18):

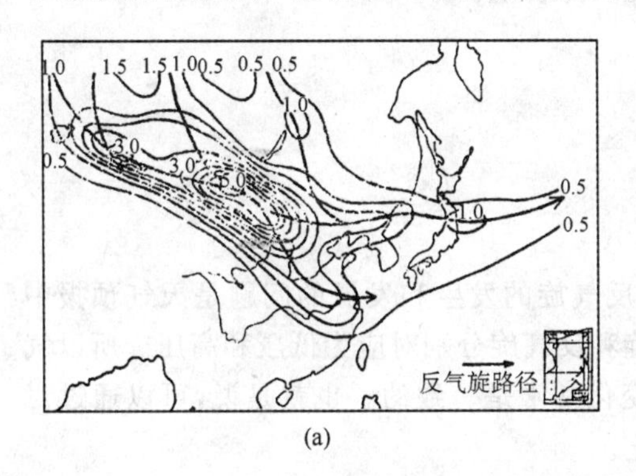

(a)

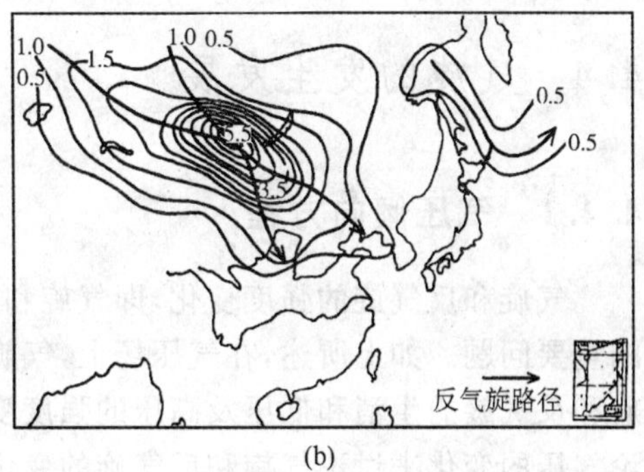

(b)

图 4.17 东亚反气旋频数分布和路径(a)1月;(b)7月

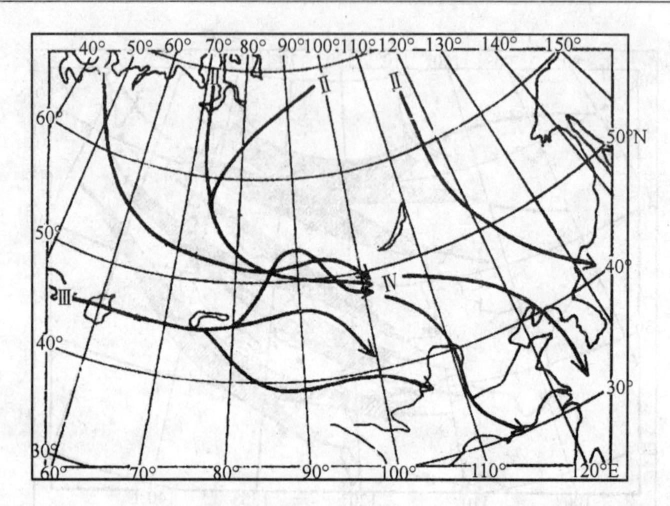


图 4.18 亚洲冷性反气旋的移动路径(北京大学地球物理系气象教研室,1976)

Ⅰ. 从亚洲大陆西北方移来,经西伯利亚、蒙古,然后进入我国。

Ⅱ. 从亚洲大陆北方移来,有的开始自北向南或自东北向西南移动,一般到55°N以南附近就转向东南,然后经西伯利亚西部、蒙古,然后进入我国;有的经西伯利亚东部进入我国东北地区。

Ⅲ. 从亚洲大陆西方移来,在 50°N 以南多由西向东移动,有的直接进入我国新疆地区,有的则折向东北移动,经蒙古进入我国。

Ⅳ. 起源于蒙古,常直接南下进入我国。

反气旋的移动路径,随季节、过程、强度的不同而有差异。一般来说,冬半年以第Ⅰ、Ⅱ、Ⅳ条为主,夏半年以第Ⅲ条为主。反气旋移速因地区、季节和系统强度的不同而相差极为悬殊,虽有其平均移速,但并无实际价值。

## 4.4 气旋的发生发展

### 4.4.1 气压倾向方程

气旋和反气旋的强度变化,即气旋和反气旋的发生和发展的问题是天气预报中的重要问题。如上所述,在气压场上,气旋和反气旋分别对应为低压和高压。所以气旋和反气旋的生消和低压及高压的强度变化常常是一致的。也就是说,可以通过讨论气压的变化来讨论气旋和反气旋的变化。

影响地面气压变化的因子一般可以由气压倾向方程式(4.4.1)来讨论:

$$\frac{\partial p_{z_0}}{\partial t}=-\int_0^\infty g\left(u\frac{\partial \rho}{\partial x}+v\frac{\partial \rho}{\partial y}\right)\delta z-\int_0^\infty g\rho\left(\frac{\partial u}{\partial x}+\frac{\partial v}{\partial y}\right)\delta z \qquad (4.4.1)$$

式中：$p_{z_0}$为地面气压。式(4.4.1)说明，在平坦的地面上垂直速度为零时，地面气压变化由两项因子造成：式(4.4.1)右边第一项为地面以上整个气柱中密度平流(通常亦称为热力因子)。因为在相同的气压条件下冷空气密度比暖空气大，故整个气柱中以冷平流为主时地面气压将上升；若以暖平流为主时则地面气压将下降。式(4.4.1)右边第二项为地面以上整个气柱内速度水平散度的总和。若整个气柱散度总和净值为质量辐散，气柱内质量减少，地面气压下降；若散度总和净值为质量辐合，地面气压上升。这一项通常称为动力因子。

按上述气压倾向方程的讨论可知，某地的气压变化，主要取决于该地上空整层大气柱的重量变化。因此，要求出某地地面的气压变化，就必须对其上整层大气柱的水平质量散度进行积分。如求某高度上的气压变化，则除了考虑水平方向的质量散度外，还必须考虑大气柱底面空气的垂直输送。但实际上用这种方法研究气压变化有很多困难，一方面是对于整层大气的水平散度和垂直速度的观测有困难；另一方面，上下层的水平散度是相互补偿的。因此，地面气压变化是两个大的数值抵消后剩下的一个小数，误差很大，不能在实际工作中应用。

## 4.4.2　涡度和涡度方程

由于人们试图由气压倾向方程来讨论气压的变化，从而来讨论气旋和反气旋变化的思路在实际工作中难以实现，因此便转而考虑用涡度理论来讨论气旋和反气旋的变化。

通过天气分析的实践可以发现，风速和风向的空间分布是不均匀的，说明大气具有旋度(涡度)，也就是说，大气运动具有涡旋运动的性质。而且大尺度大气运动具有准地转性，即气旋性涡度对应低压，反气旋性涡度对应高压。所以知道了涡度变化也就大致知道了气压变化。因而可以利用涡度变化来做大尺度天气系统和天气形势的预报。速度涡度方程就是表征涡度变化的基本方程。

涡度是用来表示流体质块的旋转程度和旋转方向的物理量。流场中某一质块的涡度定义为质块速度的旋度，其表达式为：

$$\boldsymbol{\zeta}=\boldsymbol{i}\left(\frac{\partial \omega}{\partial y}-\frac{\partial v}{\partial z}\right)+\boldsymbol{j}\left(\frac{\partial u}{\partial z}-\frac{\partial \omega}{\partial x}\right)+\boldsymbol{k}\left(\frac{\partial v}{\partial x}-\frac{\partial u}{\partial y}\right) \tag{4.4.2}$$

由于大气基本做水平运动，所以我们着重讨论水平面上的旋转，即研究指向垂直方向上的涡度分量：

$$\zeta_z=\frac{\partial v}{\partial x}-\frac{\partial u}{\partial y} \tag{4.4.3}$$

如图4.19所示，$\frac{\partial v}{\partial x}$表示与$x$轴平行的气

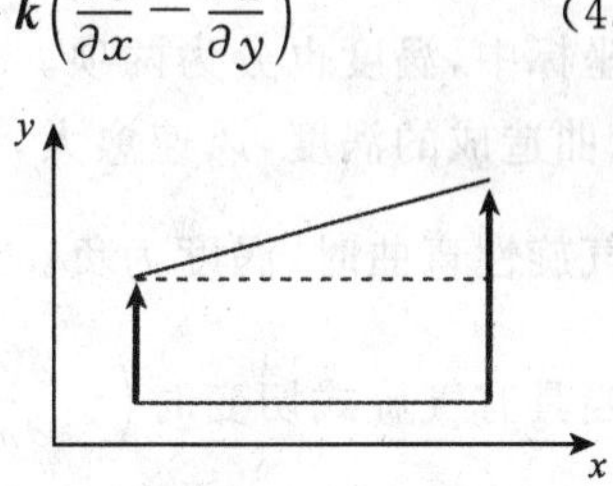

图4.19　相对涡度$\frac{\partial v}{\partial x}$分量的物理意义

(矢线表示风速)

块边界转动角速度，且$\frac{\partial v}{\partial x}>0$时气块做气旋式旋转，反之气块做反气旋式旋转；同理可得，$-\frac{\partial u}{\partial y}$表示与$y$轴平行的气块边界转动的角速度，当$-\frac{\partial u}{\partial y}>0$时气块做气旋式旋转，反之气块做反气旋式旋转。综合两项之和即为气块绕垂直轴旋转的涡度垂直分量$\zeta_z$。

如果把气块换为刚体，则$\frac{\partial v}{\partial x}$与$-\frac{\partial u}{\partial y}$相等，于是$\zeta_z = 2\frac{\mathrm{d}\theta}{\mathrm{d}t}$，即涡度为刚体旋转角速度的两倍(图 4.20)。

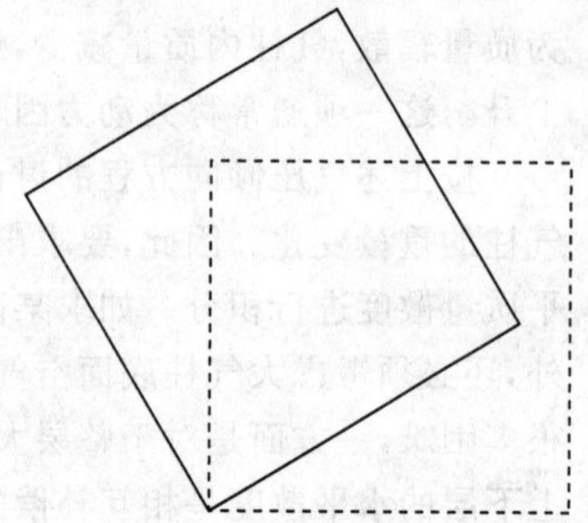

图 4.20 刚体涡度与旋转角速度的关系示意图

为了在天气图上更直观地判断涡度的符号和大小，可将直角坐标中的涡度表达式变换为自然坐标中的表达式。

令水平方向全风速为$V$，并设风速与$x$轴交角为$\beta$，则：$u=V\cos\beta$，$v=V\sin\beta$，若取$x$轴与$s$轴相切时，则$\beta=0$，故有：

$$\left.\begin{aligned}\zeta &= V\frac{\partial \beta}{\partial s}-\frac{\partial V}{\partial n}=\frac{V}{R_s}-\frac{\partial V}{\partial n}\\ \text{或}\quad \zeta &= VK_s-\frac{\partial V}{\partial n}\end{aligned}\right\}\tag{4.4.4}$$

式中：$K_s$和$R_s$分别为流线的曲率和曲率半径，如以地转风代替实际风，则得自然坐标中地转风涡度的表达式为：

$$\left.\begin{aligned}\zeta &= \frac{V_g}{R}-\frac{\partial V_g}{\partial n}\\ \text{或}\quad \zeta_g &= V_gK-\frac{\partial V_g}{\partial n}\end{aligned}\right\}\tag{4.4.5}$$

式中：$K$和$R$为等高线的曲率和曲率半径。从式(4.4.4)和式(4.4.5)中可看出，在自然坐标中，涡度也分为两项。右端第一项$VK_s$(或$V_gK$)是曲率项，表示流线(等高线)弯曲造成的涡度，风速愈大，曲率愈大，涡度就愈大(图 4.21)。当流线(等高线)呈反气旋性弯曲时，涡度为负。所以该项称为曲率涡度项。右端第二项$-\frac{\partial V}{\partial n}$为切变项。当具有气旋式切变时$\left(-\frac{\partial V}{\partial n}>0\right)$，涡度为正，反气旋式切变时$\left(-\frac{\partial V}{\partial n}<0\right)$，涡度为负。切变愈大，涡度愈大，所以该项称为切变涡度项(图 4.22)。

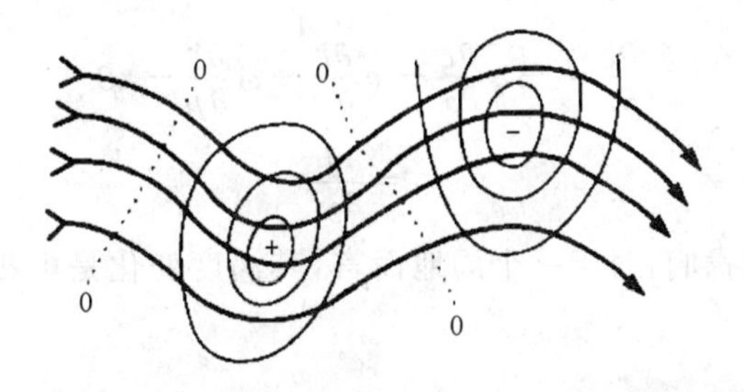


图 4.21　在槽脊区域中曲率涡度的分布(北京大学地球物理系气象教研室,1976)
(细实线为等涡度线,粗实线及箭头线为等高线或流线)

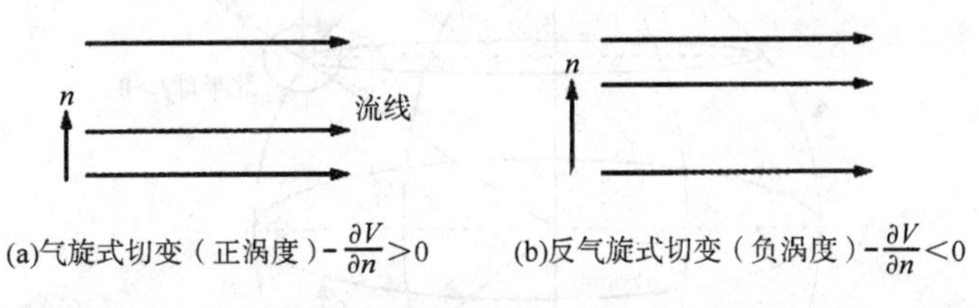


图 4.22　切变产生的涡度(北京大学地球物理系气象教研室,1976)

由于地球自转,地球上任一点的牵连速度 $\boldsymbol{V}_g=\boldsymbol{\Omega}\times\boldsymbol{R}$(图 4.23),其速率为 $V_e=\boldsymbol{\Omega}R$,方向向东。取自然坐标有 $\frac{\partial V_e}{\partial_n}=-\frac{\partial Ve}{\partial R}$,于是行星涡度为 $\zeta_e=\frac{V_e}{R}+\frac{\partial V_e}{\partial R}=2\boldsymbol{\Omega}$,写成矢量形式为:

$$\boldsymbol{\zeta}_e=2\Omega \tag{4.4.6}$$

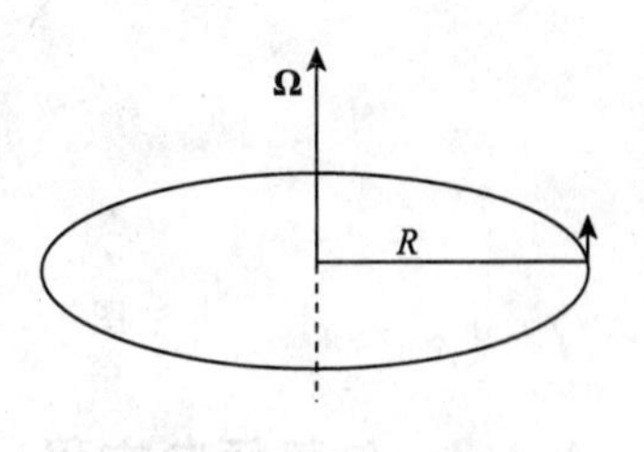


图 4.23　行星涡度

由上可知,行星涡度的方向与地球自转角速度一致,其大小为地球自转角速度的两倍。

行星涡度的垂直分量为 $f=2\Omega\sin\varphi$,$f$ 又称地转涡度或地转参数,在北半球,$f>0$,在南半球,$f<0$(图 4.24)。

涡度的单位是“$\mathrm{s}^{-1}$”。在计算相对涡度时,其数值大小和大气运动的尺度有关。如引入运动速度和空间尺度的特征量,分别记为 $V$ 和 $L$,则涡度的特征量为:

$$\zeta\sim\frac{V}{L} \tag{4.4.7}$$

一般 $V\sim10^1$,在大尺度运动系统中 $L\sim10^6$,故 $\zeta\sim10^{-5}$,在中尺度运动系统中 $L\sim10^5$,故有 $\zeta\sim10^{-4}$,在小尺度运动系统中 $L\sim10^4$,故 $\zeta\sim10^{-3}$。在中高纬度 $f\sim10^{-4}$,故在北半球中高纬度地区的大尺度运动系统中,绝对涡度 $\zeta_a$ 总是正值,只有在反气旋涡度很强的地区 $\zeta_a=0$。

涡度方程是描述涡度变化的方程。简化的垂直涡度方程可写为:

$$\frac{\partial \zeta}{\partial t}=-u\frac{\partial \zeta}{\partial x}-v\frac{\partial \zeta}{\partial y}-\omega\frac{\partial \zeta}{\partial p}-v\beta \tag{4.4.8}$$

其中，
$$\beta=\frac{\partial f}{\partial y} \tag{4.4.9}$$

式(4.4.8)告诉我们，对于一个局地而言，其涡度变化是由相对涡度平流和地转涡度平流造成的。

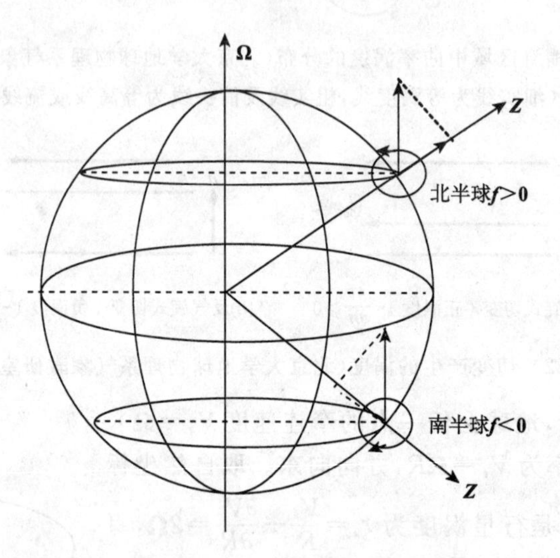


图 4.24　北半球 $f>0$，在南半球 $f<0$ 的示意图

### 4.4.3　位势倾向方程

涡度方程虽然较简单，但直接用于判断形势的发展仍有困难，这是因为方程右端的水平辐散项中的水平辐散不能直接从天气图上的位势高度进行判断，甚至用实测风也不易准确判断，为此须将它变换为易于判断形势发展的位势倾向方程，其表达式如下：

$$\left(\nabla^2+\frac{f^2}{\sigma}\frac{\partial^2}{\partial p^2}\right)\frac{\partial \varphi}{\partial t}=-f\mathbf{V}_g\cdot\nabla(f+\zeta_g)+\frac{f^2}{\sigma}\frac{\partial}{\partial p}\left(-\mathbf{V}_g\cdot\nabla\frac{\partial \varphi}{\partial p}\right)-\frac{f^2}{\sigma}\frac{R}{c_p p}\frac{\partial}{\partial p}\frac{\mathrm{d}Q}{\mathrm{d}t} \tag{4.4.10}$$

式(4.4.10)的左端是$\frac{\partial \varphi}{\partial t}$的二阶导数，对于波状扰动可以证明此项与$-\frac{\partial \varphi}{\partial t}$成正比。式(4.4.10)右端第一项与地转风绝对涡度平流$-\mathbf{V}_g\cdot\nabla(f+\zeta_g)$成正比，它又可分为两部分，即：

$$-\mathbf{V}_g\cdot\nabla(f+\zeta_g)=-\mathbf{V}_g\cdot\nabla f-\mathbf{V}_g\cdot\nabla\zeta_g \tag{4.4.11}$$

这两部分分别表示地转涡度平流和地转风相对涡度的平流。对于短波(波长 3000 km

左右以下)来说,式(4.4.11)右端第二项较大,因此地转风绝对涡度平流的强弱主要取决于地转风相对涡度平流。在等高线均匀分布的槽中(图4.25),由于有气旋性曲率,故 $\zeta_g>0$,在脊中则有 $\zeta_g<0$。因此,在槽前脊后沿气流方向相对涡度减少,为正涡度平流($-\boldsymbol{V}_g\cdot\nabla\zeta_g>0$),等压面高度降低$\left(\frac{\partial\varphi}{\partial t}>0\right)$;在槽后脊前沿气流方向相对涡度增加,为负涡度平流($-\boldsymbol{V}_g\cdot\nabla\zeta_g<0$),等压面高度升高$\left(\frac{\partial\varphi}{\partial t}>0\right)$;在槽线和脊线上,$\nabla\zeta_g=0$,所以涡度平流亦为零,等压面高度没变化,因而槽脊不会发展,而只是向前移动。

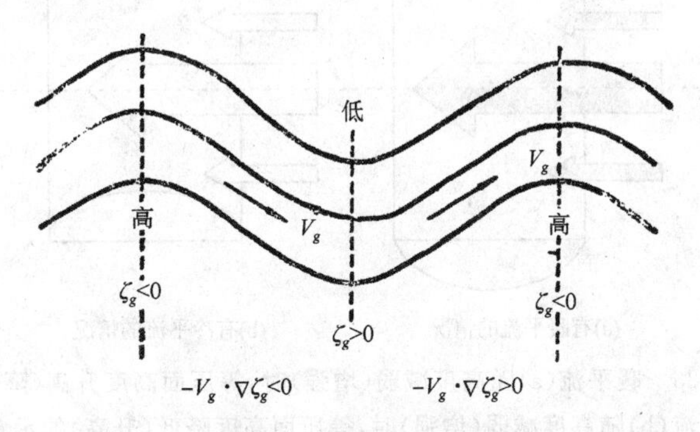


图4.25 相对涡度平流

式(4.4.10)右端第二项是厚度平流(或温度平流)随高度的变化项,其作用相当于温度平流:

$$-\boldsymbol{V}_g\cdot\nabla\frac{\partial\varphi}{\partial p}=\frac{R}{p}\boldsymbol{V}_g\cdot\nabla T\propto\boldsymbol{V}_g\cdot\nabla T \tag{4.4.12}$$

在暖平流区中,沿气流方向温度降低 $-\boldsymbol{V}_g\cdot\nabla T>0$,因此当暖平流(绝对值)随高度减弱(随气压增强)时(图4.26),$\frac{\partial}{\partial p}\left(-\boldsymbol{V}_g\cdot\nabla\frac{\partial\varphi}{\partial p}\right)<0$,等压面高度升高;在冷平流区中,沿气流方向温度升高$\left(\frac{\partial\varphi}{\partial t}>0\right)$,因此当冷平流(绝对值)随高度减弱(随气压增加)时,$\frac{\partial}{\partial p}\left(-\boldsymbol{V}_g\nabla\frac{\partial\varphi}{\partial p}\right)>0$,等压面高度降低$\left(\frac{\partial\varphi}{\partial t}<0\right)$。

一般来说,对流层自由大气中温度平流总是随高度减弱的,因此对于对流层中上层的等压面来说,在其下层若有暖平流时,等压面将升高;若有冷平流时,等压面将降低。其定性作用是不难理解的,因若在某等压面以下有暖平流,将使气柱厚度增大,如此时地面没有补偿的气压降低,则此等压面必须升高;反之,若在某等压面以下有冷平流时,将使气柱厚度减小,如此时地面没有补偿的气压升高,则此等压面必须降低。

式(4.4.10)右边第三项是非绝热加热随高度的变化项。当非绝热加热随高度增加(随气压减小)时，$-\frac{\partial}{\partial p}\frac{\mathrm{d}Q}{\mathrm{d}t}>0$，等压面高度将降低$\left(\frac{\partial \varphi}{\partial t}<0\right)$，反之，当绝热加热随高度减小(随气压增加)时，$-\frac{\partial}{\partial p}\frac{\mathrm{d}Q}{\mathrm{d}t}<0$。等压面高度将升高$\frac{\partial \varphi}{\partial t}>0$。其定性作用与温度平流随高度变化项类似。

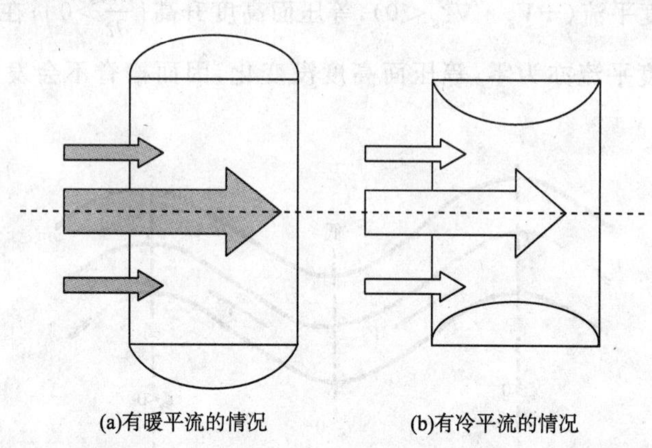


图 4.26 暖平流(a)随高度减弱(增强)时，等压面高度升高(降低)；
冷平流(b)随高度减弱(增强)时，等压面高度降低(升高)的示意图
(空心箭头和带阴影的箭头分别代表冷平流和暖平流，箭头大小表示平流强弱)

### 4.4.4 准地转 $\omega$ 方程

为了分析垂直运动发生发展的原因，还常引入准地转近似的 $\omega$ 方程，其表达式为：

$$\left(\sigma \nabla^2 + f^2 \frac{\partial^2}{\partial p^2}\right)\omega = f\frac{\partial}{\partial p}[\mathbf{V}_g \cdot \nabla(f+\zeta_g)] - \nabla^2\left[\mathbf{V}_g \cdot \nabla\frac{\partial \varphi}{\partial p}\right] - \frac{R}{C_p p}\nabla^2\frac{\mathrm{d}Q}{\mathrm{d}t} \tag{4.4.13}$$

式(4.4.13)左端与位势倾向方程左端类似，与$-\omega$成正比。它是一个用瞬时 $\varphi$ 场表示的 $\omega$ 场的诊断方程。它不像连续方程，无须依赖风的精确观测值就能算出 $\omega$ 值。式(4.4.13)右端第一项为涡度平流随高度变化项。当涡度平流随高度增加(随气压减小)时，有上升运动($\omega<0$)；当涡度平流随高度减小(随气压增加)时，有下沉运动($\omega>0$)。在地面低压中心附近，涡度平流很小(图 4.27)，而在其上空高空槽前为正涡度平流，于是在该地区涡度平流随高度增加，有上升运动。在地面高压中心，涡度平流也很小，而在其上空高空槽后为负涡度平流，于是在这地区涡度平流随高度减弱，有下沉运动。涡度平流随高度变化造成的垂直运动，其物理意义可以这样来理解：例如，在地面低压中心 1000 hPa 上涡度平流很小，而上空 500 hPa 上为正涡度平

流，气旋性涡度增加，使风压场不平衡，在地转偏向力作用下，必产生水平辐散，为保持质量连续，其下将出现补偿上升运动。

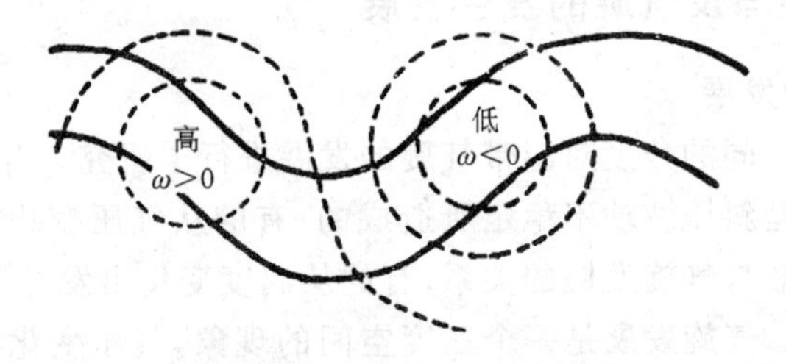


图 4.27　涡度平流随高度变化造成的垂直运动
（实线为 500 hPa 等高线，虚线为 1000 hPa 等高线）

式(4.4.13)右端第二项是厚度平流（或温度平流）的拉普拉斯方程。与前类似，可以证明：

$$-\nabla^2\left[\boldsymbol{V}_g\cdot\nabla\frac{\partial\varphi}{\partial p}\right]\propto\boldsymbol{V}_g\cdot\nabla\frac{\partial\varphi}{\partial p}=-\frac{R}{p}\boldsymbol{V}_g\cdot\nabla T \tag{4.4.14}$$

所以，暖平流区（$-\boldsymbol{V}_g\cdot\nabla T>0$），有上升运动（$\omega<0$）；冷平流区（$-\boldsymbol{V}_g\cdot\nabla T<0$），有下沉运动（$\omega>0$）。在地面低压中心和高压中心（图 4.28）之间的高空槽中，地转风随高度逆转，为冷平流，应有下沉运动。在地面低压中心之前、高压中心之后及高空脊上，地转风随高度顺转，为暖平流，应有上升运动。其物理意义也易于理解，例如，暖平流使 500 hPa 高脊区的 500～1000 hPa 厚度增加，500 hPa 等压面升高，使温压场不平衡，在气压梯度力作用下，必产生水平辐散，为保持质量连续，将产生补偿上升运动。同理，在 500 hPa 低槽区冷平流应有下沉运动。

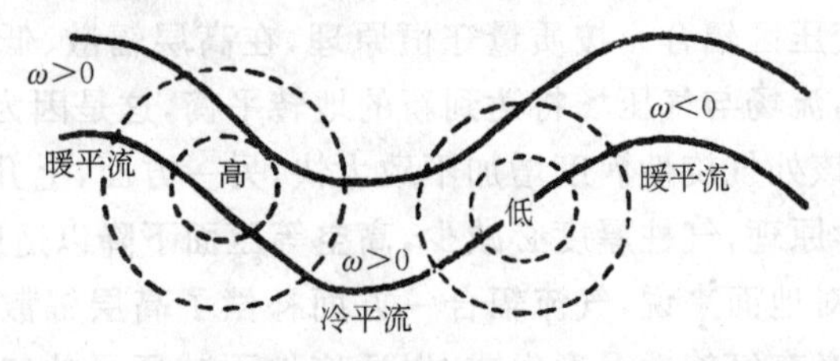


图 4.28　温度平流造成的垂直运动
（实线为 500 hPa 等高线，虚线为 1000 hPa 等高线）

式(4.4.13)右端第三项为非绝热加热的拉普拉斯方程。同样：

$$-\nabla^2\frac{\mathrm{d}Q}{\mathrm{d}t}\propto\frac{\mathrm{d}Q}{\mathrm{d}t}$$

所以在非绝热加热区$\left(\frac{\mathrm{d}Q}{\mathrm{d}t}>0\right)$，有上升运动（$\omega<0$）；在非绝热冷却区$\left(\frac{\mathrm{d}Q}{\mathrm{d}t}<0\right)$，有下沉运动（$\omega>0$）。例如，在低压中有降水，释放凝结潜热时，将使上升运动加强。

其物理意义与温度平流项类似。

### 4.4.5 温带气旋与反气旋的发生发展

(1)温带气旋的发展

人们已从各个不同的角度对温带气旋的发展进行了研究。有的从波动角度出发把气旋的发展看成是斜压波动不稳定所造成的;有的从气压变化出发研究了大气柱中净的质量辐合辐散与气旋发展的关系;有的从涡度变化出发,用流场中的涡度生成来说明气旋的发展。气旋发展是一个三度空间的现象,气压变化与涡度变化也应当是统一的。下面我们将从这个观点出发,来研究气旋发展的物理过程。

1)斜压系统发展的物理过程及促使发展的因子

温带气旋主要是在锋区上发展起来的,有很大的斜压性,在其发展过程中,温度场位相落后于气压场。从这种基本情况出发,我们先来研究斜压系统发展的理想模式。设以虚线表示 500～1000 hPa 厚度线,即这两层之间的平均温度线(图 4.29a),实线表示 500 hPa 等高线,高、低为地面气旋和反气旋中心。由图可看出,平均冷温度舌落后于高空槽,在这种温压场配置下,高空槽前地面应为气旋,槽后地面应为反气旋。

设开始时气压是准地转的,即流场与气压场是地转适应的。过一段时间后,在高空槽前地面低压上空的地区,由于有正的涡度平流,按涡度方程,气旋性涡度应增加(图 4.29b 虚线),这时流场与气压场就不适应,在地转偏向力的作用下,在这附加的气旋性流场中就有气流向外辐散,而辐散的结果又使地面减压,即 1000 hPa 等压面降低(图 4.29c 虚线)。这时,地面流场与气压场也不适应了,在气压梯度力的作用下,就有气流向负变压区辐合。按质量守恒原理,在高层辐散、低层辐合区必有上升运动。在此过程中,流场与气压场将达到新的地转平衡,这是因为一方面高层辐散必有负涡度生成以使该处气旋性涡度增加不致太快;另一方面,上升运动使大气柱绝热膨胀冷却,按静力学原理,气柱厚度必减少,高空等压面下降以适应改变了的流场,从而达到地转平衡。对地面来说,气流辐合一方面补偿了高层辐散使地面减压不致太快,另一方面,辐合必有气旋性涡度生成,以适应地面减压了的气压场。通过上述分析可以看出:主要是高空槽前的正涡度平流促使了地面气旋的发展。也可以说,是上下层涡度平流的差异(地面低压中心涡度平流很弱)促使了地面气旋的发展,我们称之为气压变化的涡度因子。从此过程中还可以看出,气旋的发展必然伴有上升运动的发展,并通过上升运动及其高层的辐散和低层的辐合,使流场和气压场达到新的地转平衡。

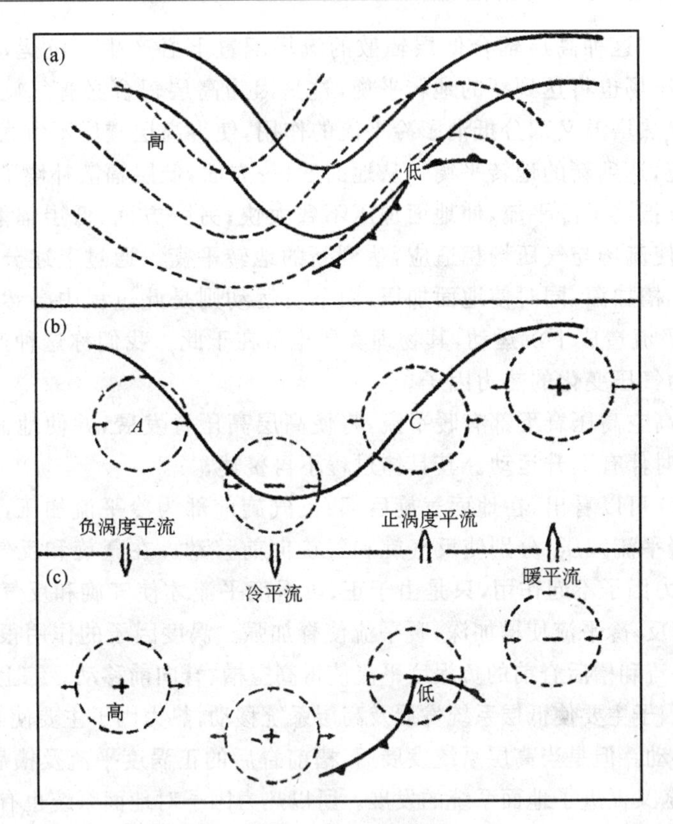


图4.29　斜压系统发展过程示意图

(C和A为气旋和反气旋性涡度增加区,+和−为正变压和负变压区)

同样的道理,高空槽后为负涡度平流区,在该处必有负涡度的增加,在地转偏向力作用下将产生辐合,从而使地面加压,又由于气压梯度力的作用,在加压区出现气流辐散。在高层辐合和低层辐散配置下必有下沉运动。高层辐合有气旋性涡度生成,使负涡度增加不致太快,而下沉增温又使气柱增厚,高层等压面升高,使气压场与流场适应,达到新的地转平衡。地面辐散一方面补偿了高空的辐合,使地面气压增加不致太快,另一方面,辐散又会产生反气旋性涡度,以使流场与气压场相适应。由此可见,主要是高层负涡度平流(或涡度平流随高度减小)促使了地面反气旋的发展。下沉运动是伴随反气旋的发展而生成的,并是使气压场与流场相适应的必不可少的因子。

现在来看高空槽区的变化情形,这里的下部是冷平流区,大气柱冷却,按静力平衡原理,等压面之间的厚度必减小,高层等压面下降,高空槽加深,这时气压场与流场不适应,在附加的气压梯度力作用下产生高层辐合气流。空气辐合及冷平流又使地面加压,这时地面气压场与流场也不适应了,在附加的气压梯度力的作用下,产生低层辐散气流。在这种高层辐合低层辐散的流场配置下必产生下沉运动。在此过程中,流场与气压场也将达到新的地转平衡,这是因为高层辐合必有气旋性涡度生成,而下沉运动绝热增温又部分抵消了冷平流的作用,使得高层减压不致太快,于是流场与气压场适应,达到新的地转平衡。从地面看,一方面,低层辐散补偿了高层的辐合,下沉增温部分抵消了冷平流,使地面加压不致太快;另一方面,低层辐散必有反气旋涡度生成,以使流场与气压场相适应,达到新的地转平衡。通过上述分析可以看出,冷平流使高空槽加深,同时使地面加压,而下沉运动则是此过程中必然出现的现象。$\omega$方程中,冷平流造成下沉运动,其物理实质也就在于此。我们称这种产生气压变化的温度平流为气压变化的热力因子。

同样,在高空高压脊下部有暖平流,将使高层高压脊发展,并使地面减压和气旋涡度增加,同时伴有上升运动。其具体过程不再赘述。

由图 4.29 可以看出,在地面气旋后部、反气旋前部为冷平流加压,气旋前部、反气旋后部为暖平流减压,分别使反气旋和气旋向前移动。在气旋和反气旋中心没有温度平流,热力因子不起作用,只是由于正、负涡度平流才使气旋和反气旋得以发展。而在高空则相反,冷平流使槽加深,暖平流使脊加强。涡度因子的作用很少,但槽前脊后的正涡度平流和槽后脊前的负涡度平流使得高空槽、脊向前移动。综上所述,在斜压扰动中,涡度因子主要使低层系统发展及高层系统移动,热力因子主要使高层系统发展及低层系统移动。但是当高层系统发展后,槽前脊后的正涡度平流及槽后脊前的负涡度平流也增大,又促进了地面系统的发展。所以热力因子对地面系统也有间接影响。

最后,再讨论一下非绝热加热因子对气旋发展的作用。在发展气旋的上升运动区中,如有足够的水汽,则将有水汽凝结、释放潜热,部分抵消了绝热膨胀冷却的作用,使气柱降温不致太快,高层减压变慢,因而使高层维持较强的辐散,低层减压增强,气旋得以更快地发展,同时上升运动也增强起来。

2)影响温带气旋各发展阶段的因子

现在用上述理论讨论温带气旋各发展阶段的有利和不利因子。

①波动阶段

图 4.30a 是该阶段的高空温压场,图 4.30b 是与其对应的地面变压区。这时高空锋区也呈波动式,温度场落后于高度场。气旋位于高空槽前,温度平流零线穿过气旋中心,气旋前部为暖平流,后部为冷平流。所以热力因子使地面气旋前部减压,后部加压,从等高线看,槽前为正涡度平流区,涡度因子使地面气旋中心减压。这两种因子联合作用的结果是使地面气旋一面向前移动,一面加深发展。高空槽也因冷平流而加深,并因涡度平流作用而向前移动。此时地面摩擦影响很小。

②成熟阶段

在此阶段(图 4.30c),高空槽已加深且已出现闭合中心,但温度槽仍落后于高度槽,不过两者比前一阶段有所接近。地面气旋(图 4.30d)前部仍为暖平流,后部为冷平流。同时气旋仍在高空槽的前方,气压变化的热力及动力因子的配置与前一阶段差别不大。气旋继续发展并向前移动,随着地面气旋的发展,气旋上空的温度因上升运动而逐渐降低,这在气旋中心偏后地区最明显,因为这里同时有冷平流,所以温度槽离气旋中心愈来愈近。此阶段高空槽仍因冷平流而继续发展,地面摩擦影响增大,但还不占主导地位。

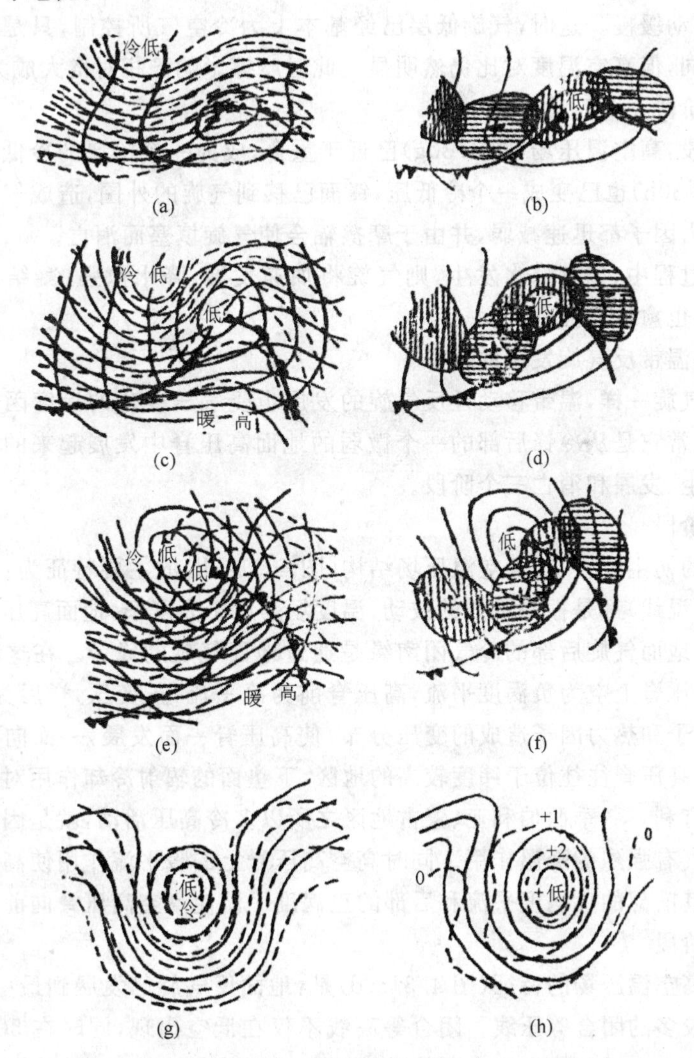


图 4.30　气旋各发展阶段的高空温压场与地面变压区(北京大学地球物理系气象教研室,1976)
(粗实线为地面等压线,细实线为 500 hPa 等高线,细断线为 500～1000 hPa 等厚度线,竖线区为涡度因子引起的变压区,横线区为热力因子引起的变压区)

③锢囚阶段

在此阶段(图 4.30e),高空槽进一步发展,出现闭合中心,高空冷中心与高度场的低中心更加接近。地面气旋(图 4.30f)发展到最强阶段,开始锢囚。冷平流侵入气旋的南部,因高空出现闭合中心,涡度平流减弱,因而地面气旋中心涡度减压因子也减弱,并偏离气旋中心。等高线与等温线的夹角已减小,温度平流变小,热力因子造成的气压变化也减小。图中气压变化因子的配置说明气旋已经发展到最深阶段而开始减弱,移动缓慢。这时,气旋低层已经基本上为冷空气所控制,只是各个部分的程度有所不同,但高空温度对比仍然明显。此时摩擦影响已相对增大成为主要因子。

④消亡阶段

在此阶段,高空温压场(图 4.30g)已近于重合,成为一个深厚的冷低压。这时地面气旋(图 4.30h)也已变成一个冷低压,锋面已移到气旋的外围,造成气压变化的涡度因子及热力因子都迅速减弱,并由于摩擦辐合使气旋填塞而消亡。

在整个过程中,如有降水发生,则气旋将加速发展,降水愈强,凝结潜热释放愈多,气旋发展也愈快而强烈。

(2)影响温带反气旋发展的因子

和锋面气旋一样,温带移动性反气旋的发展也受气压变化的涡度因子和热力因子所支配,通常它是从冷锋后部的一个微弱的地面高压脊中发展起来的。其发展过程可分为初生、发展和消亡三个阶段。

①初生阶段

反气旋的初生阶段,其高空温压场结构(图 4.31a、b)的主要特征为:等高线和等厚度线(或等温线)都是振幅不大的波动,温度场落后于高度场,地面高压脊位于高空高压脊前部,地面气旋后部的冷气团南缘是通过地面气旋的锋带。在这种温压场配置下,地面高压脊上空为负涡度平流,高压脊前为冷平流,正变压,脊后为暖平流,负变压,涡度因子和热力因子造成的变压分布,使高压脊一面发展,一面向前移动。在这一阶段,冷高压脊往往位于纬度较高的地区,下垫面的辐射冷却作用对冷性反气旋的发展十分有利。冬季西伯利亚、蒙古地区之所以多冷高压活动,就是因为那里的冷下垫面对空气有强烈的降温作用。同时高空高压脊上的暖平流作用使高空高压脊加强。又由于其前部的负涡度平流和后部的正涡度平流使高空高压脊向前移动。

②发展阶段

这阶段高空温压场的特征(图 4.31c、d)是:地面反气旋已发展到最盛时期,具有闭合中心和较多的闭合等压线。闭合等高线不仅在低空出现,同时在 500 hPa 等压面也可出现。由于反气旋发展中所伴随的下沉运动使气柱绝热压缩增温,并使温度脊加强,而与反气旋中心逐渐接近。冷、暖平流虽在发展阶段初期比初生阶段要强,但到了最盛期则开始减弱,一个本来温度不对称的浅薄的冷性反气旋就开始转化为温度比较对称的深厚暖性反气旋了，高低层的反气旋中心逐渐重合，高空负涡度平流区已移到地面反气旋中心的南部。在这种温压场结构下，涡度因子和热力因子所引起的变化已减小，且地面反气旋中心已无正变压出现，反气旋就停止发展。

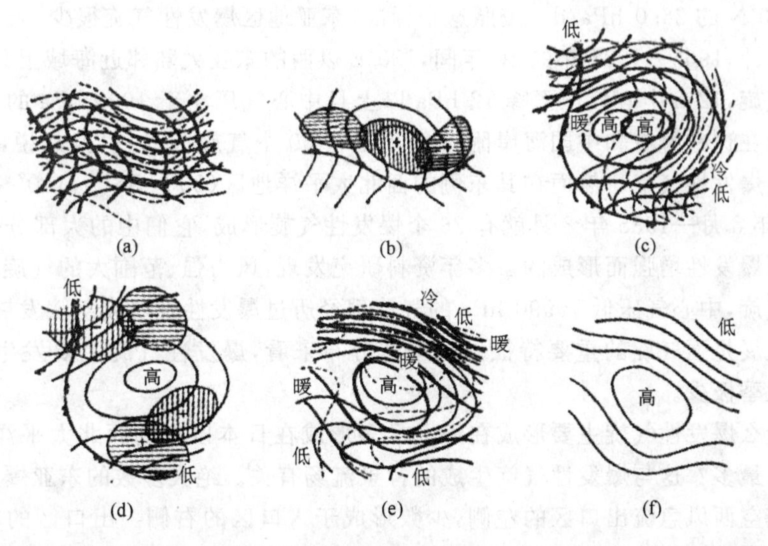


图 4.31　反气旋发展的高空温压场与地面变压区(北京大学地球物理系气象教研室,1976)

③消亡阶段

冷性反气旋的消亡过程有两种情况：一种是转化为暖性反气旋，然后减弱、消亡；另一种是减弱、消失或并入到副热带高压中去。第一种情况如图 4.31e、f 所示，这时反气旋已成为一个深厚的、中心轴线垂直和温压场对称的准静止的暖性反气旋。涡度因子已不能使反气旋继续发展，热力因子也不能使其移动。摩擦作用使反气旋从低层开始减弱，然后逐渐向上传递。这种情况多见于欧洲。

第二种情况是随着反气旋中的温度逐渐增高，其前方的冷锋逐渐锋消。且反气旋在南移过程中，下垫面的非绝热加热作用使低层温度进一步增高，气团变性增暖，反气旋减弱，再加上摩擦作用，反气旋减弱、消亡或并入副热带高压中。这种过程在东亚是常见的，例如，西伯利亚、蒙古地区的冷性反气旋在高空脊前的西北气流引导下入侵我国，到达南方后，由于和下垫面热量交换，非绝热加热作用使其减弱，最后并入西太平洋副热带高压中。

## 4.4.6　东亚气旋的发生发展

(1)东亚气旋的发展

每年东亚地区大约出现 160 多个温带气旋，但发展很深的不多。当气旋发展速度达到 24 h 内中心气压下降大于 24 hPa 时称为爆发性气旋，这是指在 60°N 地区而言的。由于同样的气压加深率在不同的纬度上地转风的加强率是不同的，纬度愈低地转风速加强愈大。为了获得任何纬度的地转等值率，就必须用 $\sin\varphi/\sin 60°$ 乘以 24 hPa/d，这个临界比率称为该纬度的一个贝吉隆，这个比率从 25°N 的 11.7 hPa/d 变化到 70°N 的 26.0 hPa/d。按照这个标准，东亚地区爆发性气旋很少。

据统计，1966—1985 年的 20 年间，130°E 以西的东亚大陆邻近海域上只有 20 个爆发性气旋，12 h 中心气压下降 12 hPa 以上且中心气压小于 1000 hPa 的平均每年一个。而在这些海域和中国海岸附近每年则有 50 个气旋活动，也就是说，仅有 2% 的气旋是爆发性气旋。然而在其东侧的西北太平洋地区（35°～55°N，140°～165°E），仅 1984 年 8 月—1985 年 8 月就有 26 个爆发性气旋形成，它们中的大部分是由大陆入海经历爆发性增强而形成的。多年资料研究发现，风力强、范围大的气旋大多数是爆发性气旋，中心气压低于 990 hPa 的气旋都经历过爆发性发展或急骤发展。因此，爆发性发展是强气旋的重要特征。从季节分布来看，爆发性气旋主要发生于冬、春季，夏、秋季极少。

为什么爆发性气旋主要形成在海上且多形成在日本以东的西北太平洋上，又以冬春季为最多？这与爆发性气旋生成的背景流场有关。绝大多数的东亚爆发性气旋形成于高空西风急流出口区的左侧，少数形成于入口区的右侧。出口区的右侧和入口区的左侧没有爆发性气旋形成。东亚海岸附近海域和西北太平洋上的爆发性气旋都是如此。由于在急流最大风速中心左侧为正相对涡度中心，右侧为负相对涡度中心，急流出口区左侧和入口区右侧为正涡度平流区。按位势倾向方程可知，在这两个地区的低层有利于气旋的发展。气旋中心西部干冷、东部暖湿，中心及其以东地区是气旋性环流，较强的偏南风低空急流将南方的暖湿气流源源不断地向气旋前部输送和堆积，并形成对流不稳定。由 $\omega$ 方程可知，暖温度平流和高层正涡度平流将产生上升运动，触发对流不稳定，积云发展潜热释放，又加强了上升运动，并使气旋获得进一步发展。

由于青藏高原大地形对气流的阻挡，高层西风气流分为两支，分别在青藏高原南北两侧绕过高原，而后在高原东侧汇合，汇合地点一般位于东亚沿岸或日本上空。南支气流上的低槽较浅且移动缓慢，北支气流上的低槽移动较快且可发展较深。往往北支槽与南支脊在日本上空处于同一经度，从而构成典型的东亚急流（图 4.32）。一般南支槽前正涡度平流较弱，东亚气旋在其下形成，但强度较弱。当此较弱的气旋向东或东北方移动，进入北支槽前的下方（高空急流出口区左侧）时，由于这里正涡度平流强，气旋便在此强烈发展，从而达到爆发性气旋的标准。这就是东亚气旋形成和发展的环流背景。由于急流中心主要位于日本上空，故西北太平洋上易形成爆发性气旋。又由于冬、春季西风急流偏南，易受青藏高原的阻挡产生这种环流形势，因此爆发性气旋多发生于冬春季节。

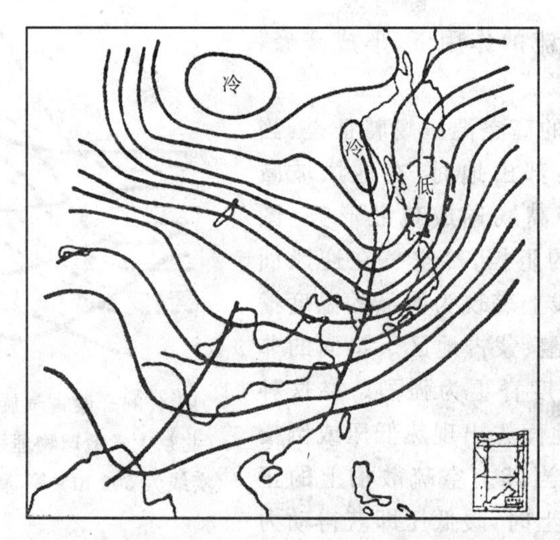


图 4.32　南支槽与北支槽构成的东亚高空急流及与急流入口区和出口区相对应的地面气旋示意图(虚线表示地面气旋,实线为高空流线)

(2)蒙古气旋的发生发展

由于东亚南北两支锋区的存在及地形的影响,东亚气旋多发生在南北两个地区,而其生成过程又与典型模式略有不同。蒙古气旋可作为北方气旋的典型,江淮气旋可作为南方气旋的典型,黄河气旋介于两者之间,下面分别进行介绍。

蒙古气旋一年四季均可出现,但以春、秋季为最多。从地面形势看,其形成过程大致可分三类,以暖区新生类出现次数最多。当中亚细亚或西西伯利亚发展很深的气旋(其中有成熟的,也有锢囚的)向东北或向东移动时(图 4.33),受到蒙古西部的萨彦岭、阿尔泰山等山脉的影响,往往减弱、填塞。再继续东移过山后,有的在蒙古中部重新获得发展,有的则移向中西伯利亚,当它行抵贝加尔湖地区后,其中心部分和其南面的暖区脱离而向东北方移去,南段冷锋则受地形阻挡,移动缓慢,在它的前方暖区部位形成一个新的低压中心,后来西边的冷空气进入低压,产生冷锋。同时在东

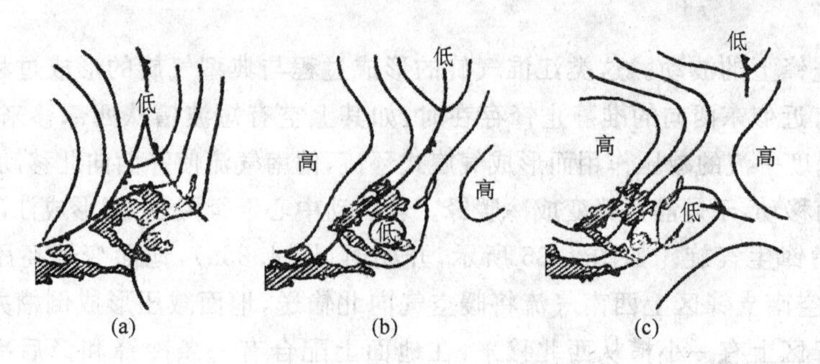


图 4.33　暖区新生气旋的过程(北京大学地球物理系气象教研室,1976)

移的高空槽前暖平流的作用下，形成暖锋，于是就形成蒙古气旋。

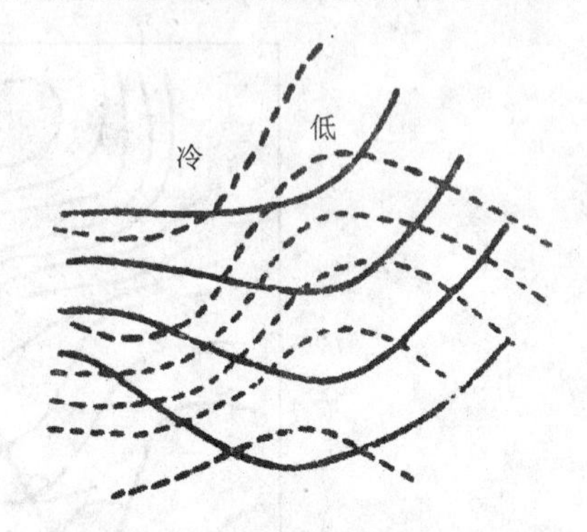


图 4.34　蒙古气旋发生的高空温压场
（北京大学地球物理系气象教研室，1976）
（实线为 500 hPa 等高线，虚线为等厚度线）

蒙古气旋形成的高空温压场特征是：当高空槽接近蒙古西部山地时，在迎风坡减弱，背风坡加深，等高线遂成疏散形势（图 4.34）。由于山脉的阻挡，冷空气在迎风面堆积，而在等厚度线上表现为明显的温度槽和温度脊。春季新疆、蒙古地区下垫面的非绝热加热作用使温度脊更为强烈。在这种形势下，蒙古中部地面先出现热低压或倒槽或相对暖低压区。当其上空疏散槽上的正涡度平流区叠加其上时，暖低压即获得动力性的发展。与此同时，低压前后上空的暖、冷平流都很强，一方面促使暖锋锋生，一方面推动山地西部的冷锋越过山地进入蒙古中部，于是蒙古气旋便形成了。在此过程中，高空低槽也获得发展。

一般气旋所具有的天气现象都可以在蒙古气旋中出现，其中比较突出的是大风。发展较强的蒙古气旋，不论在其任何部位都可以出现大风。例如，内蒙古中西部，西南转西北大风就比较明显，辽宁的昭乌达盟和吉林的哲里木盟，西南大风最为明显，黑龙江的呼伦贝尔盟，特别是阿尔山的东南大风更为突出。

蒙古气旋活动时总是伴有冷空气的侵袭，所以降温、风沙、吹雪、霜冻等天气现象都可以随之而来。由于这个地区降水较少，而大风又多，故经常出现风沙，尤其是春季解冻之后，植物还不茂盛，因而风沙出现最多也最严重，出现时能见度往往降低到 1 km 以下。

(3)江淮气旋的发生发展

江淮气旋一年四季皆可形成，但以春季和初夏较多。其形成过程大致可分为两类。

①静止锋上的波动。这类江淮气旋的形成过程与典型气旋的形成过程类似。当江淮流域有近似东西向的准静止锋存在时，如其上空有短波槽从西部移来，在槽前下方由于正涡度平流的减压作用而形成气旋式环流，偏南气流使锋面向北移动，偏北气流使锋面向南移动，于是静止锋变成冷暖锋。若波动中心继续降压，则形成江淮气旋。

②倒槽锋生气旋。如图 4.35 所示，开始时（图 4.35a），地面变性高压东移入海后，由于高空南支锋区上西南气流将暖空气向北输送，地面减压形成倒槽并东伸。这时在北支锋区上有一小槽从西北移来，在地面上配合有一条冷锋和锋后冷高压。尔后（图 4.35b）由于高空暖平流不断增强，地面倒槽进一步发展并在槽中江淮地区有

暖锋锋生，并形成了暖锋。此时，西北小槽继续东移，南北两支锋区在江淮流域逐渐接近。冷锋及其后部高压也向东南移动，向倒槽靠近。最后，高空南北锋区叠加，小槽发展，地面上冷锋进入倒槽与暖锋接合，在高空槽前的正涡度平流下方形成江淮气旋。如果在此过程中北支锋区小槽及地面冷空气较弱不能南下，单纯在南支槽的动力、热力作用下也可形成江淮气旋，但很弱。

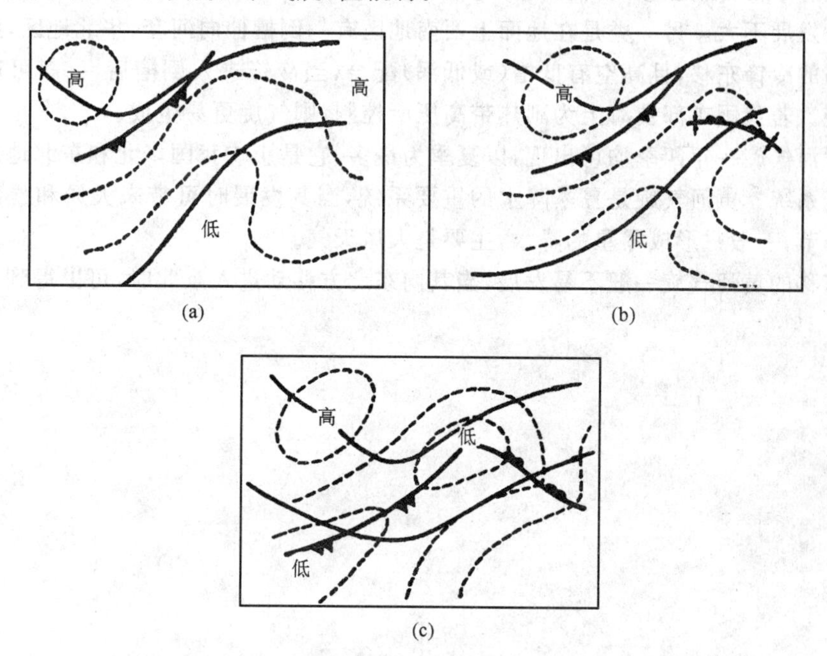


图 4.35　倒槽锋生江淮气旋形成过程（北京大学地球物理系气象教研室，1976）
（虚线为地面等压线，实线为 500 hPa 等高线）

倒槽锋生气旋的形成与典型气旋模式大不相同。其主要区别是：a）典型气旋发生在冷高压的南部，东、西风的切变明显；而这类气旋是发生在倒槽中，具有西南风和东南风的切变；b）典型气旋形成开始就存在有明显的锋面，高空气流平直，没有明显的槽；而这类气旋在形成之初无明显锋区，以后由于锋生，锋区才开始明显起来，但高空却有比较明显的槽。从上可见，典型气旋是在高空平直气流的扰动上发展起来的，而这类气旋则是在已有的高空槽上发展起来的。

江淮气旋是造成江淮地区暴雨的重要天气系统。迅速发展的江淮气旋伴有较强的大风，暖锋前有偏东大风，暖区有偏南大风，冷锋后有偏北大风。

江淮气旋的雨区与典型气旋模式类似，暴雨在各部位均可发生。根据总结，如果气旋形成位置偏西而向东移，又有低空切变线（850 hPa 及 700 hPa）与之配合，则雨区移向与气旋中心路径一致。如果气旋形成位置偏东且向东北移动，则除了在气旋中心有暴雨外，冷锋经过的地区也可产生雷雨或暴雨。

(4)黄河气旋的发生发展

黄河气旋介于蒙古气旋和江淮气旋之间，形成于黄河流域。其形成的形势与江淮气旋类似，大致可以分为两种类型。一类是在40°～45°N高空有一东西向锋区，在锋区上有小槽自新疆移到河套北部地区，导致准静止锋上产生小的黄河气旋，这类气旋一般发展不大。另一类是在地面上西南地区有一倒槽伸向河套、华北地区，此时若有较强的冷锋东移，且高空有低槽(或低涡)配合，当冷锋进入倒槽后，一般可产生黄河气旋。若我国东部及海上为副热带高压所控制，则气旋更易生成。

黄河气旋一年四季均可出现，以夏季为最多，它是影响我国华北和东北地区的重要天气系统。黄河气旋是夏季降水的重要系统，当其发展时可带来大风和暴雨。在其他季节，一般只形成零星的降水，主要是大风天气。

东移的黄河气旋一般不易发展，当其向东北方移动进入东北时，可以得到发展。

# 第 5 章　大气环流

“大气环流”这个名词通常有两种含意，一种是指大气中各种不同尺度的气流的总和，另一种是专指大范围的大尺度大气运动。在本章中所说的大气环流主要是后一种含意，即指大范围的大尺度大气运动。这种大尺度大气运动是天气尺度天气系统及中小尺度天气系统发生、发展和移动的背景。因此，掌握大尺度大气环流的基本知识是做好天气分析和预报工作的基础。本章将讨论大气环流的模型及控制因子、大气平均水平环流流场的特征及极地和热带环流概况。

## 5.1　大气环流的模型及控制因子

### 5.1.1　大气环流的模型

实际资料分析和理论研究表明，南北半球都存在简单的经向三圈环流。如图 5.1a 所示，在热带低纬与极地高纬地区各有一个直接环流（或正环流）圈，分别称为哈得来环流圈和极地环流圈。它们的特征是空气自较暖处上升，在对流层上部向较冷处流去，然后下沉，而对流层低层空气则由冷处向暖处流动，构成一个闭合环流圈。在极地环流圈与低纬哈得来环流圈之间的中高纬地区存在一个与直接环流方向相反的闭合环流圈，称为间接环流（或反环流）圈，亦称为费雷尔环流。

与经向三圈环流模型对应的地面气流在低纬和极地附近大致是东风带（东北风），而在中纬度是西风带（西南风）。三圈环流对应的高空气流在高纬和低纬都是西风带，西风风速大于 30 m/s 的强西风中心称为急流。对流层上部的极锋上空有一个极锋急流中心，而在副热带锋区上空有一个副热带西风急流中心。中纬度的间接环流圈高空应为东风，但因间接环流圈较极地环流和哈得来环流弱得多，基本上仍是带状的西风气流。在西风气流中常常产生扰动，使带状气流呈波状前进，西南气流与西北气流交替出现。有时东北气流也与东南气流相伴出现（图 5.1b）。南北之间不同温度的空气通过这种流场进行热量交换和角动量交换，使东、西风带得以长期维持。

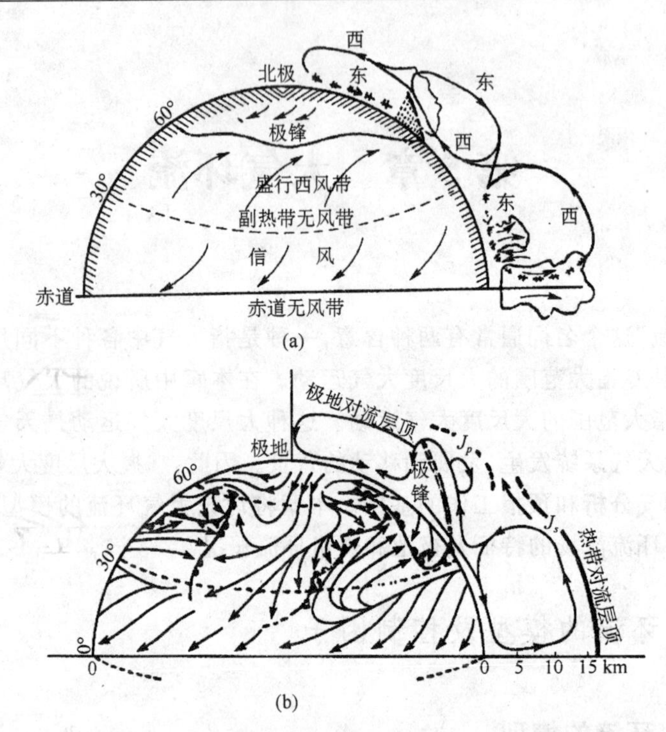


图 5.1 (a)罗斯贝(Rossby)的三圈径向环流模式图；
(b)经向剖面上大气环流的概略模式及地面锋面和流线

图 5.2a、b 分别为北半球冬季和夏季平均经向风分量垂直剖面图。由图 5.2a 可见，北半球冬季，30°N 以南地区的对流层低层有比较强的平均偏北风，最大风速约 3.5 m/s，同时在它的上空 200～300 hPa 有一明显的南风分量中心，最大平均风速为 2.5 m/s。对流层中部经向风分量非常弱。40°N 以北低层平均为南风，高层则平均为北风，但是平均风速都不足 1 m/s。由图 5.2b 可见，北半球夏季，在 40°N 和 13°N 之间低层盛行 1 m/s 以下的北风分量，高空深厚的气层里都是较弱的南风；接近赤道的区域，低层平均南风分量达 2.5 m/s，高空为 2 m/s 以下的北风分量。

图 5.3 是纬向平均西风的垂直分布图。由图 5.3 可见，在低纬地区，除了夏季北半球的对流层低层有小范围弱西风以外，全部为东风，最大风速中心在平流层。东风带的宽度在对流层下部约占南、北各 30 个纬距，铅直向上冬季东风带迅速变窄，夏季则变化较小。中高纬度的对流层中冬、夏季均为西风，冬强夏弱，北半球的强度变化尤其显著。最大风速中心在 200 hPa 高度附近，冬季位于 30°N 附近，夏季约在 40°N 附近，整个东、西风带随季节都有南北移动。极区的近地面为弱东风，冬季从对流层到平流层均为西风，夏季对流层中仍为西风，但强度大大减弱，平流层则变为环流极地的东风，与低纬的东风相连。

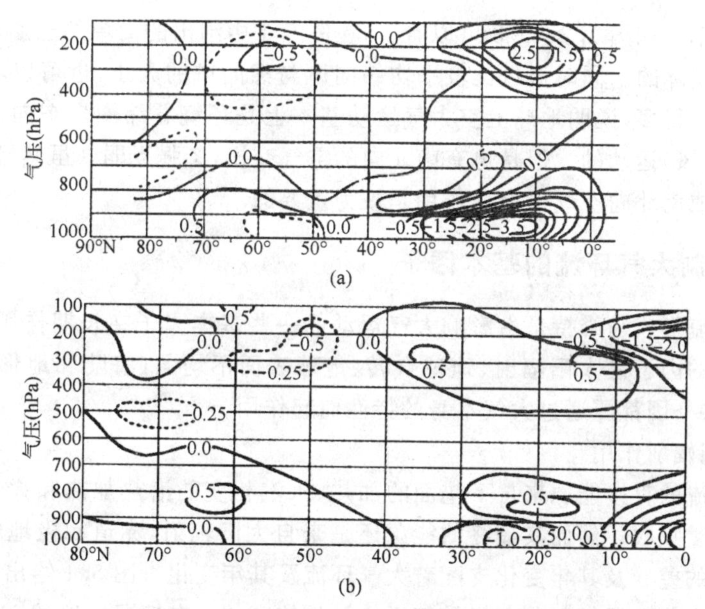


图 5.2　北半球平均经向风分量垂直剖面图

(a)冬季(12 月至翌年 2 月)；(b)夏季(6—8 月)

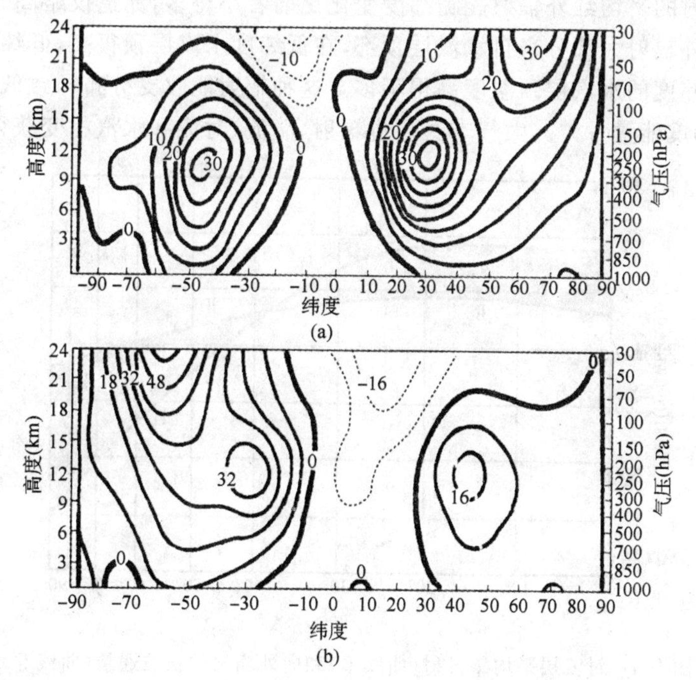


图 5.3　纬向平均西风的垂直分布图(引自全球大气环流时间平均图集)(a)1 月份；(b)7 月份

对照图 5.1 和图 5.2～5.3 可以看出，在图 5.1 中给出的简单的三圈环流模式基本上是符合实际的。同时通过比较平均纬向风与经向风的大小，也可以看出纬向风比经向风要大得多，说明地球上空大气运动基本上是环绕着纬圈自东向西（东风）或自西向东（西风）运动的。但是也有南北向的空气交换，冬强夏弱。虽然经向风不大，但是它对造成南北向空气交换的作用是极为重要的。

## 5.1.2 控制大气环流的基本因子

大气环流形成与维持是由影响大气运动的一些基本因子在长期作用下造成的，其中最主要的因子是太阳辐射、地球自转、地球表面不均匀（海陆和地形）和地面摩擦，当然这些外因都要通过大气本身的特性而起作用。

（1）太阳辐射作用

大气环流的直接能源来自下垫面的加热、水汽相变的潜热加热和大气对太阳短波辐射的少量吸收。然而其最终的能源还是来自太阳辐射，赤道和极地的下垫面接受太阳辐射的差异及其年变化支配着大气环流及其年变化。图 5.4 给出了气象卫星测定的地球大气上界辐射收支量的年平均值随纬度的分布情况。地球—大气系统吸收太阳辐射在赤道附近有极大值，向两极迅速递减，然而，大气—海洋—地球系统向宇宙空间辐射的平均红外辐射能随纬度变化比前者小得多，赤道仅略高于两极，这是因为大气向外辐射大部分来自水汽层顶部，在低纬度水汽层顶很高，低纬的水汽层顶处温度比高纬度的水汽层顶温度高得不多。这种辐射能收支分布导致低纬度能量有盈余，而高纬度能量亏欠。大气本身通过辐射、湍流、对流和水汽相变获得能量，又以

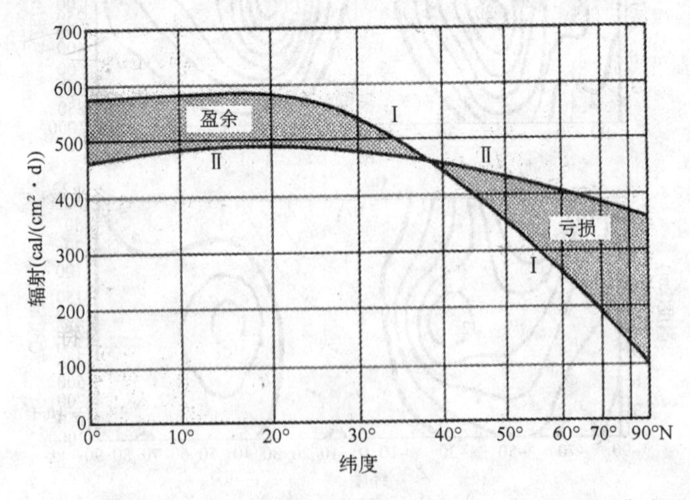


图 5.4 对流层平均年日射（曲线Ⅰ）和向外输出的长波通量（曲线Ⅱ）

（Albert Miller 和 Jack C Thompson，1970）

自身的温度向外辐射能量收支相抵后也是在低纬有盈余，在高纬有亏损。为了维持大气的能量平衡，就需要有向极地的能量输送，能量输送的结果使赤道与极地间温差减小。但是为了维持大气运动，必须有能量补充受摩擦作用而失去的动能，因此赤道与极地之间的能量差异就维持一定的数值。图5.5为大气温度随纬度分布的垂直剖面图，由图可见，冬季南北温度差明显大于夏季。在对流层中赤道比极地暖，温度差从下往上递减。在平流层中，夏季极地的温度比赤道高。

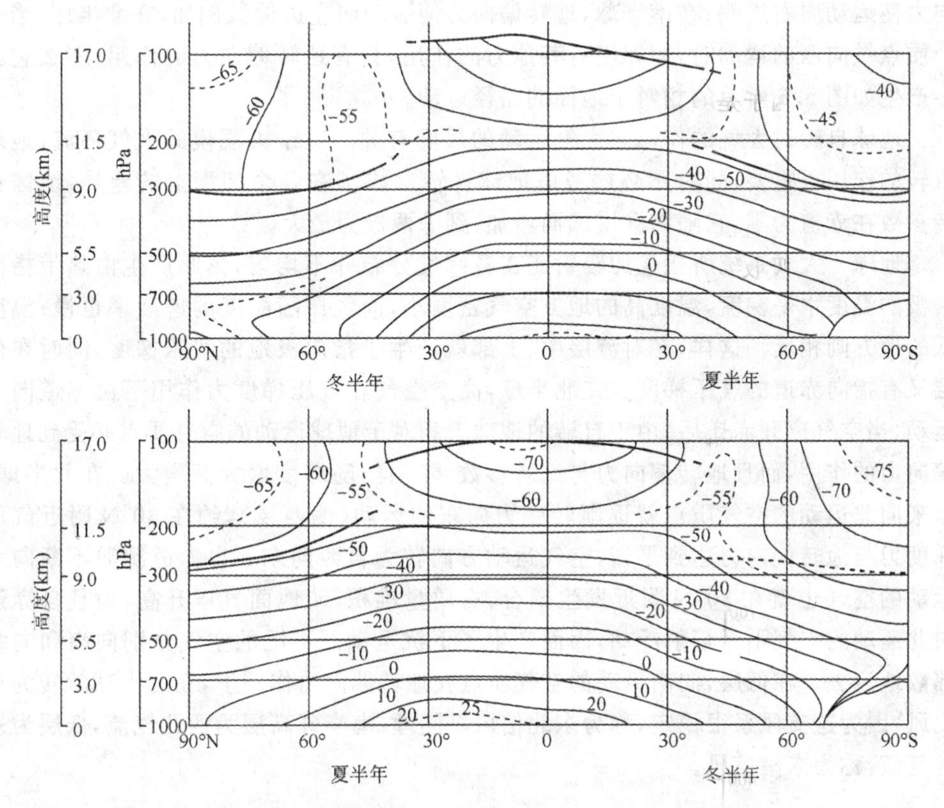


图5.5　平均垂直温度分布（上为1月份，下为7月份，单位℃）
（Palmen E 和 Newton C W，1969）

大气的垂直特征尺度决定了大气的准静力平衡和准地转的特点，那么大气的温度分布基本上决定了位势场和流场分布。假定地球表面性质都一样，地球也不旋转，那么，南北方向上的温度差就产生了高层有从赤道指向极地的位势梯度。在位势梯度力的作用下，空气向极地运动，并在极地冷却下沉，质量堆积又造成对流层下部有指向赤道的气压梯度力，也就产生了由极地向赤道的气流，空气在低纬加热将垂直上升，就构成了一个南北向的闭合环流。这种大规模的闭合环流的特征是：在赤道附近为上升运动，而极地为下沉运动，在北半球高空为南风、低层为北风，这种环流圈是由大气加热不均匀造成的，故又称为直接热力环流圈。但实际上地球是在不停地旋转着，这种大规模的空气运动尚不能不考虑地球旋转的作用，因此，这种单一的环流圈实际上是不存在的。

(2)地球自转

地球自转可使空气受到地转偏向力的作用，使运动发生偏转。在北半球，地转偏向力使运动向右边偏；在南半球，地转偏向力使运动向左边偏。例如，在北半球，当一个质点做向西的运动时，假如没有其他力的作用，只有地转偏向力的作用，那么它就会产生如图 5.6 所示的相对于地面的路径运动。

地球自转对大气的作用与大气运动的尺度有关。对于大规模的大气环流，地球自转的作用很重要，同时还必须考虑地球自转参数 $f$ 在各个纬度上的差异，地球自转参数在赤道为零，它随纬度增加而增加，到了两极为最大。

地球—大气系统所接受的辐射能在各纬度分布并不均匀，由此产生由热带指向两极的温度水平梯度，温度高的地方空气密度小，而气压随高度的递减率也慢；温度低的地方则相反。这样，在对流层中、上部就产生了指向极地的气压梯度，同时在低层又有指向赤道的气压梯度。在北半球，高空空气在气压梯度力作用下由赤道向北运动，当空气离开赤道后，由于自转的地球上相对于地球运动的空气质点必受到地转偏向力的作用，而且地转偏向力与地转参数 $f$ 一样，随纬度增大而增大。在北半球，原来向北运动的空气质点就逐渐转变为向东的运动(偏西风)，约在 30°N 附近气压梯度力与地转偏向力达到平衡，空气运动方向转为自西向东。自赤道源源不断向北运动的空气也就在 30°N 附近发生辐合，有质量堆积，使地面气压升高，而且自赤道向北运动的空气不断辐射冷却，因而产生了下沉运动。下沉的空气分别向南和向北辐散地流去。在低层，向南运动的空气质点在地转偏向力作用下，在北半球就转为东北风，因为这支风系很稳定，称为东北信风。同理，南半球高层为西北气流，低层为东南气流，称为东南信风。

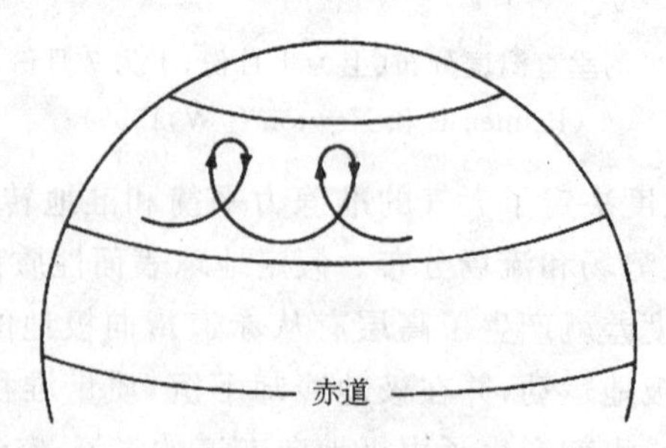


图 5.6　北半球朝西运动的质点在地转偏向力作用下相对于地面的路径
(Albert Miller 和 Jack C Thompson, 1970)

在赤道附近对流层中东北信风与东南信风汇合的地带称为赤道辐合带(或称热带辐合带)暖空气在辐合带中上升到高空形成向极地辐散的气流，在它们分别向极地运动的过程中，由于偏向力作用逐渐转为偏西风，在高空就产生气流辐合，同时也产生辐射冷却。在辐合、辐射冷却的作用下，空气产生下沉运动，下沉的空气中一部分在低空又返回到热带辐合带中去，这个环流圈称为直接环流圈或哈得来环流圈。

极地区域由于能量的亏损，空气不断冷却，伴随着密度不断增大，气压随高度的递减率就比低纬度要大，于是高层产生自较低的纬度指向极地的气压梯度，低层则有自极地指向较低纬度的气压梯度。在气压梯度力作用下，自极地流向较低纬度的低层空气，因受到地转偏向力的作用，在北半球形成自极地吹向高纬的东北风，高层为西南风，构成另一个直接环流圈。在这个直接环流圈中，低层一支的东北风与从低纬哈得来环流圈的下沉辐散而向北运动的西南气流相遇。由于来自极地和高纬的空气一般比较冷而干，而来自较低纬度的西南气流一般比较暖而湿，这样大范围不同性质的空气块相遇便形成了北半球的主要锋区，通常称为极锋。暖湿空气密度较小，沿极锋锋面滑升，当它到达对流层上部时又南北分流，向北边的一支气流在极地下沉，并在低层回到较低纬度。向南的一支气流在对流层上部与哈得来环流圈高层来自赤道的更暖湿的空气在副热带相遇，形成副热带锋区。副热带锋区在对流层的中、下层(400～500 hPa 以下)由于下沉辐散气流很强而没有什么锋面特征。但在对流层上部锋区特征明显，而东亚地区尤为明显，有一个很强的副热带急流与锋区相对应。

(3)地球表面的不均匀性

首先来看海、陆分布对大气环流的影响。海水不但比热容比岩石大得多，而且海水是流体，具有流动与湍流性质，热容比陆地大得多，因此，海洋上空气温度的日变化与年变化比陆地上小得多。夏季，当太阳直射到北半球时，大陆增暖比海洋快。冬季相反，太阳直射到南半球，北极地区进入极夜，整个北半球接受到的太阳辐射能大大减少，长夜的长波辐射超过收入的辐射能。大陆冷却又比海洋快，在极地和冰雪覆盖的高纬地区，太阳辐射被雪面反射掉很多，吸收得很少，而且雪面的长波辐射接近于黑体且比较强，所以北半球的冷极与地理纬度极点不重合，不在北冰洋上，而在内陆的西伯利亚地区。冬季，海洋较同纬度的大陆暖，夏季，海洋则较同纬度的大陆冷。冬季，相对于海洋比较冷的大陆，近地面层形成冷性高压，如格陵兰、西伯利亚和北美大陆均有一个高压中心，而相对于大陆比较暖的洋面上为冰岛低压和阿留申低压，它们在冬半年特别强大。夏季，比海洋暖的大陆上，近地面变成低压区，在最大的亚洲大陆上尤为明显，热低压特别强大，夏季在较冷海洋上的副热带高压比冬季强大得多。而北部太平洋上的阿留申低压，夏季却变成一个低槽，冰岛低压则由于墨西哥暖洋流和北美大槽共同作用，夏季仍维持一个低压，但也比冬季要弱一些。

海、陆分布不但对近地面层的气压系统有直接影响，而且对于对流层中部西风带平均槽、脊的形成也有重要作用。北半球大陆(欧亚大陆、北美大陆)大部分都在西风带里。冬季,在空气自西向东流过大陆的过程中,受到冷大陆的影响,气温不断降低,当到达大陆东岸时温度就降到最低值。根据气体的状态方程与静力方程可知,冷空气上空等压面高度比较低,于是大陆东岸附近高空 500 hPa 上便形成冷性低槽。而在空气自西向东流过海洋的过程中,受到暖洋面影响,气温不断升高,当到达大陆西岸时,气温就达到最高值。由于暖空气上空等压面高度比较高,在大陆西岸就会出现高压脊。夏季则相反,由于热力影响,大陆东岸上空应表现为高压脊,西岸上空将出现低槽。观测事实并不完全是这样,说明平均槽、脊的形成固然与海、陆分布造成的热力差异有密切关系,但并不是唯一因素。

再来看地形起伏的影响。大范围的高原和山脉对大气环流的影响是相当显著的。它们可以迫使气流绕行、分支或爬坡、越过,并使气流速度发生变化。以青藏高原为例(图 5.7),它的地形动力作用及影响为:冬季青藏高原位于西风带里,高大突起的高原使 500 hPa 以下西风环流明显分支、绕流和汇合;从而使得高原迎风坡和背风坡形成弱风的"死水区",西风绕流作用形成北脊和南槽,并且对南北两支西风起稳定作用。我国西南地区位于青藏高原东侧的"死水区",南支西风在高原南部形成孟加拉湾低槽,槽前的偏西南风又受地形摩擦作用而减弱,具有气旋性切变,故冬、春季节我国西南地区处于孟加拉湾地形槽前,以致低涡活动特别多。除此以外,较高层的西风气流也可以爬坡自由通过青藏高原,并在高原东侧下坡。由于气流在迎风坡有利于反气旋性涡度加强,而在背风坡有利于气旋性涡度加强,因此,冬季东亚大槽是海陆热力差异和青藏高原地形动力作用的产物。夏季东亚大槽并不在大陆东岸,比冬季位置偏东一些,由此可以看出大地形的动力作用。同理,北美平均大槽形成原因除了海陆热力差异之外,落基山脉的作用也十分重要,夏季北美大槽仍位于落基山的下风处,位置约略向东移动,亦可见地形所起的作用。

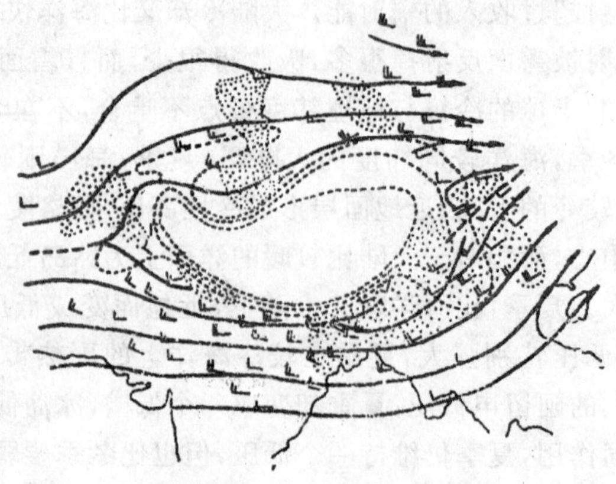

图 5.7　冬季青藏高原附近 500 hPa 流线(朱乾根等,1981)

相对于四周的自由大气,青藏高原在夏季起着强大的热源作用。冬季青藏高原的东南部也是一个热源,西部由于资料缺少,初步认为是冷源,尚待进一步研究,高原东北部是冷源还是热源也未有定论。10月至翌年4月高原西部边界层里形成一个冷高压(图5.8a);而6—8月却是热低压(图5.8b)。高原热力作用还影响这个地区的东、西风环流。隆冬过后,高原西部地区冷源作用减弱,其上空的大气也日益增温,削弱了高原南侧的南北向温度梯度,加强了北侧的南北向温度梯度。根据热成风原理,青藏高原南侧西风减弱,北侧西风加强。当加热到一定程度,高原成为一个巨大的热源时,高原南侧的温度梯度就变成为由北指向南,高原南侧西风消失变为东风环流,由此可见青藏高原热源巨大作用之一斑。夏季,青藏高原这个巨大热源使它上空的大气几乎在整个对流层内都呈对流性不稳定、高温并高湿。高原的近地面层,总的来说是个热低压,低压中由于气流辐合产生大规模的对流活动,把地面的感热和高温、高湿空气释放的潜热带到高层,使得空气柱变暖。在静力学关系的约束下,高空等压面抬高,产生辐散,又有利于低空辐合加强。根据青藏高原气象科学实验期间计算表明,夏季高原相应区域的平均散度的垂直分布为:地面至500 hPa有辐合,而500 hPa以上有辐散,400 hPa高度上辐散达到极大。根据涡度方程可知,辐合有利于气旋性涡度的维持与加强,使反气旋性涡度减弱;辐散则有利于反气旋性涡度的维持与加强。在这种情况下,若有动力性的伊朗高压东移(或是动力性的副热带高压移上高原,这种情况较少见),原来具有动力性的伊朗高压,进入高原就变性为热力性高压,热力性高压的近地面为暖低压有辐合上升,当水汽条件具备时,对流凝结潜热释放又增强伊朗高压在青藏高原上变性为热力性高压,潜热在高层释放有利高层辐散,使动力性高压的高层辐合转变为辐散,辐散有利高层高压的反气旋性涡度维持与加大,高层辐散还有利低层辐合加强,而辐合又使低层的反气旋性涡度难以维持,持续作用将转变为气旋性涡度,形成了具有上升气流的热力性青藏高压。它从高原东部继续东移,到达我国大陆东部时,强度经常减弱。如遇到西太平洋副热带高压西伸时,两者叠加,又可变为动力性反气旋,在它的控制下,盛行下沉运动的晴旱天气。

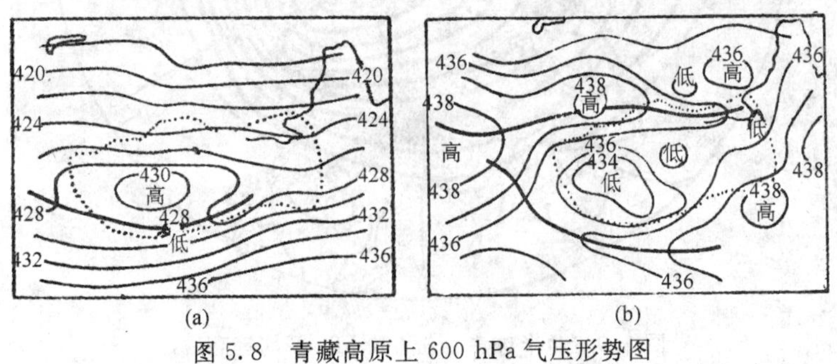


图5.8 青藏高原上600 hPa气压形势图

(a)10月至翌年4月;(b)6—8月

# 5.2　大气平均水平环流流场的特征

## 5.2.1　对流层中部平均的水平环流

冬季北半球的对流层中部环流的最主要特点是在中高纬度为以极地低压（又称为极涡，有时分裂为几个中心）为中心的环绕纬圈的西风环流（图 5.9）。西风带中有尺度很大的平均槽脊，其中有三个明显大槽分别位于亚洲东岸（由鄂霍次克海向较低纬度的日本及我国东海倾斜）、北美东部（自大湖区向较低纬度的西南方向倾斜）和欧洲东部。最后一个是三个中最弱的一个，它从欧洲的东北部海面向西南方向倾斜伸长（自北部的 60°E 到南部的 10°E）。与这三个槽并列的有三个平均脊，分别位于阿拉斯加、西欧沿岸和青藏高原的北部。脊的强度比槽弱得很多。低纬度的平均槽脊位置和数目与中高纬度不完全相同，除北美和东亚大槽向南伸到较低纬度外，在地中海、孟加拉湾和东太平洋都有比较明显的槽。而副热带高压强度小，中心都位于海上。

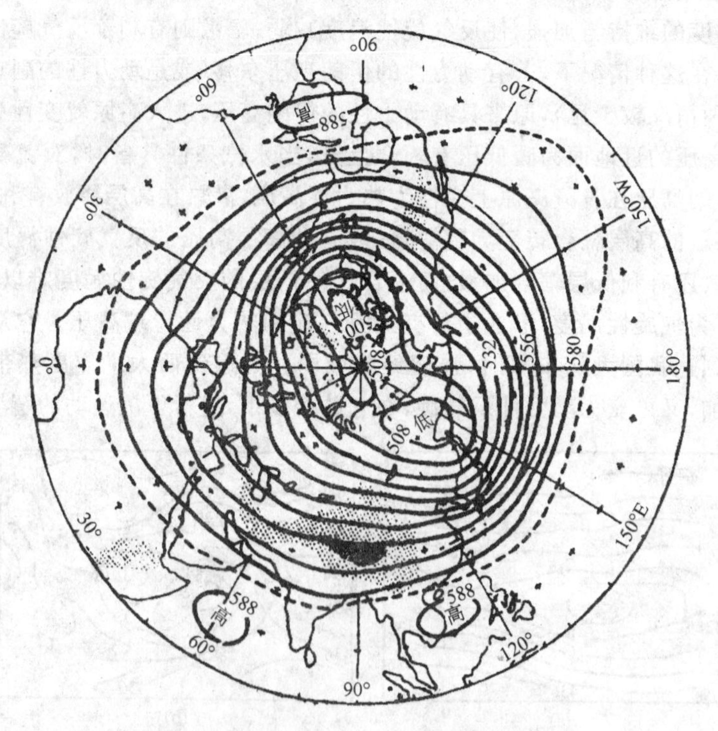


图 5.9　北半球 1 月份 500 hPa 平均等高线

与冬季相比，夏季极涡中心合并为一个，中心位于极点（图 5.10），环绕极涡的西风带明显北移，而且等高线变稀，在中、高纬度出现了四个槽。冬季从青藏高原北部伸向贝加尔湖地区的脊，到了夏季变成为槽。北美东部的大槽由冬到夏略为东移，东亚大槽移到堪察加半岛附近。冬季在欧洲西海岸的平均脊，夏季则变为槽，也就是说，夏季北半球具有四个平均槽，强度大大减弱，脊就更不清楚了。但副热带地区的高压大大加强并北移，在北太平洋、北大西洋和非洲大陆西部各有一个闭合中心。

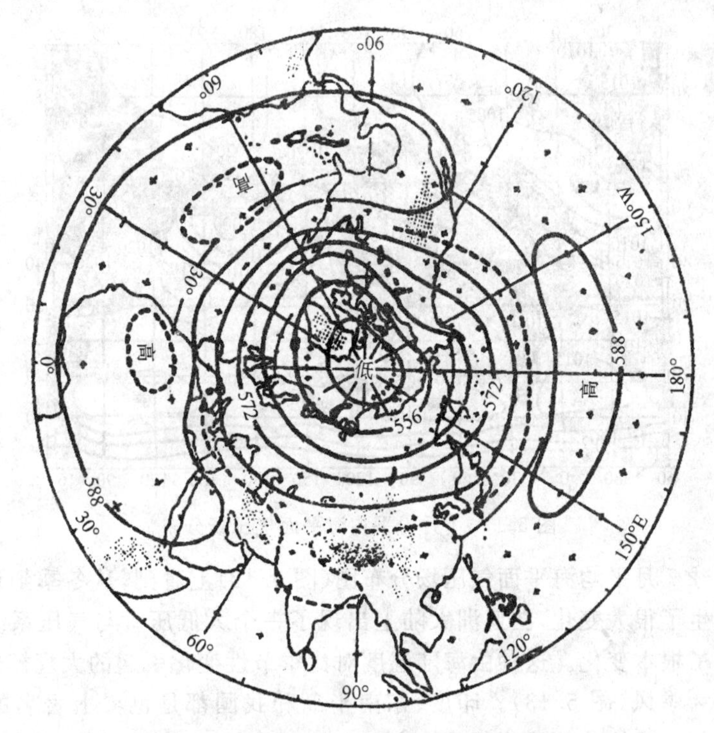


图 5.10　北半球 7 月份 500 hPa 平均等高线

## 5.2.2　对流层底部平均的水平环流

与 1 月份 500 hPa 等压面平均等高线图（图 5.9）相对应的北半球 1 月平均海平面气压场分布图（图 5.11）上，在北美大槽（指高空，下同）的东边冰岛附近，有一个强大低压；在东亚大槽的东边，阿留申群岛也有一个强大低压。这两个低压在冬季总是存在着，故称为半永久性的大气活动中心。平均脊的前方，在冬季作为大气冷源的大陆上，在海平面图上对应的是冷性高压，以亚洲的冷高压为最强大，中心位于蒙古；另外两个中心分别位于北美大陆和格陵兰岛上。平均图上的高空低槽与地面低压所在的地区是日常天气图上高空低槽和地面低压最经常加深的地方。在平均槽东部的西南气流中出现了主要的气旋路径，也就是说，平均大槽的槽前是地面图上气旋活动的频繁地带，气旋沿槽前西南气流向东北移动，不断地并入地面半永久性大气活动中心，使半永久性低压持久地维持下来。此外，平均图上的脊区的前部与地面冷高压相对应，也是日常天气图上高空脊和地面高压最常加强的地区，而低槽与低压在这些地方是容易减弱的。平均脊前槽后的西北气流区是地面冷高压活动的最大频率地带，高压的路径基本上是从西北指向东南。

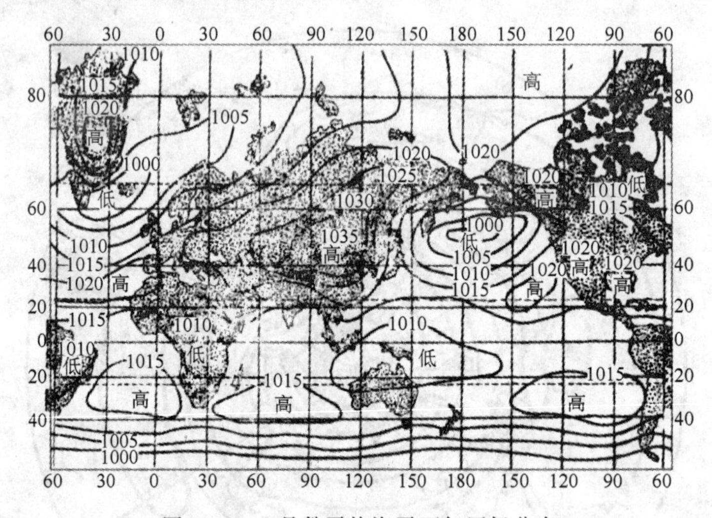

图 5.11　1月份平均海平面气压场分布

在北半球 7 月平均海平面气压场分布图(图 5.12)上看到，从冬季到夏季海平面气压系统发生了很大变化，在亚洲大陆上出现了一个大低压。与气压系统相伴随的风系也发生了根本变化。这种由海陆温度对比季节性变化引起的大规模的风系随季节的转换称为季风(图 5.13)。印度、东南半岛和我国都是世界上著名的季风气候区。北美的气压系统从冬季到夏季也有巨大的变化，但不及亚洲明显。在海洋上，冰岛低压比冬季弱得多，但位置不变；阿留申低压夏季减弱很多，仅变成亚洲大陆低压的一个低槽。副热带高压大大加强，以北太平洋的副热带高压为最强，脊线位于东太平洋洋面约 40°N 处。

比较冬、夏平均海平面图看出，在北半球冬、夏季均存在的系统有冰岛低压、阿留申低压、太平洋副热带高压(亦称为夏威夷高压)、大西洋副热带高压(亦称为亚速尔高压)和格陵兰高压，这些系统的活动对广大地区的天气和气候都有重大影响，人们把它们称为半永久性大气活动中心(简称为大气活动中心)，大气活动中心对促使南北和海陆之间热量、水汽和动量之间交换有重要作用，是大气环流的重要成员，它们的变化也可以体现大气环流的变化。除了上述 5 个半永久性大气活动中心外，在北半球还有亚洲高压(亦称为蒙古高压或西伯利亚高压)、亚洲热低压、北美冷高压和北美热低压 4 个季节性的系统，由于它们在一定季节中经常存在，故把它们称为季节性大气活动中心。

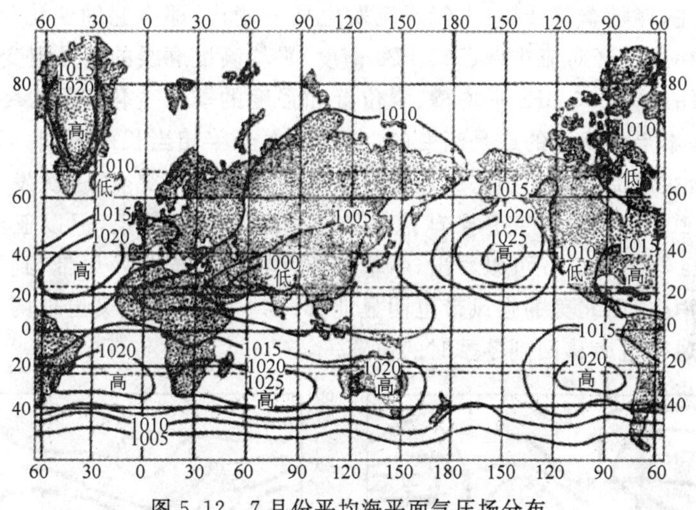


图 5.12　7 月份平均海平面气压场分布

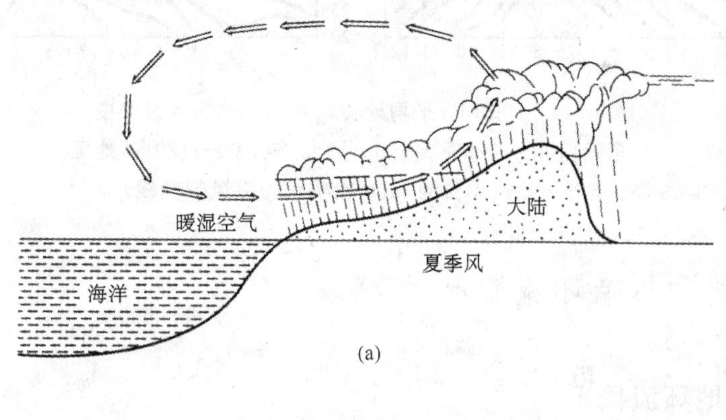


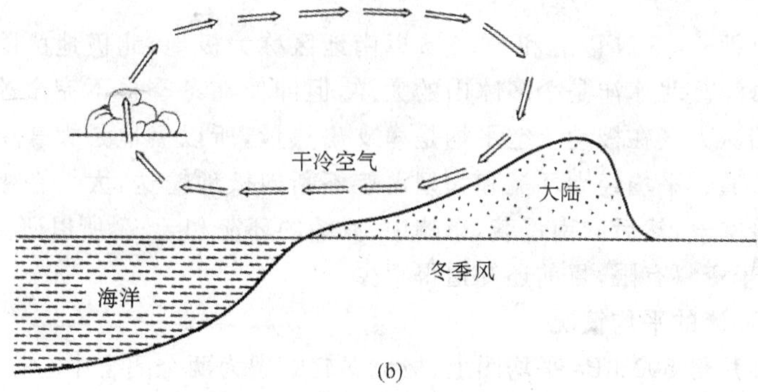


图 5.13　季风环流的示意图(Miller,1970)

### 5.2.3　大气环流的季节转换

综上所述,伴随季节转换,大气环流发生显著变化,那么它的变化具有什么特点呢?从中高纬度地区对流中部(500 hPa 高度)平均高度廓线的各月演变(图 5.14)可以看出中高纬地区 500 hPa 平均槽、脊位置和强度的季节变化特征。冬季和夏季的槽、脊位置基本上是稳定的或是渐变的,它们占去全年相当长的时间,而两个过渡季节是短促的,在短促的时间中完成环流的季节转换常称为突变,一次发生在 6 月,另一次发生在 10 月,这种突变是半球范围乃至全球范围的现象,但以亚洲最为明显。比较图 5.14a 与图 5.14b 可以看出,冬季东亚存在着两支强西风带,到了 6 月,南支强西风突然消失,而北美的强风带也明显北移。到 10 月东亚又出现两支强西风带,北美的强西风带也南移回到冬季时的位置。

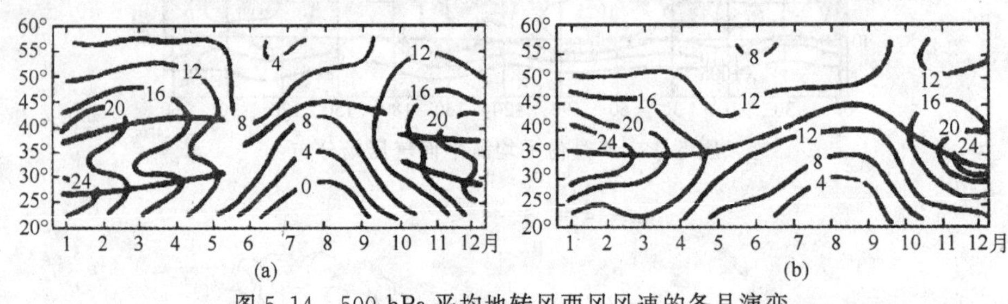


图 5.14　500 hPa 平均地转风西风风速的各月演变

(a)东亚(100°～120°E 地区);(b)北美(100°～120°W 地区)

(等风速线单位为 m/s,粗实线为强风带轴线)

## 5.3　极地和热带环流概况

### 5.3.1　极地环流概况

地理学上把 66.5°N 以北和 66.5°S 以南地区称为极地,北极地区除格陵兰岛以外基本上是海洋。北冰洋是个多冰山的大洋,但即使在冬季也不完全冰封。南极地区则是个大陆。大气在极地上空平均是净支出热量,所以极地是大气中的冷源,中、低纬度的热量通过平均经圈环流和大型涡旋不断向极地输送,大气在极地冷源上损失热量形成冷空气,然后向南侵袭,影响中、低纬的环流和天气,所以研究极地环流很有意义,但由于资料有限,目前还知道得很少。

(1)北极环流的平均情况

北半球 1 月份 500 hPa 平均图上,极地涡旋断裂为两个闭合中心,一个在格陵兰西侧与加拿大之间,另外一个在亚洲的东北部,极地是一个槽区。700 hPa 平均图基本上与500 hPa平均图一样，在新地岛500 hPa平均图上有槽的地方，在700 hPa平均图上是一个闭合的小低压，其他两个位于格陵兰与加拿大之间及亚洲东北部的低中心在700 hPa平均图上的位置比500 hPa平均图上偏向东南。而在地面图上则基本上是一个高压带。但冰岛低压很强大，向大西洋的极圈伸出一个槽，约占极地一半面积。

7月份气压系统明显减弱，500 hPa极地涡旋中心在极点附近，700 hPa低中心也在极点附近，低压中心的轴线几乎垂直，地面图上除了在加拿大地区尚有一闭合低压中心外，其他系统都不明显。

(2)极地气旋活动路径

北极的气旋活动在冬季主要发生在极地边缘，在大西洋和太平洋的北部边缘获得最大发展，因为在这里北冰洋的北极气团与中纬度较暖的海洋气团之间存在着巨大的温度差异，因此气旋活动也就频繁起来。但就整个北半球而言，气旋活动最频繁的地带冬季平均在47°N，而夏季约在62°N附近，由冬季到夏季北移约15个纬度。

(3)极地近地面气温垂直分布的特点

①贴地气层存在明显逆温层。冬季极地冰雪面上强烈辐射，贴地气层存在明显逆温层，其厚度约为2 km。夏季，贴地气层的逆温大大减弱，只在少数情况下，温度递减率才超过2～3℃/km。夏季，由于南方暖空气移入北极，受到下垫面的冷却也常有逆温出现，且由于冰雪强烈融化而有足够的水汽，因此在逆温层下面常有雾形成。

②极地地面温度年变化十分显著。冬季极夜期间可造成强烈辐射冷却，气温一般都在－30℃以下。夏季日光连续照射，使得冰雪融化，融化过程又限制气温上升到0℃以上，所以极地地面平均温度为0℃左右。

③极地地区大气层结稳定。其对流层顶是全球最低，平均约位于300 hPa(9～10 km)高度上。冬季极夜强烈辐射冷却，在平流层中也产生指向极点的水平温度梯度，而且梯度相当大，相应出现一支强西风急流，中心风速达40 m/s以上，最大可达100 m/s，通常称为极夜急流。夏季，极区出现极昼，产生了指向赤道的水平温度梯度，相应风向转为东风，与对流层绕极西风截然相反。

(4)极地环流的异常

极地环流异常情况很多，其中有的形势可导致北半球出现大范围持续严寒天气。冬季，北极对流层中部一般是个极地涡旋或极涡的槽区，但有时也可能出现反气旋，一般不能持久。若极地为持久的暖性反气旋或暖脊所控制，就会使极地冷性涡旋分裂并偏离极地向南移动，导致锋区位置比平均情况偏南，寒潮活动多而强烈。1977年1月我国大部分地区出现持久严寒天气，就是这种形势所造成的。据统计，在10个冬半年影响我国的171次寒潮中，有102次都在亚洲上空出现持久的极涡，特别是其中最强的6次寒潮过程，这时极涡就在亚洲上空，位置明显偏南。在强寒潮发生前，亚洲上空早已有一个稳定的强大极涡系统，并且一直维持到寒潮爆发以后。例如,1969 年 1 月,极地虽没有反气旋中心,但从北太平洋却有暖脊伸向极地,极涡分裂后中心分别位于北美和亚洲,与 1977 年 1 月相似,1969 年 1 月,我国大部分地区出现持久的低温天气,渤海海面出现几十年来罕见的封冻现象。

### 5.3.2 热带环流概况

热带,一般指南、北半球的副热带高压脊线之间的区域,约占地球表面积的一半。在全球大气环流方面,在这个区域里大气从地表得到西风角动量和净的热量收入,向中、高纬度输送西风角动量和热量,以补偿中、高纬度大气损失的热量和西风角动量。热带的环流与中、高纬度的环流有密切关系。近代人们已开始愈来愈重视对热带气象的研究,多次进行热带地区的气象探测试验,大大增进了对热带气象的认识。

(1)热带平均环流特征

1)热带地面流场

图 5.15a 表示低纬热带地区 1 月份的地面平均流场,结合 1 月份的海平面平均气压场(图 5.11)可以看出,热带地区主要地面气流是两支偏东气流,在北半球的副热带地区有两个巨大的反气旋,它们的中心均在大洋东部,其中,从反气旋中心区流向赤道的偏东北气流因为很稳定将其称为东北信风。南半球的副热带地区海洋上也有三个巨大的反气旋,其中,从反气旋中心气流向赤道的东南气流也很稳定将其称为东南信风。东北信风与东南信风交汇的地区称为赤道辐合带(或热带辐合带),此带大致环绕全球,在大西洋、西非和太平洋东部赤道辐合带平均位于 5°～10°N,而在印度洋和西太平洋则位于 10°S 左右。

与平均流场基本上相应的气压场,在 1 月份主要系统有:亚洲大陆的强大冷高压,从冷高压中流向赤道的东北气流在冬季也相当稳定。但因夏季亚洲大陆的气压系统变为热低压,相应气流也转为西南和东南气流。人们把这种相当稳定的盛行风随季节发生显著变化的气流称为季风。与海洋上巨大反气旋相对应的气压系统为副热带高压。因为海陆热力性质差异,高压中心均在大洋东部。在北半球因为冬季大陆比海上冷,故均为冷高压控制,南半球则相反,因为它正是夏季,三个大陆均为热低压所控制。赤道辐合带所对应的气压场是赤道低压带或称为赤道槽。7 月份低纬地区主要气压系统与流场特征(5.15b)是:亚非地区为一强大的热低压所控制,印度洋、南亚、东南亚和我国南海的风系由冬季的东北季风转变为稳定的西南气流,即西南季风;太平洋和大西洋的副热带高压带比冬季强得多,东北信风也有所增强并伴随副热带高压带北移到 20°N 或其以北;南半球这个季节是冬天,只有澳大利亚大陆为冷高所控制,它是经常影响西太平洋地区的南半球寒潮的来源。两支信风汇合的热带辐合带位置在各个经度上位移有很大差别,西太平洋的热带辐合带 1—3 月都在南半球 10°～20°S,4 月中、下旬开始急速北上,并且第一次越过赤道到北半球。在逐日天气图上,热带辐合带第一次北跳都是与西太平洋第一个台风发生、发展和北上相联系的，等到这个台风生命结束，辐合带也就南撤了。5月下旬以后热带辐合带稳定北上，7—9月到达最北位置10°～15°N，10月中、下旬热带辐合带开始迅速南移，12月就越过赤道到达南半球。

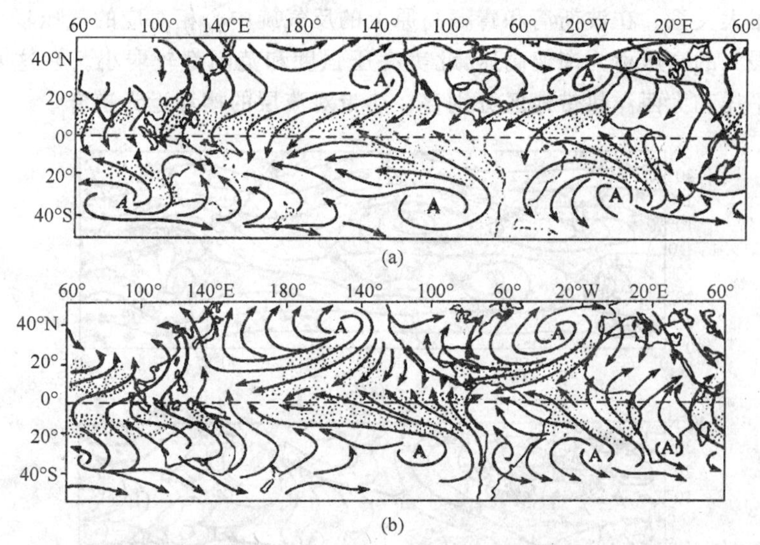


图5.15　低纬地区地面的平均近似流场(a)1月份；(b)7月份
(阴影区表示80%以上时间的风向在所给平均流线方向左右45°以内)

总之，低纬地区地面主要风系是信风带和季风。主要的环流系统有副热带高压、赤道低压(赤道槽)及与它相联系的赤道辐合带(热带辐合带)。最近人们把两支信风汇合的辐合带特称为信风辐合带(气压场称为信风槽)，它常出现在大西洋和太平洋的热带地区；把信风与季风(或赤道偏西风)汇合的辐合带，称为季风辐合带(也称为季风槽)，它主要出现在亚非季风表现最明显的地区，其平均位置随季节摆动很大，1月平均位于5°S左右，7月在10°～15°N之间，甚至可达20°N以北。亚洲和印度洋地区季风槽随季节南北摆动可达30个纬距以上，西半球这种位移则较小。

2)热带对流层上部平均流场

1月份北半球热带对流层高层出现强大的西风，其最大风速在50 m/s以上。从阿拉伯半岛往东，副热带急流经西藏高原南缘向东移去，具有偏南分量，到日本上空与极锋急流相接近，成为最强大的西风带急流，其中心位于100～150 hPa高度，风速最大可达100 m/s以上。西风急流中有三个强度较弱的平均槽，分别在孟加拉湾、非洲西海岸和太平洋东部(图5.16)。

7月份北半球热带对流层高层有3个明显的反气旋中心，分别在北美、波斯湾和青藏高原上(图5.16b)，它们与地面强大的低压相对应。在热带的太平洋和大西洋地区有明显低槽。从西太平洋到非洲有一支稳定而且最强大的东风急流，其中心位于 150～100 hPa 高度，风速为 30～40 m/s。在亚洲热带地区，冬季的副热带西风急流和夏季的东风急流都是全球最强大而稳定的气流，对全球的大气环流具有特殊意义，它与这个地区的青藏高原特殊地形、海陆分布和地理条件所形成的特别显著的季风活动有很大关系。在波斯湾和青藏高原上的反气旋中心相对应的气压场仅仅是一个全球最强大的高压称为南亚高压，北美高压强度和范围都较弱小。在这两个高压之间的太平洋和大西洋热带地区分别存在热带对流层的槽和近赤道脊。

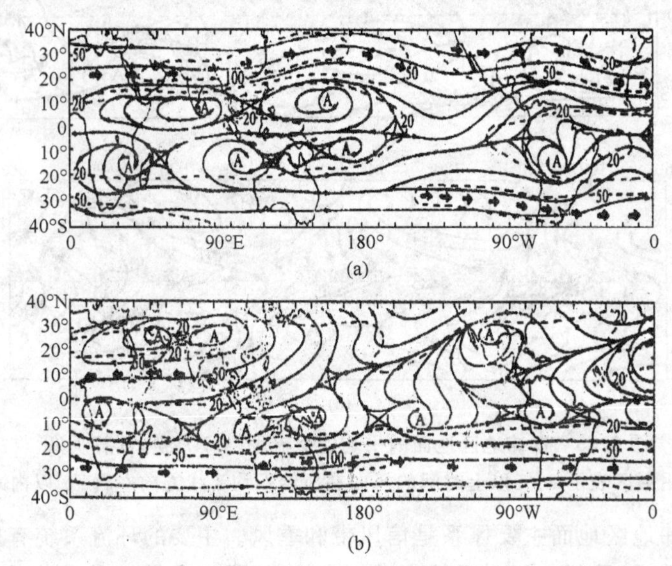


图 5.16　200 hPa 的合成风　(a)1 月份；(b)7 月份

(风速单位为海里/h①，黑的粗箭头表示急流轴与方向)

(2)热带平均经向垂直环流

从图 5.17 可以看出，全球低纬地区各个季节的平均经圈环流都是哈得来环流，但是其强度和位置都随季节有明显变化，在北半球冬强夏弱，其上升支冬季位于 5°S 附近，夏季在 10°N 附近，春、秋季则位于赤道附近。赤道地区不论什么季节平均都是上升气流，副热带地区都是下沉气流。

(3)热带平均纬向垂直环流

图 5.18a 和 5.18b 分别表示 6—8 月和 12—2 月 200 hPa、500 hPa 和 1000 hPa 等压面上，在以赤道为中心、宽度为 10°的纬带上取平均的纬向和经向风分量相对其纬向平均值的距平(偏差量)随经度差异的季节分布。从图中可以看出，在对流层上部 200 hPa 不论冬、夏季，有相对较强的赤道东风在东半球占主导地位，而西风在西

① 1 海里/h＝0.514 m/s。

半球占主导地位。在对流层下部(1000 hPa)则与上述情况相反。对流层中部500 hPa的纬向气流相对较弱。各个层次上的经向风分量都比相应的纬向风分量弱,说明低纬行星尺度运动表现为呈东西向的环流系统,从沿赤道15°N和15°S的红

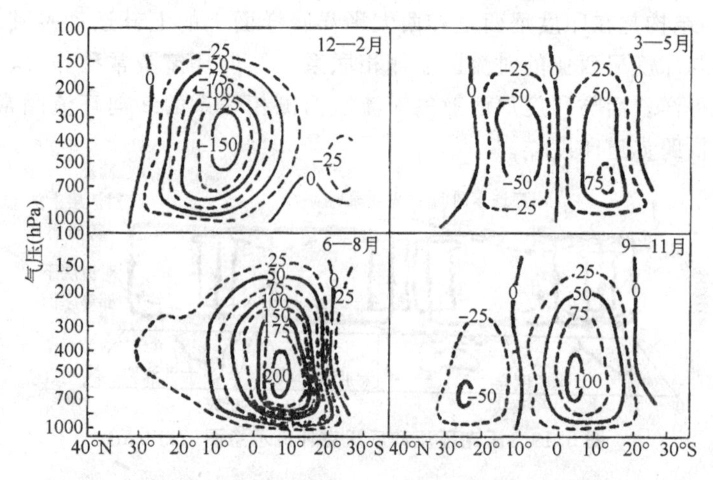


图 5.17 低纬地区各季平均经圈环流(单位:$10^{12}$克/秒)

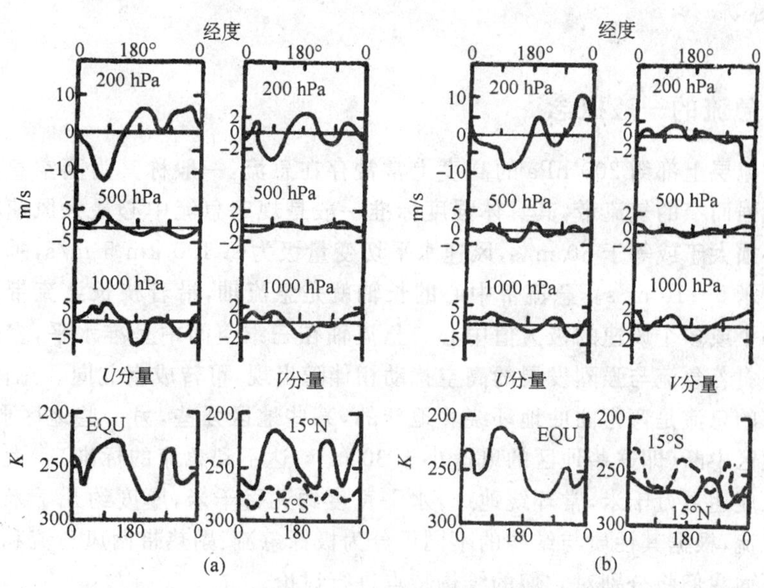


图 5.18 1000 hPa、500 hPa和200 hPa上纬向风($U$)和经向风($V$)分量相对于纬向平均值的距平随经度的变化(a)6—8月;(b)12—2月(朱乾根等,1981)

(下面的一排小图是赤道(EQU)、15°N和15°S红外辐射有效温度(垂直坐标轴向下表示温度增高)随经度的变化。注意经向风分量的坐标已放大)

外辐射有效温度也可以得到证实。高层辐散、低层辐合的地区与平均降水区高耸云体的冷区相联系，相反，高层辐合、低层辐散的地区则与为晴空的暖区相联系。

综上所述，赤道对称的行星尺度特征的示意图如图 5.19 所示。数个纬向环流圈中，最主要的结构是在印度尼西亚和西太平洋暖洋面上的上升运动及其东西两侧的下沉运动。与印度尼西亚的对流区东侧相联系的纬向环流圈常称作"沃克环流"，它横跨赤道太平洋。而与印度尼西亚的对流区西侧相联系的纬向环流圈常称作"反沃克环流"，它横跨赤道印度洋。

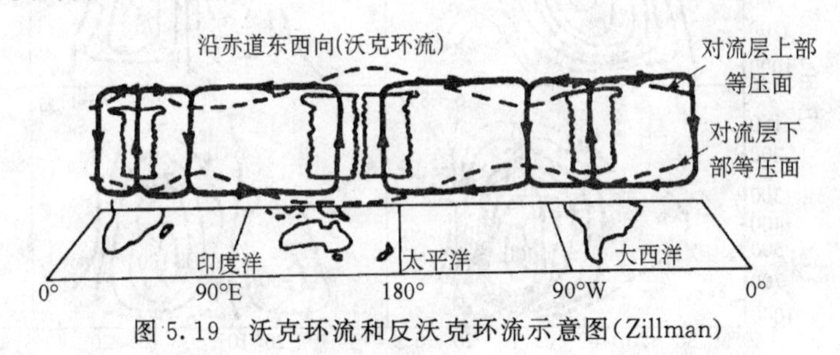


图 5.19　沃克环流和反沃克环流示意图(Zillman)

## 5.4　急流

### 5.4.1　急流的一般概念

在对流层上部约 200 hPa 的高度上常常存在急流，一般称其为高空急流。急流是指一股强而窄的气流带，其具体强度标准一般是规定急流中心最大风速在对流层的上部必须大于或等于 30 m/s，风速水平切变量级为每 100 km 5 m/s，垂直切变量级为每千米 5～10 m/s。急流带中心的长轴就是急流轴，沿着狭长急流带的轴线上可以有一个或多个风速的极大值中心。急流轴在三维空间中呈准水平，多数轴线呈东西走向。若急流与强烈发展的高空扰动相伴随出现，可转成南北向。总体来说，对流层上部的急流是弯弯曲曲地环绕着地球的，某些地区强些，另一些地区弱些，甚至在某些地区中断(即这些地区的风速小于 30 m/s，达不到急流的标准)。大尺度急流的水平长度达上万千米，常环绕地球，水平宽度约几百千米，厚度约几千米。对流层上部的急流，根据其性质与结构的不同可分为极锋急流、副热带西风急流和热带东风急流。下面我们将分别对它们的结构特点进行讨论。

### 5.4.2　急流的结构特点

(1)急流的一般特点

急流轴的左侧风速具有气旋性切变，右侧风速具有反气旋性切变，如果流线曲率很小，那么急流轴的左侧相对涡度为正，右侧相对涡度为负。急流的宽度是指以急流中心两侧风速等于最大风速一半的两点间的距离。急流两侧的最大风切变（水平切变）与地转参数 $f$ 同量级，一般情况下，反气旋切变稍小，气旋性切变一侧显著大些，急流轴两侧的切变都随远离急流轴而减小。

在平直西风的急流轴两侧，内摩擦的侧向混合作用使轴两侧的空气获得正的加速度，这两处的实际风速比没有考虑内摩擦作用时的地转风速要大，地转偏向力相应加大，在急流轴两侧就产生了与气压梯度方向相反的偏差风。而在急流轴上内摩擦侧向混合作用使得实际风减小，小于地转风，地转偏向力相应减小，于是就产生了与气压梯度方向相同的偏差风。从急流轴的两侧偏差风分布可以看出，在急流轴的左侧有偏差风辐合，右侧有偏差风辐散。

如果急流附近的流线曲率都很大，那么偏差风就更大了。偏差风的大小由公式 $D=-\frac{1}{f}\frac{V^2}{R}$ 可知，若没有急流存在，等高线均匀分布的槽前脊后有纵向辐散，槽后脊前有纵向辐合。急流中心若与槽线重合或相交，那么，急流轴的右侧槽前就具有强烈的偏差风辐散，槽后的急流轴左侧辐合也特别强，这样的高空槽，即使开始时并无地面气旋、反气旋与它配合，一旦它移到斜压性比较强的地区后，就会迅速引起地面气旋与反气旋的发生和发展。

(2)极锋急流的结构特点

极锋急流中心的下方有温度水平梯度很大的极锋锋区，急流中心附近上方对流层顶断裂（图 5.20）。根据热成风原理，$\frac{\partial V_g}{\partial z}=-\frac{g}{fT}\nabla_p T\times k$，急流区中风速的垂直分布为：急流轴的下方锋区中地转风随高度增加最快；急流中心的上方由于温度水平梯度与下方相反，地转风随高度增加而减小。最大地转风 $V_{g最大}=V_{g0}-\frac{g}{f}\int_0^H \frac{1}{T}\nabla_p T\times k\mathrm{d}z$，出现在对流层顶断裂附近极锋锋区斜压性最强处的上空。

极锋急流轴附近辐散、辐合的分布特点叠置于斜压性很强的极锋上，于是地面上就产生气旋和反气旋，有时极锋急流还与地面上一串气旋、反气旋相对应，而气旋和反气旋的发生、发展又破坏了急流轴与极锋相平行的位置。1977 年 Blackmon 等提出北半球天气尺度的涡动（即气旋、反气旋）活动有规律地沿着风暴轴发生。风暴轴位于对流层上部急流中心的下游向极地一侧，其西端以气旋族活动为标志，而其东侧是近于静止变化缓慢的槽或脊，高压或低压。观测结果表明：极锋急流中心有规律地沿着急流轴移动，移动速度大体保持不变（图 5.21）。

极锋急流随着极锋而南北移动很大。冬季平均位于 40°～60°N，甚至还可能达到更低的纬度；夏季平均位于北极圈附近。急流所在高度平均约在 300 hPa 等压面上，中心最大风速曾达到 105 m/s。急流强度在冬季较强，夏季较弱。急流的长度平均与风速成正比，而在同一风速条件下，低纬度的急流比高纬度的长些。

(3)副热带急流

从图 5.22 可以看到，副热带急流的风向和地理位置比极锋急流稳定得多，整个北半球的冬季副热带急流位于 20°～30°N，近乎定常的事实是与哈得来环流位置和强度相当稳定有关。各个季节之间的强度和位置也跟着哈得来环流的强度和位置变化而变化，冬季强度强，夏季强度弱。夏季副热带急流位置向北移动 15 个纬距左右，其轴基本上呈东西向。

副热带急流最大风速出现在副热带急流的波峰上。与极锋不同，冬季北半球有三个波，且其波峰与一极锋急流的波谷(即冬季三个平均大槽附近的位置)最接近，特别是在日本附近已经汇合成一支(图 5.22)，使日本上空急流中心风速有时可达 100～150 m/s，甚至个别可达 200 m/s。

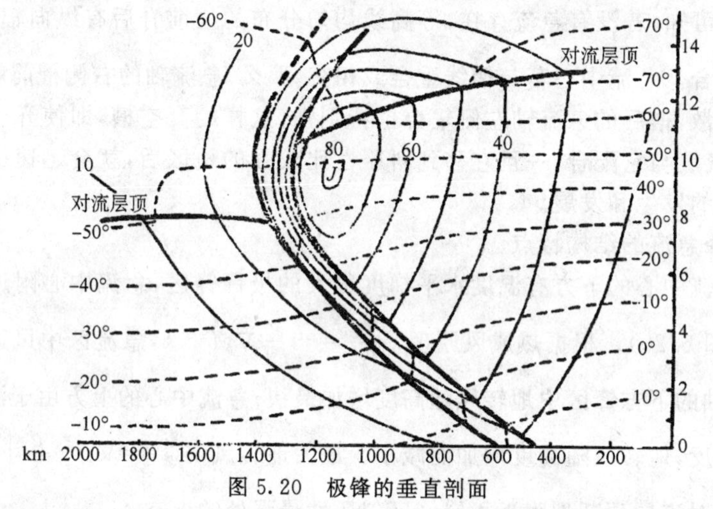


图 5.20 极锋的垂直剖面

(虚线为等温线(℃)，细实线为等风速线(m/s)，粗线为对流层顶和锋的边界)

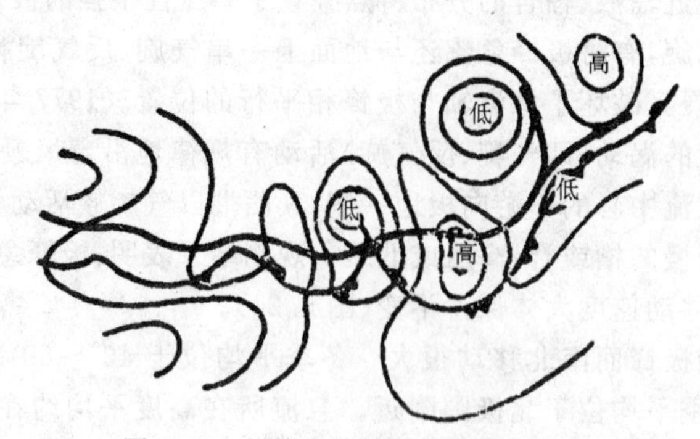


图 5.21 极锋急流轴与气旋族的配置

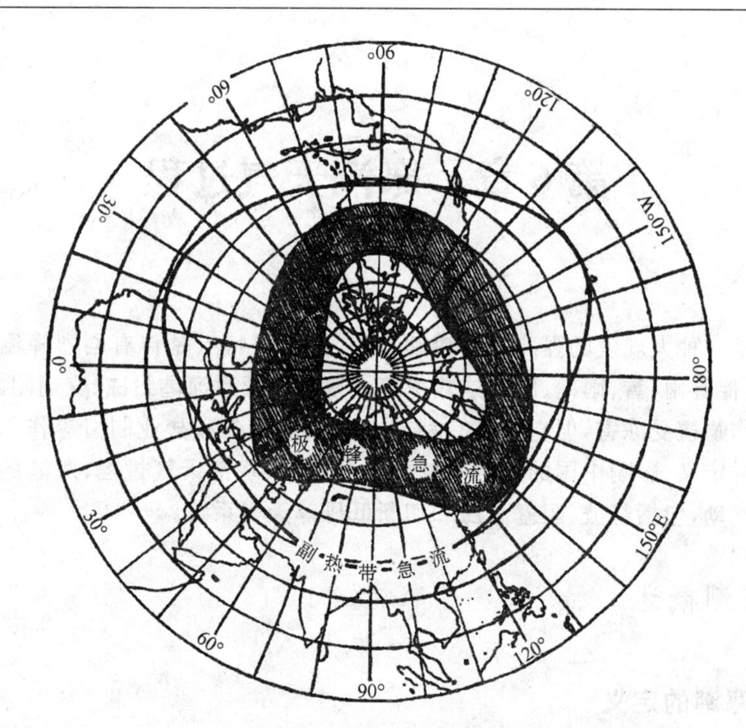


图 5.22　冬季副热带急流轴和极锋急流轴的主要活动区
（阴影区表示极锋急流的活动区）

(4)热带东风急流

夏季，随着北半球西风带北移，赤道地区的东风带也北移，在热带对流层顶附近约 100～150 hPa 处，东风达到急流标准，称其为热带东风急流。亚洲地区在海陆对比和青藏高原热源的共同作用下，东风急流是全球最强且最稳定的。盛夏最强的平均东风位于 10°～15°N 附近的阿拉伯海上空，风速约 35 m/s。

(5)低空急流

在对流层下部 700 hPa 上下也常有强而窄的气流带出现，其中心最大风速、风速的水平切变和垂直切变的强度可能均达不到上述高空急流的标准，而且尺度也比对流层上部的急流的尺度要小得多，可能仅在一定地区范围内出现，一般把这种出现在对流层低层的强而窄的气流带称为低空急流。它们常与暴雨、强对流天气等剧烈天气过程有着密切的关系，受到人们的特别重视。

# 第6章　寒潮天气过程

寒潮是一种大规模的强冷空气活动过程，其主要特点是伴有剧烈降温和凛冽大风，有时还伴有雨、雪、雨凇、冻雨或霜冻等。寒潮能导致河港封冻、交通阻断、牲畜和早春晚秋作物遭受冻害，但它也有有利于小麦灭虫越冬和盐业制卤等作用。本章将讨论寒潮的定义、影响中国的冷空气的源地和路径、寒潮天气过程、寒潮的预报及西风带大型扰动，包括长波、阻塞高压和切断低压等天气系统。

## 6.1　寒潮概述

### 6.1.1　寒潮的定义

冷空气活动强度一般以过程降温与温度负距平相结合来划定。过程降温是指冷空气影响过程的始末日平均气温的最高值与最低值之差，而温度负距平是指冷空气影响过程中最低日平均气温与该日所在旬的多年旬平均气温之差。按中央气象台的寒潮标准规定，过程降温10℃以上称为寒潮，过程降温8～9℃和5～7℃分别称为强冷空气和一般冷空气。

中央气象台将全国范围分为东北、华北、西北、长江流域和华南等5个地区，一个区内有3/5的台站有冷空气活动，则定义为该区有冷空气活动。当一次冷空气影响2～5个地区并达到相同等级，并且包括华北和长江2个区的，称为全国类；只影响北方2或3个区的，称为北方类；只影响南方2个区的，称为南方类。根据1951—1980年资料统计，平均每年有各类寒潮4.5次，其中，全国类2.1次，北方类1.1次，南方类1.3次。一年中出现各类寒潮最多可达9次，如果加上强冷空气则有17次。寒潮出现的时间最早开始于9月下旬，结束最晚是翌年5月。春季的3月和秋天10—11月是寒潮和强冷空气活动最频繁的季节，也是寒潮和强冷空气对生产活动可能造成危害最重的时期。

### 6.1.2　冷空气的源地和路径

据统计，影响我国的冷空气的源地主要有三个，即新地岛以西的北冰洋面上、新地岛以东的北冰洋面上及冰岛以南的北大西洋洋面上。来自以上三个源地的冷空气中有 95% 的冷空气都要经过西伯利亚西中部（70°～90°E，43°～65°N）地区并在那里积累加强，这个地区就称为寒潮关键区（图 6.1 中的阴影区）。冷空气从关键区入侵我国有以下四条路径。

①西北路（中路）。冷空气从关键区经蒙古到达我国河套附近南下，直达长江中下游及江南地区。循这条路径下来的冷空气，在长江以北地区所产生的寒潮天气以偏北大风和降温为主，到江南以后，则因南支锋区波动活跃可能发展伴有雨雪天气。

②东路。冷空气从关键区经蒙古到我国华北北部，在冷空气主力继续东移的同时，低空的冷空气折向西南，经渤海侵入华北，再从黄河下游向南可达两湖盆地。循这条路径下来的冷空气，常使渤海、黄海、黄河下游及长江下游出现东北大风，华北、华东出现回流，气温较低，并有连阴雨雪天气。

③西路。冷空气从关键区经新疆、青海、西藏高原东南侧南下，对我国西北、西南及江南各地区影响较大，但降温幅度不大，不过当南支锋区波动与北支锋区波动同位相而叠加时，亦可以造成明显的降温。例如，1970 年 11 月 12—14 日，从新疆经青海—西藏的一次西路冷空气，有两支波动同位相叠加时，就使昆明最低气温达－3℃，超过历史同期最低气温。

④东路加西路。东路冷空气从河套下游南下，西路冷空气从青海东南下，两股冷

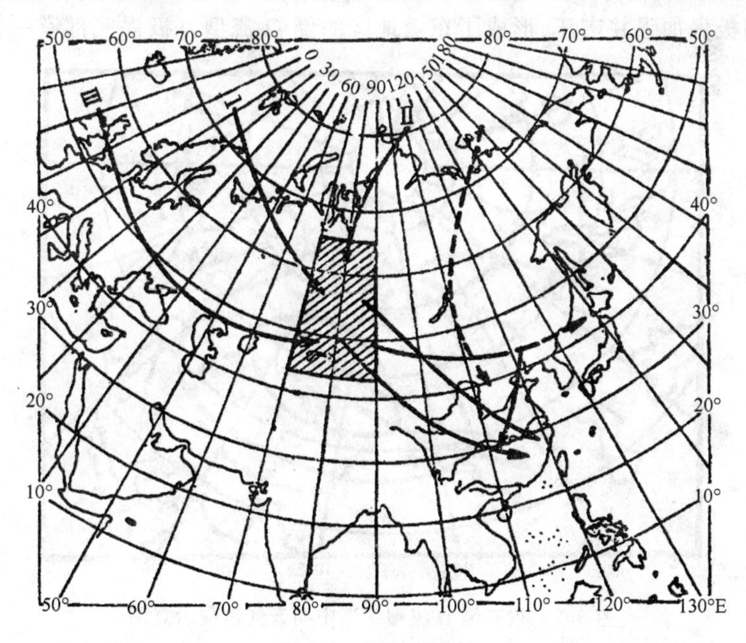


图 6.1　寒潮的路径

（Ⅰ. 西北路径；Ⅱ. 超极地路径；Ⅲ. 西方路径）

空气常在黄土高原东侧，黄河、长江之间汇合，汇合时可造成大范围的雨雪天气，接着两股冷空气合并南下，常出现大风和明显降温。

## 6.2 寒潮天气过程

寒潮是大范围的强冷空气在一定环流形势下向南爆发的现象，是一种大型天气过程，在其整个生命史中往往与半球范围的超长波、长波活动有密切关系。它又在这些不同尺度系统的相互作用中，表现出阶段性的特点，构成了寒潮的中期天气过程。根据 20 世纪 80 年代我国的研究认为，寒潮中期过程有三大类，其中主要的一类是倒 Ω 流型，另外两类是极涡偏心型和大型槽脊东移型。据 10 年数据统计，全国性寒潮中有 70%～80%属于倒 Ω 流型（图 6.2），这种流型的演变特点可分为三个阶段。

①初始阶段。在两个大洋北部有脊向极地发展，作为整个过程的开始。常常是太平洋东部的阿拉斯加暖性高压脊已经存在，尔后大西洋暖脊向西欧、极地发展时，阿拉斯加暖脊也向西、向极地发展（有时两脊在极地打通），极涡分裂为二，分别移到东、西两个半球（或极涡偏于东半球）。从东半球天气形势看，两个大洋的脊挟持一个大极涡，形成大倒“Ω”流型。

②酝酿阶段。大倒 Ω 流型向亚洲地区收缩，乌拉尔山和鄂霍次克海建立暖性高压脊，亚洲极涡加强并南压，形成了东亚地区的倒 Ω 流型。极涡底部有一支强西风，

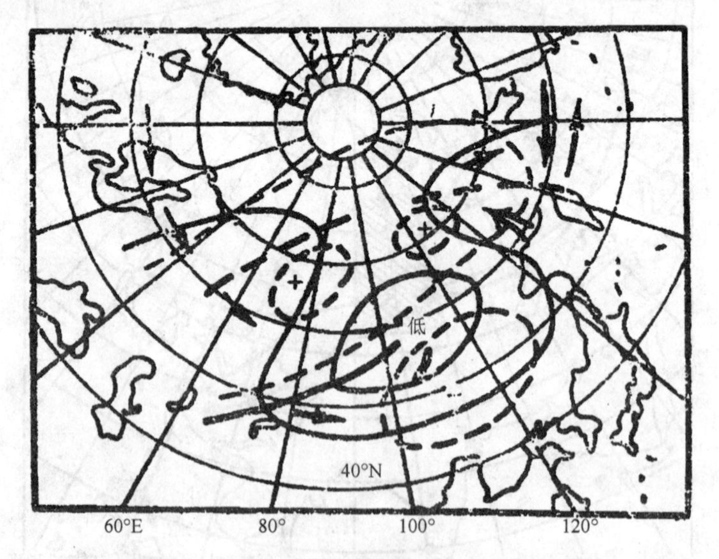


图 6.2 东亚倒 Ω 流型寒潮中期天气过程示意图

（细线为等高线，粗线为槽脊线，虚线为等变高线；+、-为正负变高中心；粗矢线和空心矢线分别为冷暖平流；细矢线为脊线移动方向）

伴随着一支强锋区，锋区上常有长波发展或横槽缓慢南压，形成了强冷空气酝酿形势。

③爆发阶段。中纬度长波急速发展，或横槽转竖、或横槽南压，引导冷空气侵袭我国。最后东亚大槽加深并重建，过程结束。在寒潮爆发过程中，当有南支槽配合时，寒潮冷锋在长江流域或其以南锋生，将会造成严重的天气过程和持续低温阴雨天气。

整个寒潮中期天气过程由两个大洋暖高压脊发展—寒潮爆发—东亚大槽重建，一般为期 2～3 周。

以上所述是全国性寒潮中倒 Ω 流型的典型模式，但畸变的情况也是常见的，例如，东半球极涡位置、强度不是固定不变的，挟持极涡的暖高压脊也不一定非在乌拉尔山和鄂霍次克海地区不可，有时可能是欧洲暖脊，甚至是西伯利亚脊和北太平洋中部暖脊。极涡有时也可能有 2～3 个低压中心，酿成寒潮的只是其中之一。演变情况也很复杂，常有极涡更替，但从整体来看是很相似的。

极涡偏心类型，初始阶段表现为大洋北部暖脊已发展，极涡已偏心于东半球。酝酿阶段则表现为两个大洋暖脊再次强烈发展，并迅速向东亚收缩，乌拉尔山的暖脊已移到西西伯利亚上空，亚洲极涡强度较强。爆发阶段则表现为西西伯利亚上空暖脊发展东移，脊前偏北气流加强引导强冷空气向南大举爆发。

根据天气分析和预报实践和研究，目前比较普遍把我国寒潮的中短期天气形势归纳为三个大类型，即小槽发展型、横槽转竖型和大槽东移型。这里不一一讨论，下面仅对小槽东移发展型做一简单介绍。

小槽发展型亦称为脊前不稳定小槽东移发展型。下面通过一个例子来说明一个不稳定小槽东移发展并在我国造成寒潮的过程。由图 6.3a 可见，在北冰洋新地岛西南方有一个小槽，槽线上有冷平流，槽前等高线也稍有疏散，即槽线上有正涡度平流，有利于发展。在这个小槽两边的小脊也是暖舌落后于脊，脊线附近的等高线也有疏散，脊线上有暖平流和负涡度平流也有利于脊发展，从而使小槽后的偏北风加大，在冷舌落后于小槽的条件下，偏北风加大意味着冷平流加强，将更促进小槽发展。小槽发展向南加深，小脊向北发展加强，它们边发展边随着基本气流向东移动。24 h 后高压脊已到达乌拉尔山以东地区，小槽也发展为位于巴尔喀什湖的较大的槽（图 6.3b）。再过 24 h 后低槽变得更深，并槽前气流疏散，低槽呈现进一步加深的特征。槽后的脊在东移过程中与东部迎面移来的暖平流正变高叠加后发展很强。脊前的西北气流加强，冷平流也大大加强。脊前的地面冷高压中心增强到 1052 hPa，冷高压前沿的冷锋移到中蒙边境至新疆一线（图 6.3d）。应当指出，图 6.3b 和图 6.3c 中停留在日本海的东亚大槽逐渐减弱并于 22 日 20 时明显减弱且向东移去。根据上下游效应原理来看，小槽将要发展成大槽。25 日 20 时小槽已发展为大槽并移到我国东部，地面冷锋大部分已经移到海上，东亚大槽完成了一次更替，寒潮对我国的影响也告结束。

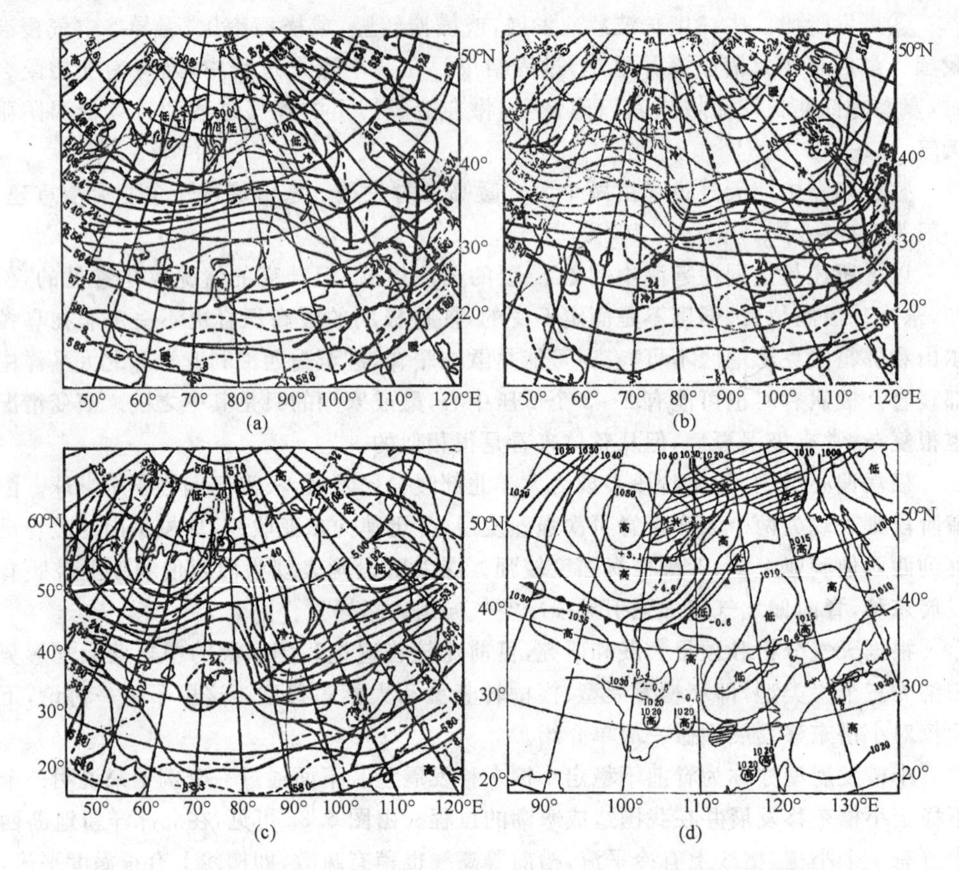


图 6.3 1963 年 12 月 19—22 日 20 时 500 hPa 等压面图和地面图
(a)19 日；(b)20 日；(c)21 日；(d)22 日

对比图 6.3a 和图 6.3c 从小槽发展到大槽的过程可以看出，实质是通过不稳定的小槽、小脊发展，把从大西洋到东西伯利亚的大倒 Ω 流型演变为东亚倒 Ω 流型的过程，这个过程经历 5～6 天。从预报角度看，当大倒 Ω 流型出现之后，要注意分析小脊、小槽的温压场结构是否能获发展，有时小脊的发展比小槽更显著，所以也有预报员把这种演变过程称为里海中亚长脊—脊前不稳定小槽发展。该类寒潮的强冷空气一般取西北—东南路径侵袭我国。

如上所说，寒潮有小槽发展型、横槽转竖型和大槽东移型等不同类型，它们既具有共同点也有不同点。共同点是寒潮天气过程实质上都是强冷空气向南侵袭我国的过程。冷空气积聚是寒潮暴发的必要条件。冷空气在高空图上表现为一个冷中心

(或冷舌)。强冷空气的冷中心在隆冬季节(12—2月)在700 hPa图上为−36℃或更低,在500 hPa图上为−40℃或更低;10—11月和3—5月冷中心在700 hPa图上为−28~−32℃。相应地在地面图上有冷高压活动,隆冬季节蒙古高压中心强度可达1060 hPa以上。冷高压前沿有一条寒潮冷锋,冷锋所到之处若没有特殊地形(如盆地、高山的下坡处),则在相同的辐射条件下一般都要引起温度剧降、气压急升及偏北大风。所以每次寒潮都会引起一次大范围热量的南北交换。

各类寒潮天气过程的不同点则主要表现在以下方面。

(1)冷空气源地不同。有的来自欧亚大陆北面的寒冷海洋(白海、巴伦支海、喀拉海、新西伯利亚海),有的来自欧亚大陆。

(2)路径不同。冷空气从国外移到我国时,路径可分为四条:①西北路径,冷空气自新地岛以西的白海、巴伦支海经西部西伯利亚、蒙古进入我国;②北方路径,冷空气自新地岛以东喀拉海或新西伯利亚海进入亚洲北部,自北向南经蒙古进入我国;③西方路径,冷空气在50°N以南欧亚大陆自西而东经我国新疆、蒙古影响我国东部;④东北路径,冷空气自鄂霍次克海或西伯利亚东部向西南影响我国东北。以上前三条路径较常见,而最后一条路径次数较少,强度一般也不大。

(3)冷高压南下形式不同。①完整的冷高压有规律地向东移动;②冷高压分裂南下,冬半年冷高压经常是以其母体中心留在蒙古,而从中分裂出一个高压南下,再东移入海;③冷高压补充南下,有时从高压母体中分裂南下了一个高压中心后,不久还可从高压母体中再分裂出一个高压中心南下,高压前有明显的副冷锋;后一个分裂南下的冷高压就称为补充南下的冷高压;④冷空气扩散南下,冷空气逐渐向南扩展南下,因其与前面冷空气的性质差异不大,故无明显副冷锋,当冷空气活动不强时很容易出现这种情况。

(4)促使寒潮暴发的流场不同。①小槽发展型寒潮爆发时的流场,多数是在乌拉尔山地区有反气旋或高压脊发展,脊前有一不稳定小槽不断地发展东移,最后变为东亚大槽,槽后西北气流引导寒潮爆发;②“横槽转竖型”主要是乌拉尔山附近的阻塞高压崩溃或不连续后退过程中,横槽转竖,引导寒潮爆发;③“低槽东移型”是由于暖脊东移至中亚发展,而冷槽过了阿尔泰山、萨彦岭仍加深东移,引导冷空气侵入我国。以上三种类型寒潮天气过程都与北半球长波调整、东亚大槽破坏重建联系在一起。“变形场锋生型”与“低槽旋转型”则是在欧亚大陆环流形势维持稳定少变的前提下,前者是借一个个小槽快速东移使锋区缓慢南下,导致冷空气向南爆发,低空变形场锋生又使冷空气加速南下。旋转的低槽与南支槽同位相地叠加,引起我国上空经向环流加强,引导北方强冷空气深入南方,造成全国性寒潮。

## 6.3 寒潮的预报

寒潮的预报应包括:寒潮的强冷空气堆积预报,寒潮的爆发预报,寒潮的路径与强度预报和寒潮天气预报等四个问题。

### 6.3.1 寒潮的强冷空气堆积预报

强冷空气在西伯利亚、蒙古堆积是寒潮暴发的必要条件。如冷空气不够冷,即使环流形势有利,南下的冷空气也不易达到寒潮的强度。一般根据各层天气图上冷中心(或冷舌)及地面图上冷高压的配合情况,可以判断有无强冷空气堆积。例如,在西伯利亚或蒙古 500 hPa 上有一中心强度为$-48$℃的冷中心,相应位置上 700 hPa 的冷中心为$-36$℃,地面图上又有一个强冷高压与之配合,这就说明已有强冷空气堆积了。但是,有时冷空气堆积开始阶段表现并不明显,但以后可能发展为强冷空气。要预报初始时表现为弱小的冷空气以后是否会堆积成为强冷空气,可以从下述四个方面来分析。

①与冷舌相配合的小槽是否属于不稳定小槽。若属小槽则将获较大发展,而且槽后的高压脊也将在乌拉尔山附近有较大发展,则脊前偏北气流加强,引导北冰洋或沿海冷空气在西伯利亚堆积。如高空冷中心扩大或变冷并向南扩展,则地面冷高压也会加强。

②冷空气在东移过程中有无来自不同方向的新冷空气补充或合并加强。

③高空的极涡是否分裂南下到亚洲北部。如两个高压脊伸向极地,使极涡分裂南下,就会伴随着强冷空气向南堆积。当 100 hPa 极涡分裂为两个且较强的一个中心在亚洲北部时,如 500 hPa 或 300 hPa 图上也有一次极涡切断过程,则我国将出现持久的低温天气。

④冷舌中有无产生绝热上升冷却的环流条件。若高空有正涡度平流和辐散则有利上升产生绝热冷却,使冷舌增强。

### 6.3.2 寒潮暴发的预报

当具备了强冷空气堆积必要条件以后,寒潮暴发的预报就成为关键问题。关于寒潮是否爆发主要从以下几方面考虑。

(1)首先是要预报槽脊的发展。因为只有在低槽加深或横槽转竖时才可能使积累在北方的冷空气南下,造成寒潮爆发。在天气形势预报方法的讨论中,我们已经知道槽脊的发展主要应考虑以下因子。

①地转涡度平流和相对涡度平流对槽脊发展的影响,对于短波而言,相对涡度平

流比地球涡度平流大得多，所以相对涡度平流对短波的发生、发展的作用也比地球涡度平流大得多。

②冷、暖平流随高度变化对槽、脊发展的影响。位势倾向方程指出，暖平流随高度减弱时，等压面高度将升高，冷平流随高度减弱时，等压面高度将下降，在 500 hPa 等压面上的低槽中，若下层有冷平流，且冷平流随高度减弱，有利低槽加深；反之若冷平流随高度增强则有利低槽减弱。在高压脊中，若下层有暖平流，而且暖平流随高度减弱，则有利高压脊发展，反之，若高压脊中有冷平流随高度减弱，或暖平流随高度增强都将使高压脊减弱。

③其他系统对低槽发展的影响。例如，低槽的发展与槽后的高压脊发展密切相关，所以有许多预报员都把预报寒潮暴发的着眼点放在与冷空气相联系的低槽后部的高压脊。当脊的后部有强的暖平流或是有不同方向的暖平流加压区相叠加于脊附近时，都会使高压脊发展。脊前偏北气流加大，影响低槽的温压场发生变化，槽后冷平流加强，有利于低槽发展。

④南、北两支波动是否有同位相叠加。经验表明，低槽发展与否跟南、北两支波动是否同位相地叠加有密切关系。与寒潮冷空气相伴随的低槽一般是北支波动中的一个低槽，当北支低槽在东移过程中，若有南支波动同位相地叠加，则将使低槽加深。根据我国预报员经验，南支西风若于青藏高原至孟加拉湾为一个高压脊，东南沿海为一南支低槽，则有利于寒潮向南爆发并造成大风和降温天气。相反，若南支西风波动位相与北支正好相反，孟加拉湾为低槽，东南沿海为高压脊，黄河以南为西南气流控制，则这种形势就不利于冷空气南下。若西南气流强盛则造成大范围连续阴雨、雪天气。

⑤影响低槽发展的上下游效应。上(下)游效应是指上(下)游的形势或天气系统发生变化后对下(上)游天气系统的影响。例如，东亚大槽减弱东移，预示着上游有低槽加深东移，取代原来减弱东移的大槽，就是下游效应的一例。所以预报一个低槽是否发展还应考虑上下游效应。另外，还有一种情况是两个低涡打转，例如，当前面一个低涡已移到东北地区或日本海附近时，后面一个冷低涡还在贝加尔湖的西北方。两个低涡相对做反时针旋转，前者东移北缩，后者南下并带来一次冷空气。这种情况下的冷空气一般只能影响华北、东北，如没有南支波动同位相地叠加，则很少能影响长江以南地区。

(2)关于寒潮是否爆发除了要考虑槽脊的发展问题外，还要考虑脊的崩溃问题。当寒冷空气堆积不甚明显时，做寒潮预报应着重考虑有无不稳定槽、脊的发展。槽、脊发展后就会引起寒冷空气堆积和加强并向南侵袭。但当寒冷空气在北方堆积得已很明显，而相应的环流形势是稳定长波系统(即大槽、大脊或阻塞系统)时，则预报寒潮的着眼点主要应放在长波槽的移动及长波脊的破坏与东移上。当乌拉尔山的长波脊受上游"赶槽"东移影响，使得长波脊后部的暖平流区东移并由冷平流区代替，也就是说，乌拉尔山的长波脊前及其下游的槽后出现暖平流，而乌拉尔山长波脊的后部转为冷平流，于是乌拉尔山长波脊减弱东移。它的下游长波槽也东移，我国广大地区将处于脊前西北气流的控制之下，原来堆积在槽后脊前的寒冷空气就会随着长波槽的东移，或南压或向南爆发。

### 6.3.3　寒潮的强度和路径预报

寒潮爆发南下时具有的强度及影响的地区(包括南下时所取的路径)是寒潮预报的重要内容。

实际工作中常从以下三个方面来说明寒潮的强度。

①地面图上冷高压的强度。它包括冷高压的中心数值高低、范围大小及等压线密集的程度，但以中心数值高低为主。

②高空图上冷中心的数值，高空锋区强度，冷区范围和冷平流强度。

③地面图上冷锋强度(温度水平梯度大小)，冷锋后降温程度，冷锋后变压中心强度；锋面附近其他气象要素和天气现象也可以间接说明寒潮强度，如锋后偏北风愈强，一般则意味寒潮愈强。

寒潮路径一般是以地面图上冷高压中心、高空图上冷中心(若改为厚度中心则更好些)、地面图上冷锋、冷锋后 24 h 正变压、负变温的移动路径等来表示。日常工作中经常使用的是地面冷高压，24 h 正变压和高空 24 h 负变温这三项中心的移动路径。

可以说，寒潮强度与路径的预报实质上是地面图上寒潮冷高压的强度与移动预报、高空图上引导寒潮南下的槽的强度与移动预报及寒潮冷锋的强度与移动的预报。

### 6.3.4　寒潮天气预报

寒潮天气复杂多变，在不同季节和不同地区的寒潮天气也不尽相同。

冬季，寒潮天气最突出的表现是大风和温度剧降。其他天气如沙暴、降水、霜冻、冻雨等是否出现，则视地区和天气形势而定。春、秋季的寒潮一般带来大风和降温天气，由它引起的终霜、初霜和霜冻对农业生产威胁很大。春季，寒潮在北方常带来扬沙和沙暴，使能见度降低，对交通和国防都不利。在长江流域以南常常伴有雨雪，有时还会出现雷暴与冰雹等灾害性天气，甚至还有既下雪又打雷的所谓"雪中雷"或"雷打雪"的奇特现象。

寒潮天气预报的着眼点有以下几点。

(1)寒潮的强度。一般情况是：寒潮强度越强，则风力越大，降温越剧烈。例如，中央气象台利用两个站的气压差来预报北京附近的大风，如伊尔库茨克与北京气压差5 hPa,则报一级风;乌兰巴托与北京气压差4 hPa,报一级风;呼和浩特与北京气压差2 hPa,报一级风,即当呼和浩特的气压比北京高12 hPa时,就可预报北京将出现6级偏北大风。

(2)冷空气的路径及其对本地天气的影响。对于每一个地区而言,其影响路径可以概括为若干条,如路径不同,则带来的天气就有差异。下面以华北为例举例说明。

①若冷空气是从西来的:冷空气来自新疆,经河西走廊、山西、河北东去,且锋上有高空槽与其配合,则锋前后云系多,常有降水;锋前多偏东风或偏南风,锋后为西西北或偏西风。锋过后不久便天气转晴。这条路径的冷空气很少能达到寒潮的强度。

②若冷空气是从西北来的:冷空气经蒙古、内蒙古至山西、河北。则锋前有偏西南风,锋后多西北或北北西风。这类寒潮的天气主要是大风、降温和风后的霜冻。云雨天气并不严重,天气较晴好。侵入华北的寒潮主要取这条路径。

③若冷空气是从北来的:起先高空环流比较平直,寒潮主力是东移,在中蒙边界及东北境内形成强的东西向冷锋。冷锋逐渐南压后,华北的风向一般偏北,有的地区刮东北风,有时天气较坏。这条路径下降温也较厉害。

④若冷空气是从东北来的:当冷空气主力自东北平原经渤海入河北东部、山东西部,使这一带发生偏东大风。若在850 hPa、700 hPa图上渤海、黄海、华北东部均吹偏东风,而冷空气又较深厚时,冷空气还可能越过太行山影响山西,并带来降水天气。这是华北冬季主要的降雪天气形势之一,常称为华北的回流天气。

## 6.4 西风带大型扰动

中高纬度的平均经向环流(费雷尔)环流很弱,平均水平环流在对流层盛行西风称为西风带。西风带弯弯曲曲围绕着极涡沿纬圈运行,平均而言,西风带中冬季有三个槽脊,夏季则变为四个槽脊。这种波状流型称为西风带波动。在每日的高空天气图上,西风带波动比平均图复杂得多,常表现为振幅、波长不等,有时甚至出现一些闭合涡旋。西风带的波状流型有时表现为大致和纬圈相平行,这种环流状态称为纬向环流,也称为平直西风环流;有时则表现为具有较大的南北向气流,甚至出现大型的闭合暖高压和冷低压,这种环流状态称为经向环流。

经向环流和纬向环流在空间分布和时间演变中经常是交替出现的。即在某一广大地区为平直西风环流,而另一广大地区则出现经向环流。西风带环流变化的主要特征就是经向环流与纬向环流的维持及其之间的转换。它们互相转换的基本原因可以理解为:设先为平直西风环流,气流南北交换弱,由于南北太阳辐射强度的差异,西风带中温度梯度将加大,即锋区增强,有效位能增大,当受扰动作用时,扰动因获有效位能释放得到发展成为大型扰动(大槽大脊),甚至可出现闭合系统,纬向环流转为经向环流，南北交换增强，南北向的水平温度梯度减小，有效位能转为动能，摩擦耗散动能，大型扰动逐渐减弱乃至消失，环流又恢复纬向。

### 6.4.1 环流指数与指数循环

纬向环流与经向环流相互转化与交替出现，常表现为西风分量的强弱变化。为了定量地表示西风强弱，Rossby 提出，把 35°N～55°N 之间的平均地转西风定义为西风指数，实际工作中就把两个纬度带间的平均位势高度差作为西风指数 I，即：

$$I=\overline{H}_{35^\circ}-\overline{H}_{55^\circ}=\frac{1}{36}\sum_{\lambda=1}^{36}H_\lambda(35^\circ)-\frac{1}{36}\sum_{\lambda=1}^{36}H_\lambda(55^\circ)=\frac{1}{36}\sum_{\lambda=1}^{36}\Delta H_\lambda \quad (6.4.1)$$

式中：$\lambda$ 为沿纬圈每隔 10 个经度取一个位势高度值。高指数表示西风强大，与纬向环流对应；低指数表示西风弱，它经常与经向环流对应。因此，西风环流的中期变化主要表现为高低指数交替、循环的变化过程，称为指数循环。

实际应用中发现，有时西风环流破坏以后，南北风分量明显加大，环流已属经向环流，但由于整个区域内全风速很大，西风指数并不减小，因此又定义一个叫做“经向度”的量来表征南北交换的程度，即经向度 $M=\frac{1}{n}\sum_{i=1}^{n}|\Delta H|_n$，以 10 个经度为间隔，取纬圈的南北风绝对值沿纬圈平均。

### 6.4.2 西风带长波

(1)西风带波动的类别

西风带波动按其波长可分为三类，即超长波、长波和短波。超长波的波长在 10000 km 以上，即绕地球一圈可有 1～3 个波，它是由地形和海陆分布的强迫振动引起，呈准静止，生命史在 10 天以上属于中长期天气过程，不在本书中讨论。长波的波长，两个相邻槽线或脊线之间的东西距离 3000～10000 km，相当于 50～120 个经距，全纬圈约为 3～7 个波，振幅一般为 10～20 纬距，平均移速在 10 个经距/d 以下，有时很慢，呈准静止，甚至会向西倒退。在中高纬度地区，长波的水平尺度可大到同地球半径相比拟，故亦称为行星波(或称为罗斯贝波)，从对流层的中下层到平流层的低层均可见到，是行星锋区中的一种长波的扰动，而且温度槽脊常常落后于高度槽脊，有时则两者重合出现冷槽暖脊的水平结构，因此长波的强度在对流层中是随高度增加的。一般说来，长波槽前对应着大范围的辐合上升运动和云雨天气区，槽后脊前对应着大范围辐散下沉运动和晴朗天气区，长波变化常导致一般天气系统及天气过程发生明显变化。短波的波长和振幅均较小，移动速度快，平均移速为 10～20 经度/d，生命史也短，多数仅出现在对流层的中下部，往往叠加在长波之上。在每日的天气图上，长波和短波同时存在，相互叠加，而且还可以互相转化(图 6.4)。

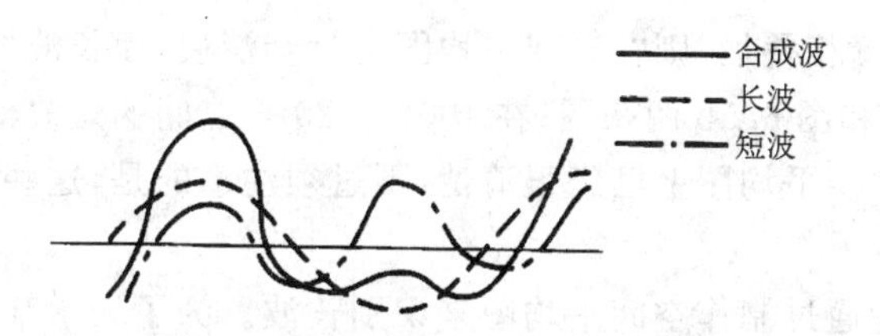


图 6.4　长短波的叠置(Petterssen,1956)

(2)长波的辨认

一般情况下,长波和短波不容易分辨。如图 6.5 所示叠加后的长波槽就变得极不明显,长波脊则因同位相叠加显得很强。长波的辨认通常采用以下一些方法。

第一种方法是通过制作时间平均图来识别长波。用连续几天的等压面图进行高度场的平均,得到时间平均高度图。由于长波移动缓慢,短波移动速度快,在连续几

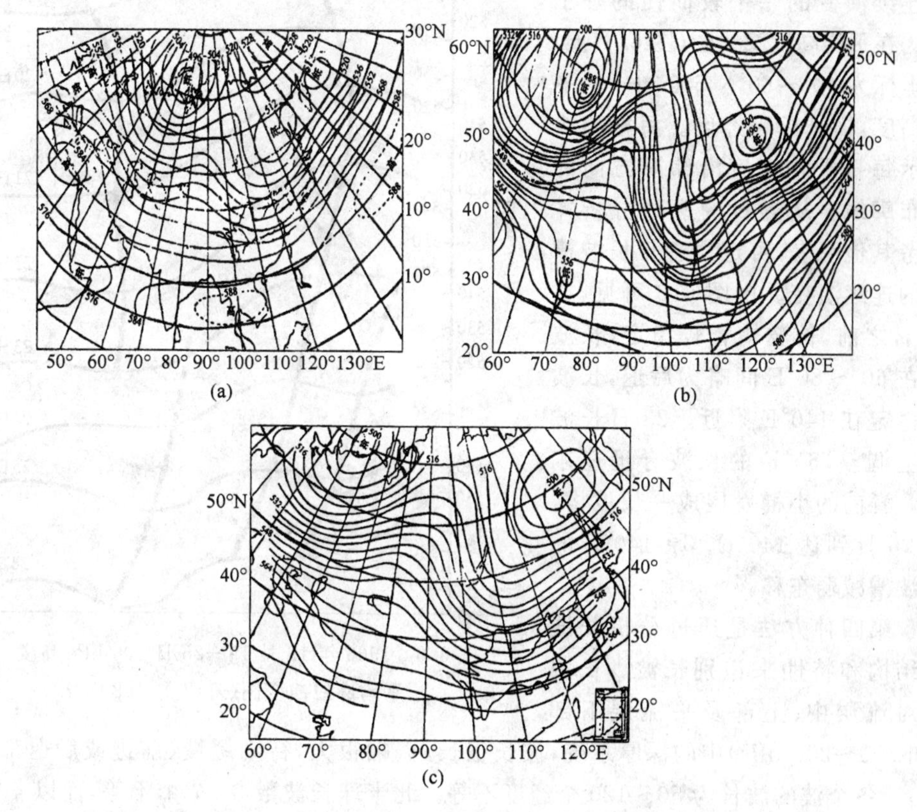


图 6.5　(a)1963 年 12 月 21—25 日 500 hPa 等压面高度候平均图;
(b)1963 年 12 月 23 日 08 时 500 hPa 等压面图;
(c)1963 年 12 月 23 日 08 时 500 hPa 等压面高度空间平均图

天内，短波槽脊位置相叠加，则在时间平均图上就会消去，而长波槽脊便显示出来了。例如，对比图 6.5a和图 6.5b 两张图，在 100°～120°E 之间的短波槽全被滤去，留下的长波槽脊在 5 天的候平均图上已经很清楚，不过须注意的是，这些长波槽脊的位置是 5 天内的平均位置。

第二种方法是通过制作空间平均图来识别长波。为了表示某一张等压面图上的长波槽脊，可选用适当的光滑距离 $d$，例如，短波半波长的距离做正方形网格，求每个网格中间点的平均高度(由与中心点对称的四个高度之和除以 4 求得)，填在相应天气图上，分析等高线，即得空间平均图，在此图上即可滤掉短波槽脊，剩下长波槽脊，如图 6.5c 所示。

第三种方法是通过绘制平均高度廓线图来识别长波。这是辨认长波连续演变的一个较简便的好工具。在平均高度廓线图(图 6.6)上，纵坐标为 40°～60°N 500 hPa 的平均高度，横坐标为经度。每根曲线表示每日平均高度沿纬圈方向的分布廓线。从逐日的廓线分析并参考其他图表，可定出逐日长波槽脊的连续演变。由图 6.6 可见，在 23 日之前，长波槽脊较稳定，长波脊在 60°～80°E 间略为后退，长波槽稳定在 140°E 附近。23 日长波发生调整，60°E 的长波脊迅速东移。脊前的小槽发展成一长波槽，至 26 日到达 140°E。原 140°E 的长波槽减弱东移。

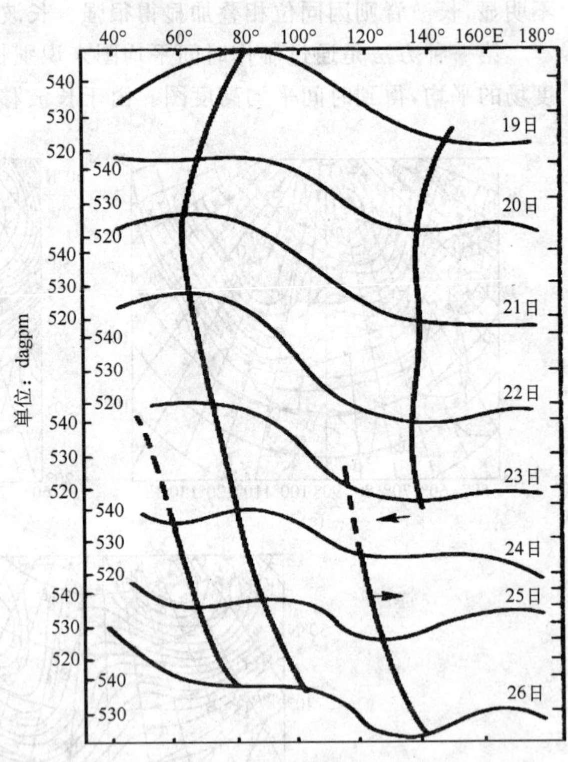


图 6.6　1963 年 12 月 19—26 日 500 hPa 高度平均廓线演变图(寿绍文，1980)

第四种方法是通过分析长波的结构和特性来识别长波。长波是对流层中、上部及平流层下部(如 700～200 hPa)中的深厚系统，波长很长，振幅很大，行动缓慢(前进或后退都如此)。各个波的波长为 50～120 个经度不等。北半球长波数 3～7 个不等，而以 4～5 个居多。长波的热力结构特征是暖性脊冷性槽。根据这些特征，就可以辨别长波。一般来说，在 200 hPa、300 hPa 等压面上辨别长波最方便，那里波动型式光滑而振幅很大，如果计算长波速度则以采用 600 hPa 等压面较好，因为波速公式在这一层上最适用。在700 hPa以下的气层里，长波难以辨认，因为在这些气层里，长波型式往往被低层中比较小的暖槽和冷脊等系统所隐蔽。

(3)长波的移动

采用波谱分析方法，可以把实际天气图上波形很复杂的西风带波动，分解为各种不同尺度波长的正弦波(余弦波)。假定大气运动是正压和水平无辐散的，流型具有正弦波形式且宽度很大，南北无变异，根据绝对涡度守恒原理，应用小扰动方法，可以求得下列波动移速公式：

$$C=\bar{u}-\beta\left(\frac{L}{2\pi}\right)^2 \tag{6.4.2}$$

式中：$C$为波速，$L$为波长，$\beta=\frac{\partial f}{\partial y}$。式(6.4.2)即为长波波速公式或称槽线方程、罗斯贝波速公式等。

根据长波波速公式(6.4.2)，我们可以进行以下讨论。

1)$\bar{u}$、$L$对波的移动速度$C$起着决定性的作用。西风强时，波动移动较快，反之，移动较慢；波长短时，移动较快，反之较慢，即短波移动快，长波移动慢。

2)重叠在基本西风气流上的一切长波，其传播速度都小于纬向风速。当波长较短时，其传播速度稍小于$\bar{u}$，若波较长，则$C$和$\bar{u}$之差较大。

3)当$u=\bar{u}_c=\beta(\frac{L}{2\pi})$时，$C=0$，即波静止；$\bar{u}>\overline{u_c}$时，波前进；$\bar{u}<\overline{u_c}$时，波后退。其中，$\overline{u_c}$称为临界纬向风速。实际应用时，可以根据实际纬向风速的大小来判别波动是静止还是前进或后退的。

4)当$L=L_s=\sqrt{\frac{4\pi^2\bar{u}}{\beta}}=2\pi\sqrt{\frac{\bar{u}}{\beta}}$时，$C=0$，即波静止，$L=L_s$的波为静止波，$L>L_s$的波为后退波，$L<L_s$的波为前进波。因此，静止波波长$L_s$是波前进或后退的临界波长。$L_s$是$\bar{u}$和$\beta$的函数，在固定纬度上，$\beta$为常数，静止波波长随西风增强而增大。实际应用时，通常是先算出静止波长，然后将实际波长与$L_s$比较从而来判断这个波是静止的，还是前进或后退的。

5)对波动的移动起作用的因子除了$\bar{u}$、$L$和$\beta$外，尚有其他一些因子。例如，自700～800 hPa以上的大气层内，各层波动的波长与移速差不多是相同的。但西风速度自下而上可增大2～4倍，因此波速公式的应用一般只应用在600 hPa面上为最好。因为这层近于无辐散层，与公式条件比较符合。因实际工作中不分析600 hPa等压面，故常用500 hPa等压面进行计算。

6)由于地形作用或南北部西风强度不同，以及南北部波长不同，波动各部分的移动情况可有很大不同。尤其是东亚更为明显，例如，在我国境内有一正南北向的槽，由于北端移速大，南端移速小，波槽最后可变成东西方向的横槽。另外，如果有一长波主槽自欧洲移入亚洲，其南端因受青藏高原阻挡而停滞在高原西侧，而北端的槽却可继续向东移动，这些现象在应用波速公式时应特别注意。

根据经验，公式中 $\bar{u}$、$L$ 以取在最大风速轴上为较好。因此，应该用纬向风速最强的纬度带来计算。公式中的 $\bar{u}$ 则以长达 120 个经度以上、宽达 5 个纬度的区内平均纬向地转风来代替。

7）预报长波移动定性经验

①预报上游槽的移动时，要看其下游一个波长和两个波长处的两个槽的情况，如下游槽变慢，上游槽也将变慢，如下游槽发展，上游槽也要变慢。

②长波数目不变而且比较稳定时，如上游长波槽突然移动，则下游长波槽也将依次移动。例如，美洲大槽移到大西洋上空，乌拉尔山以东的大槽也将东移，并可能造成一次东亚寒潮天气。

③当长波槽位于平均槽位置时（如冬半年我国东海岸上空），尽管上游槽移来，下游槽也将不动，只有当形势有大变动（长波调整）时，才发生明显变化。

(4)长波调整

广义的长波调整应包括两方面的内容：一是长波的位置变化，即长波的前进或后退；另一是长波波数的变化，如小扰动不稳定而发展成为新长波，就使长波波数增多。又如长波衰减成为短波，就使长波波数减小。有时长波波数无变化，但长波已经过一次更替。一般仅把长波波数的变化及长波的更替称为长波调整。长波调整是与长波稳定相对立的概念。在长波稳定时，大型环流很少变动，天气过程按一定型式发展，预报起来就相对较容易。当长波调整时，天气过程将发生剧烈的变化，容易使预报失败，所以必须重点加以研究。预报长波调整不仅要从该系统的温压场结构特征及其所在的地形条件分析入手，而且要注意周围系统生消变化的影响，不但要注意紧邻的系统，而且还要注意远处，特别是关键地区内系统的变化。

1）不同纬度带内系统的相互影响

在西风带内，尤其是亚洲上空，常有南北两支锋区及相应的西风，其上各有波系在活动，由于高纬度的西风往往大些，而其 $\beta$ 又比低纬小，故高纬度波系移速常比低纬度快。在适当情况下，高低纬两支波系发生同位相叠加合并，使波的振幅加大，强度增强，出现经向度更大的流型。春夏之交我国东部沿海低槽突然加深为长波常与这种过程有关。

2）紧邻槽脊的相互影响

上游槽（脊）线的转向会引起紧接着的下游脊（槽）强度的变化。常见的有以下几种具体情况:①上游脊由南北向转为东北—西南向时,下游槽往往会显著加强,如图 6.7a所示;②当上游槽线由南北向转为西北—东南走向时(一般低空都有气旋强烈发展过程),则下游脊的轴向也会转为西北—东南向并有所发展,如图 6.7b 所示;③当上游脊线由南北向转为西北—东南向时,则下游槽减弱,环流变平,如图 6.7c 所示;④当上游槽由南北向转为东北—西南向时,则下游脊将减弱,环流变平,如图 6.7d所示。

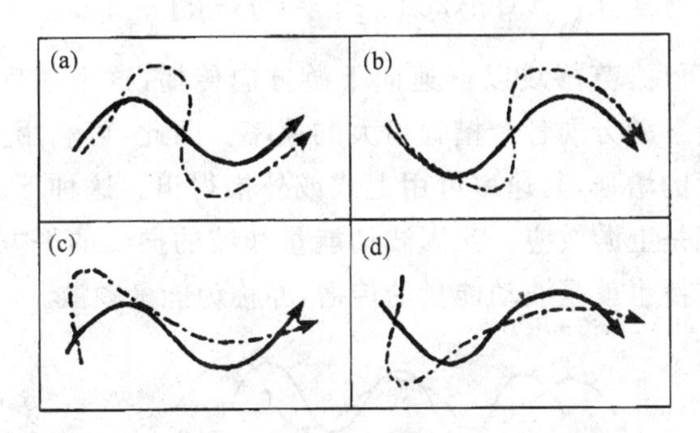


图 6.7　上游槽(脊)线转向引起紧接着的下游脊(槽)变化的示意图(朱乾根等,1981)
(实线为原来流型,虚线为变化后流型)

3)上下游效应与波群速

大范围上、下游系统环流变化的联系称为上下游效应。上游某地区长波系统发生某种显著变化之后,接着就以相当快的速度(通常比系统本身移速及平均西风风速都快)影响下游系统也发生变化,称为上游效应。在长波调整过程中上游效应非常重要,对于我国而言,在西风带中的上游是乌拉尔山地区,欧洲北大西洋和北美东岸这三个关键地区最为重要。当下游某地区长波发生显著变化后也会影响上游环流系统随之发生变化,称为下游效应,北太平洋就是我国西风带的下游。这种现象可以用波群速的概念给予解释。

可以把复杂的非正弦波看做是各种不同波长的正弦波叠加起来的波群(综合波)。对任意一个复杂波,如果各分波波速相等时,则综合波的移速与正弦波的波速相同。如果分波的波速随波长而改变时,则综合波的移速与正弦波的波速不同。波速随波长而变的波称为频散波。

为简单起见,假定实际波是由两个频散波波长彼此相差很小的正弦波组成,一个波的波长为 $L_1$,以速度 $C_1$ 移动;另一个波的波长为 $L_2 = L_1 + dL$,其传播速度为:

$$C_2 = C_1 + \frac{dC}{dL}dL \tag{6.4.3}$$

图 6.8 表示在某一时刻两个波的相对位置。这两个波的波峰在 A 点相合，合振动的最大值就在这里。由于长波波速与波长成反比，故 $C_2 > C_1$，于是第一波将追过第二波，经过一段时间后，波峰在 B 处重合，则合振动振幅的最大值就从 A 移至 B。而此最大值的移速比各分波速 $C_1$ 或 $C_2$ 都要大。这种振幅最大值的移速称为波群速。长波的群速为：

$$C_g = C + 2\beta\left(\frac{L}{2\pi}\right)^2 = \bar{u} + \beta\left(\frac{L}{2\pi}\right)^2 \tag{6.4.4}$$

由式(6.4.4)可见，范围线以群速向下游方向传播，这个速度大于纬向风速 $\bar{u}$。波群速也就等于沿下游方向各个槽脊增大的速率。因此，可利用上游槽脊的增强来预报未来下游槽脊的增强，其速率可用上式或外推得出。这种下游槽脊强度随上游槽脊变化的关系就是上游效应。又因波动能量和波的振幅的平方成正比，因此这种波动最大振幅的传播也就是波动能量的传播，亦称为能量频散。

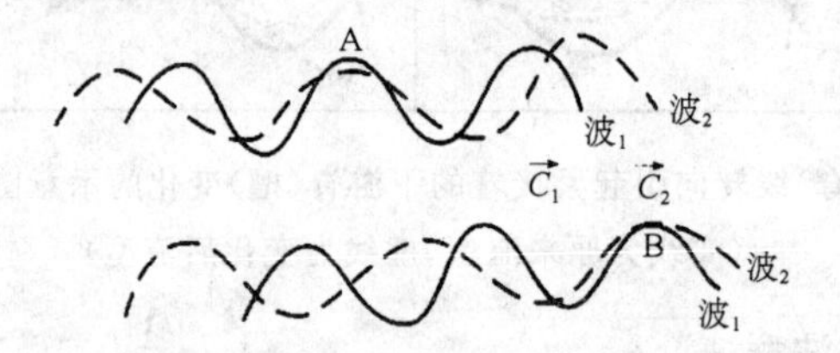


图 6.8　两个波长不同的正弦波各自向前传播

4)预报长波调整的定性经验

长波槽脊新生、阻塞形势建立与崩溃、横槽转向、切断低压形成与消失都属于长波调整过程。预报长波调整一般有下列定性经验。

①如果在广大范围内(至少 120 个经度范围)环流变得相当平直，则由于平直气流不能持久，就可以预报 3～5 天内在某一地区一定会有长波槽脊形成和发展。形成的地区要看当地环流条件而定；如果某一地区出现强暖平流或上游有槽强烈发展，则该地区将有长波脊发展起来；如果在平直气流上从较高纬度地区出现一个不稳定短波槽，这个小槽将沿主要气流方向边移动边发展，最后在有利的地形条件处形成长波槽。

②在平直多波动的西风带上，若上游有一个移速不太快的槽强烈加深时，可以预期 24～48 h 后其下游一个波长处的槽也会加深。

③如果上游地区的波长与静止波波长相近，而槽脊发展完整，且温压场配置是冷槽暖脊，则此时系统比较稳定。这时可以预报未来长波调整将在下游开始。

④如果实际波长大大超过静止波波长时，可预期长波将要发展。如果上游地区已经有长波槽脊发展时，就可以预报下游地区将有长波要调整。

⑤北半球的长波调整往往先从关键地区开始，然后向下游传播。根据经验，太平洋和大西洋就是两个关键区。在日常工作中我们要十分重视北美大槽、北大西洋暖脊及东亚大槽的变化。从美洲大槽加深到冷空气影响我国一般为6～8天，从北美洲大槽减弱并东移到美洲东海岸去，到冷空气影响我国一般为4～6天。这是冬季冷空气中期预报的一个很有用的统计指标。

著名气象学家陶诗言等曾研究了历史上著名的“58.7”、“63.8”及“75.8”等很多严重洪涝灾害事件，指出它们均由Rossby波的上下游效应所激发。所以他们强调夏季东亚上空Rossby波上下游效应与中国大陆上的致洪暴雨紧密相关，在暴雨的预报业务中，应密切监视Rossby波的上下游效应。这种上下游效应可以在高空经向风场的时间—经度剖面图上得到明显反映。例如，图6.9和图6.10分别表现了“58.7”和“75.8”暴雨过程中Rossby波上下游效应的影响。

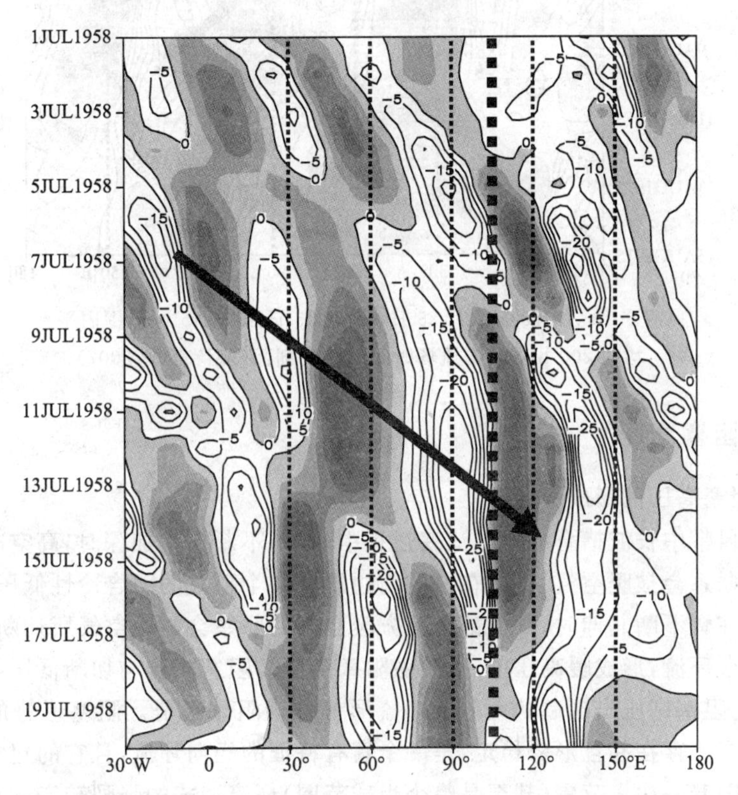


图6.9　1958年7月1—20日35°～45°N范围内平均的200 hPa经向风场时间—经度剖面(陶诗言等，2007)

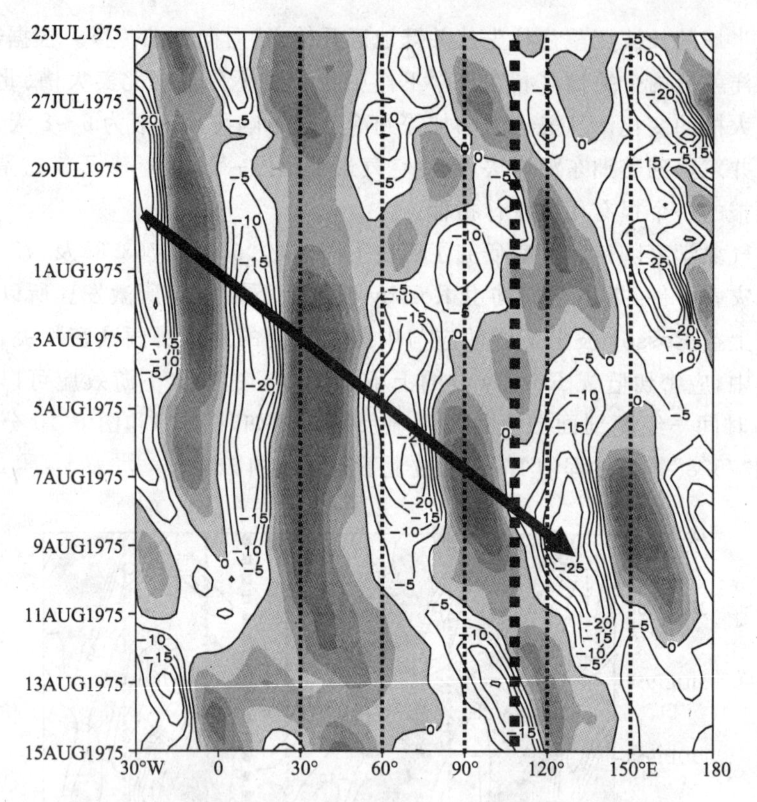


图 6.10　1975 年 7 月 25 日—8 月 15 日 35°～45°N 范围内平均的 200 hPa 经向风场时间—经度剖面(陶诗言等,2007)

## 6.4.3　阻塞高压

(1)阻塞高压的形成

在西风带中长波槽脊的发展演变过程中,在槽不断向南加深时,高空冷槽与北方冷空气的联系会被暖空气切断,在槽的南边形成一个孤立的闭合冷性低压中心,叫切断低压。在脊不断北伸时,其南部与南方暖空气的联系会被冷空气所切断,在脊的北边出现闭合环流,形成暖高压中心,叫做阻塞高压。阻塞高压与切断低压经常同时出现,常常把阻塞高压出现后的大范围环流形势称为阻塞形势。阻塞形势的基本特征是有阻塞高压存在并且形势稳定,是一个富有特征的经向环流,且它的建立、崩溃、后退常常伴随着一次大范围(甚至是整个半球范围)环流型式的强烈转变。它的长久维持常会使大范围地区的天气反常,如某一地区持续干旱或阴雨。冬半年寒潮爆发与阻塞形势建立、崩溃和不连续后退有紧密的联系,所以冬半年阻塞形势的建立、维持、后退和崩溃过程的研究是预报寒潮天气的关键问题之一。

(2)阻塞高压的条件和特点

具备以下几个条件的高空高压称为阻塞高压：

①中高纬度(一般在 50°N 以北)高空有闭合暖高压中心存在，表明南来的强盛暖空气被孤立于北方高空。

②暖高至少要维持三天以上，但在维持时期内一般呈准静止状态，有时可以向西倒退，偶尔即使向东移动时，其速度也不超过每天 7～8 个经度。

③在阻塞高压区域内，西风急流主流显著减弱，同时急流自高压西侧分为南北两支，绕过高压后再汇合起来，其分支点与汇合点间的范围一般大于 40～50 个经度。阻塞高压是高空深厚的暖性高压系统，在它的东西两侧盛行南北气流，其南侧有明显的偏东风，暖高凌驾于地面变性冷高之上，地面图上高压的东西两侧都有气旋活动，常以西侧更为活跃。高压轴线从下向上是向暖的西北方倾斜，到高层轴线近于垂直，暖高压对应着冷的对流层顶，200 hPa 图上高压中心附近为冷中心。

阻塞高压的出现有其特定的地区和时间，最常出现在大西洋、欧洲及北美西部阿拉斯加地区，而且大西洋上空比太平洋上空出现得更多些。在亚洲地区，阻塞高压经常出现在乌拉尔山及鄂霍次克海地区，在欧洲，一般可维持在 20 天左右，至少也在 5 天以上；在亚洲平均则为 8 天，最短为 3～5 天。一年中，亚洲以 5、6、7 月出现最多，以 3、11 月为最少。欧洲则不同，最多出现在 11、3、4、5 月，最少则在 1 月和 7 月，较亚洲约超前两个月。纬度方面，以在 55°～59°N 纬度带内出现得最多，而在 40°～50°N纬度带内出现得最少。这表明在出现最多的时间内，出现最多的地区具有强盛的暖气流。

在阻塞高压建立时期，尽管不同地区的生成过程有很大差异，但它们还是具有以下一些共同特点：

①在阻塞高压形成的上游地区有较强的冷空气向南爆发，与冷空气联系的低槽明显加深，致使槽前出现较强的暖平流与明显的暖舌。于是暖平流与负的热成风涡度平流输入前面的高脊，使高脊不断发展。

②仅有高脊发展还不会出现闭合的阻高中心，还必须在高脊西侧有槽向东南伸展，成为西北—东南走向的槽，高脊东侧的槽向西南伸展，成为东北—西南走向的槽，这样，高压脊才会断开，成为阻塞中心。这种槽的斜伸，常与冷平流造成的负变高相联系。

③从阻高建立时期各等压面之间配合关系(图 6.11)来看，在平流层下部 200 hPa 的脊线上和脊线以西为冷平流。而在 500 hPa 的脊线上和脊线以西为暖平流。这种冷暖平流随高度的分布，根据位势倾向方程的厚度平流(或温度平流)随高度的变化项$\frac{\partial}{\partial p}(-V_g \cdot \nabla\frac{\partial \varphi}{\partial p})<0$，等压面高度升高$\frac{\partial \varphi}{\partial t}>0$，有利于高压脊的发展。

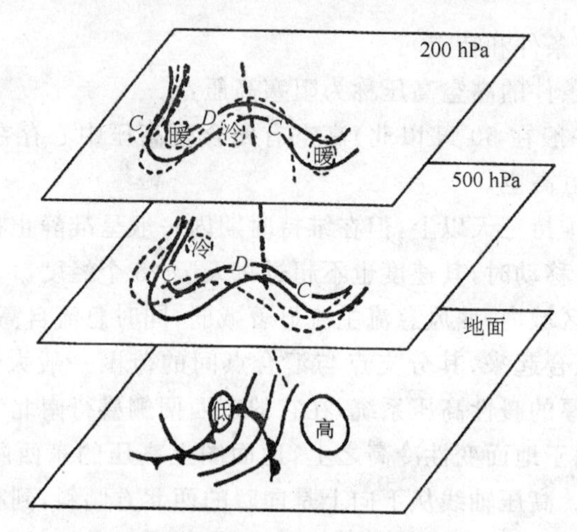


图 6.11　阻塞高压建立时期各等压面之间配合示意图

(500 hPa 及 200 hPa 图上的 $C$ 表示辐合,$D$ 表示辐散,粗虚线表示高压(脊)轴线)

(3)阻塞高压的重建及阻塞高压的连续后退和不连续后退

有时阻高会在某一地区重复地出现。也就是说,阻高在某地建立相当长时间又趋于消失后,另一个阻高又相继建立起来,这个新阻高若是在旧阻高的原地建立,那么,新的阻高建立叫做阻塞高压重建。

阻高有时会后退(向西移动),后退的情况有两种:一为连续后退,另一为不连续后退。如果一个阻高的西侧为正变高(如因暖平流作用)东侧为负变高(如有冷空气从北方南下),那么阻高将西退。这种后退是连续的,称为连续后退。如果一个阻高趋于消失,而在消失的阻高西侧一段距离的地方又新生一阻高,看起来好像阻高也在后退,其实是一个生成,另一个消失。阻塞高压位置做幅度较大后退,称为不连续后退。

因此,阻高的重建与不连续后退没有什么本质上差别。都是包含一个阻高崩溃,另一阻高新生,使中高纬度的经向环流维持。但是新生阻高的位置与原来阻高的位置有所不同。阻高重建过程(图 6.12)一般可分四个阶段说明。

1)开始阶段:纬度 50°～70°N 范围内的流型变为前进的移动系统,而在 30°～50°N纬度带范围内,系统则维持稳定,很少移动。北边的第二个槽东移过程中,槽前有明显的冷平流侵入阻塞高压后部,将使阻塞高压减弱(图 6.12a)。

2)第二阶段:由于在中高纬度和中纬度南北两列波动有相对运动,便使得原阻塞高压两侧的高空槽开始发生南北分裂(图 6.12b)。

3)第三阶段:北部西风带在阻塞高压上游的槽略有发展并东移。原来的阻塞高压由于正涡度平流和冷平流共同作用而崩溃,第二个低槽后部的高压脊也随之东移,脊后的暖平流明显(图 6.12c)。

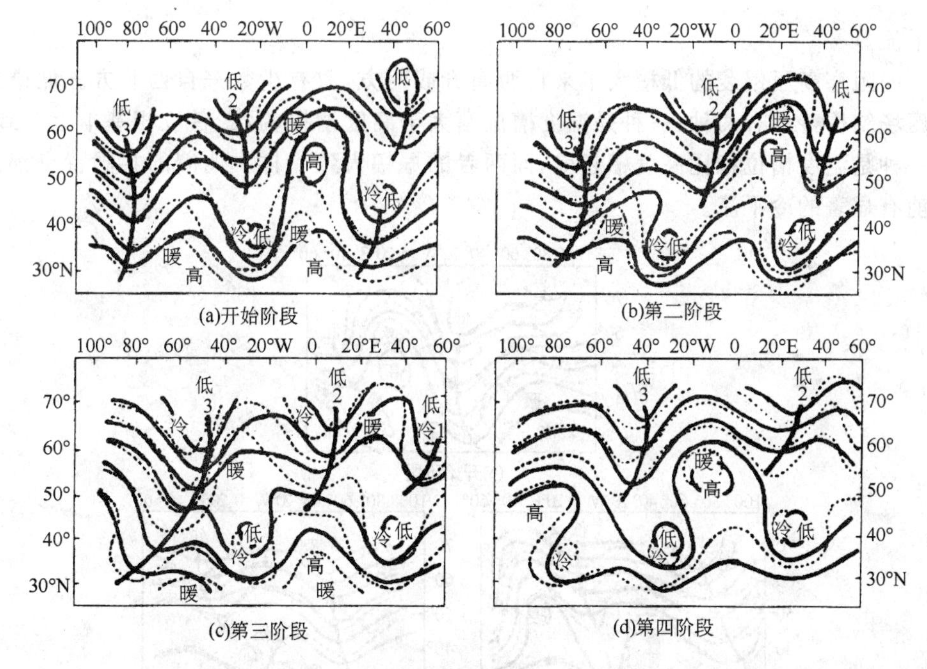


图 6.12 阻塞形势重新建立过程示意图

4)第四阶段:第二个低槽后部的高压脊东移,与原崩溃的阻塞高压遗留下的高压脊叠加,并且在第三个低槽前又有暖平流共同作用,便有新的阻塞高压在原来阻塞高压所在地点附近建立起来(图 6.12d)。

从阻塞高压的重建过程可以看出:阻塞高压后部有冷槽侵入,较强的冷平流使原来的阻塞高压崩溃;借南北两支基本气流中波动的南北同相叠加,和冷暖平流及正负热成风涡度平流的减、加压作用,导致高空槽(第三个槽)与高压脊的强烈发展,并被切断成阻塞高压。这样看来,除了冷暖平流及热成风涡度平流以外,南北两支波动的同相叠加也很重要,它可以导致阻高的生成。

(4)阻塞高压的崩溃过程

在开始阶段,阻塞高压西部的环流不再具有稳定的特征,上游槽已开始东移,并且在槽前具有明显的冷平流(图 6.13a);第二阶段,阻塞高压西边的系统一个个向东移,原先位于阻塞高压西边紧接着的那一个槽已侵入阻塞高压区域而使阻塞高压东移并减弱,阻塞高压下游的槽亦开始东移(图 6.13b);第三阶段,在上游的槽一次次地侵袭之下,阻塞高压中心随之消失,并蜕变为一个弱脊而向东移去。在原阻塞高压附近的广大范围内,环流由经向式转变为纬向式(图 6.13c)。

从阻塞高压的崩溃过程可以看出:阻塞高压上游各个系统的经向度逐渐减弱并变成移动系统,紧邻的上游槽向阻塞高压侵袭,不断地向阻塞高压区域输送正涡度和冷平流。

向阻塞高压侵袭的低槽大半来自西南方或西方，只有少数来自西北方。低槽的温压场结构特点有两种：一种是温度槽振幅大于高度槽振幅，二者位相基本上一致；另一种是温度槽位相比高度槽超前，而两者的振幅大致一样。他们的共同特点都是槽前有显著的冷平流。

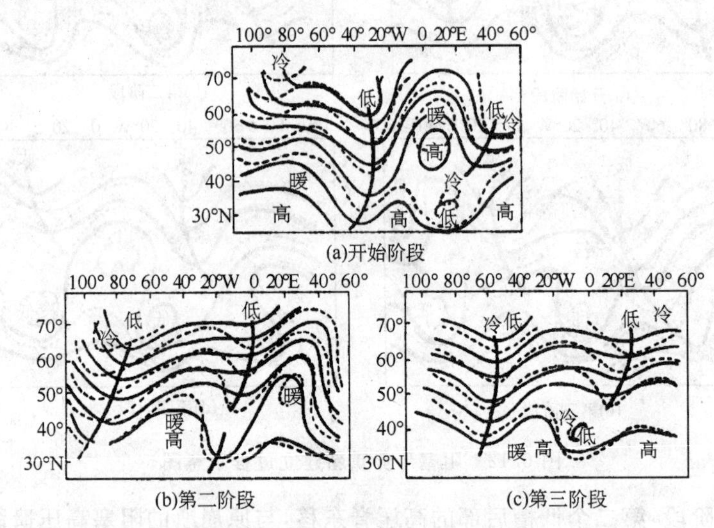


图 6.13 阻塞高压崩溃过程 500 hPa 等压面示意图

从阻塞高压崩溃阶段各等压面之间配合示意图(图略)可以看出：在对流层中部(500 hPa)，阻高后部与脊线上转为冷平流，在平流层下部(200 hPa)，冷中心从建立期间在脊后移到脊前，阻塞高压后部与脊线附近转为无平流或暖平流，因此，$\frac{\partial}{\partial p}(V_h \cdot \nabla_h T)>0$，$(\frac{\partial \varphi}{\partial t})<0$，有利于高压崩溃。

### 6.4.4 切断低压

阻塞高压与切断低压经常同时出现，但也有并不相伴出现的情况。它们出现的形式虽然不同，但结构却相类似，都是对流层中、上部(700 hPa 等压面以上)大气长波的波幅不断增大后的产物，它们在 300 hPa 上表现得最清楚。在地面图上往往有一个冷性高压与之对应。但在适当条件下，高空气旋性涡度不断向下输送，也会导致地面图上出现较弱的气旋性环流。这与地面锢囚气旋自下向上发展，而在高空出现一个冷性气旋中心有本质上的区别。但是在切断低压东南侧地面上可能有锋面气旋波动发生，因此，一般说切断低压的云雨天气区多出现在东南方。我国最常见的切断低压是东北冷涡，一年四季都可能出现，而以春末、夏初活动最频繁。它的天气特点是可造成低温和不稳定性的雷阵雨天气。东北冷涡的西部,因为常有冷空气不断补充南下,在地面图上常表现为一条条副冷锋向南移动,有利于冷涡的西、西南、南至东南部发生雷阵雨天气,而且类似的天气可以连续几天重复出现。

切断低压的形成过程从形式上看有两种情况:一种与阻塞高压相伴出现,前面已讨论过,这里不再赘述;另一种是西风槽切断,不伴有阻塞高压。这里仅对后一种形成过程做一介绍。切断低压形成之前等温线振幅比等高线大,而且等温线位相落后于等高线(图 6.14a),槽前和槽内有明显的冷平流,槽后有很强的暖平流,在对流层中上部这种冷暖平流的分布有利于槽脊的发展(图 6.14b)。槽加深以后,冷舌逐渐赶上气压槽,二者近于重合,并逐渐形成闭合冷低中心。与此同时,槽后高压脊也增强并向东伸,与槽东北侧的暖空气逐渐连接起来(图 6.14c)。槽内冷空气与北方冷空气主体脱离而孤立起来,并可继续发展加深形成一个完全地被暖空气所包围的冷性大涡旋(图 6.14d)。切断低压的北部就形成一支平直的高空锋区和强西风带。

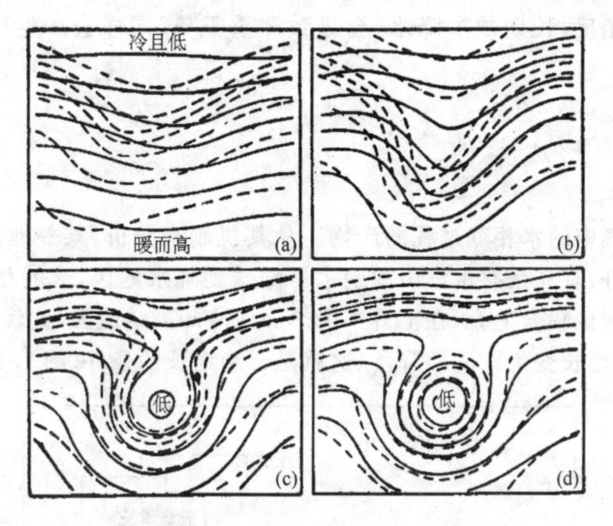


图 6.14 切断低压形成过程温压场演变示意图(谢义炳,1949)

切断低压出现后,一般可以维持 2、3 天或更长一些时间。最常见的消失过程有两种:一是由于本身的摩擦作用,在向西南移动过程中逐渐消失;二是当北方有新的冷空气南下,促使它很快向东南移动,冷堆中空气迅速下沉,水平辐散而气柱下沉增温很快,气旋性涡度逐渐减弱而使切断低压消失。

# 第7章 降水天气过程

降水包括降雨、降雪和降雹等，这里主要讨论降雨。降水区的尺度有不同大小，有的是大范围的，有的是局地性的，本章主要讨论大范围的降水，通常也称为大型降水。降水是重要的自然水资源，俗语说“风调雨顺，五谷丰登”，这说明适时、适量的降水对农业生产能提供有利的条件，而反常降水则会带来旱涝灾害。特别是致洪暴雨，可以引起洪水泛滥，不仅对生产建设造成极大的危害，而且对人民的生命财产也带来巨大的威胁。相反，长期缺少降水，会导致严重干旱，同样会产生极其重大的不良影响。

## 7.1 降水的形成条件

降水是大气中的水相变过程的产物。从其机制来分析，某一地区降水的形成大致需要三个条件：首先是有水汽由源地水平输送到降水地区，这就是水汽条件；其次是水汽在降水地区辐合上升，在上升中绝热膨胀冷却凝结成云，这就是垂直运动的条件；最后是云滴增长变为雨滴而降落，这就是云滴增长的条件(图7.1)。

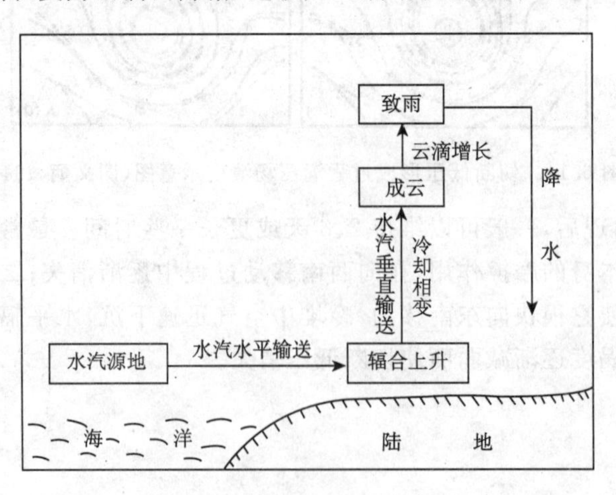


图7.1 降水形成的一般过程

这三个降水条件中，前两个是降水的天气学条件，第三个是降水的云物理条件。一般认为，云滴增长的过程有两种：一种是云中有冰晶和过冷却水滴同时并存，所谓的“冰晶效应”能促使云滴迅速增长而产生降水；另一种是云滴的碰撞合并作用，当云层较厚，云中含水量较大，则有利于云滴的碰撞合并使云滴增大形成降水。当云层发展很厚，云顶温度低于−10℃，云的上部具有冰晶结构，会产生强烈的降水。由此可见，云滴增长的条件主要取决于云层厚度，而云层的厚度又取决于水汽和垂直运动的条件。水汽供应愈充分，则云底高度愈低，上升运动愈强，则云顶高度愈高，因而云层愈厚，云滴增长愈快，降水量愈大。所以在降水预报中，通常只要分析水汽条件和垂直运动条件就够了。

降水可按降水量大小分为7个等级(表7.1)。凡日降水量达到和超过50 mm的降水称为暴雨，其中又分为暴雨、大暴雨、特大暴雨三个量级。

**表7.1 降水量的等级** 单位：mm

| 24 h降水量 | <0.1 | 0.1～9.9 | 10.0～24.9 | 25.0～49.9 | 50.0～99.9 | 100.0～199.9 | ≥200.0 |
|---|---|---|---|---|---|---|---|
| 降水等级 | 微量 | 小雨 | 中雨 | 大雨 | 暴雨 | 大暴雨 | 特大暴雨 |

形成暴雨除必须满足上述一般的降水条件外，还必须满足如下的条件。①充分的水汽。除了当地具有相当高的饱和比湿外，还必须有来自外地的充分的水汽供应。②强烈的上升运动。一般暴雨，尤其是特大暴雨都不是在一天之内均匀下降的，而是集中在一小时到几小时内降落，所以降水时的垂直运动是很大的，是由中小天气系统所造成的。如此大的垂直运动，只有在不稳定能量释放时才能形成。所以在考虑暴雨时，必须分析不稳定能量的积累和释放的问题。为此，必须研究形成暴雨的中、小尺度系统。③较长的持续时间。降水持续时间的长短影响着降水量的大小。降水持续时间长是暴雨(特别是连续暴雨)的重要条件。中小尺度天气系统的生命期较短，一次中、小系统的活动，一般只能造成一地短历时的暴雨，必须要有若干次中(小)尺度系统的连续影响，才能形成时间较长、雨量较大的暴雨。然而，中、小尺度系统的发生、发展又是以一定的大尺度系统为背景的，也就是说，暴雨总是发生在大范围上升运动区内。因此，要讨论暴雨的持续时间，就必须讨论行星尺度系统和天气尺度系统的稳定性和重复出现的问题。副热带高压脊、长波槽、切变线、静止锋和大型冷涡等大尺度天气系统的长期稳定是造成连续性暴雨的必要前提。短波槽、低涡、气旋等天气尺度系统移速较快，但它们在某些稳定的长波型式控制下可以接连出现，造成一次又一次的暴雨过程。在特定的天气形势下，当天气尺度系统移动缓慢或停滞时，更容易形成时间集中的特大暴雨。

## 7.2 水汽方程和降水率

为了进一步理解水汽和垂直运动对降水形成的关系，以及定量地计算降水量，下面来介绍水汽方程和降水率（即单位时间单位面积上的可降水量）。

设空间有一固定的矩形六面体（图 7.2），其体积为 $\delta x\delta y\delta z$。在这个体积内的湿空气质量为 $\rho\delta x\delta y\delta z$（$\rho$ 为湿空气的密度）。设 $q$ 为湿空气的比湿，则在该体积中所含水汽质量应为 $\rho\delta x\delta y\delta z$。那么在单位时间内，该体积所含水汽的变化量即是 $\frac{\partial}{\partial t}(\rho q\delta x\delta y\delta z)$ 增加时为正值。如不考虑液态和固态水向该体积内的输送，则从水分质量守恒定律可得：

$$\frac{\partial}{\partial t}(\rho q\delta x\delta y\delta z)=-\frac{\partial}{\partial x}(\rho qu)\delta x\delta y\delta z-\frac{\partial}{\partial y}(\rho qv)\delta x\delta y\delta z-\frac{\partial}{\partial z}(\rho qw)\delta x\delta y\delta z-\rho c\delta x\delta y\delta z+\rho K_q\frac{\partial^2 q}{\partial z^2}\delta x\delta y\delta z \tag{7.2.1}$$

式中：$u,v,w$ 分别为气流在 $x,y,z$ 方向的分量；$\rho qu,\rho qv,\rho qw$ 分别为单位时间内通过 $yz$ 平面、$xz$ 平面和 $xy$ 平面上单位面积的水汽量，称为水汽通量；$\frac{\partial}{\partial x}(\rho qu)+\frac{\partial}{\partial y}(\rho qv)$ 称为水汽通量的水平散度，简称为水汽通量散度；方程右边第一、二、三项分别为在 $x,y,z$ 方向上流出流进的差额，即水汽净流入量，这三项之和代表从水平方向和垂直方向向该体积内流进的水汽净流入量；$c$ 为单位时间内在单位质量空气中的凝结量（或凝结率），此值凝结时为正，蒸发时为负；方程右边第四项 $\rho c\delta x\delta y\delta z$ 为在 $\delta x\delta y\delta z$ 这一小体积中单位时间内的凝结量；$K_q$ 是水汽的湍流扩散系数；方程右边第五项是在 $\delta x\delta y\delta z$ 这一小体积中单位时间内湍流扩散所引起的水汽输送量。

式(7.2.1)两边除以 $\delta x\delta y\delta z$ 后，便得以下水汽方程：

$$\frac{\partial(pq)}{\partial t}=-\frac{\partial}{\partial x}(\rho qu)-\frac{\partial}{\partial y}(\rho qv)-\frac{\partial}{\partial z}(\rho qw)-\rho c+\rho K_q\frac{\partial^2 q}{\partial z^2} \tag{7.2.2}$$

式(7.2.2)也可改写为：

$$q\frac{\partial\rho}{\partial t}+\rho\frac{\partial q}{\partial t}=-qu\frac{\partial\rho}{\partial x}-qv\frac{\partial\rho}{\partial y}-qw\frac{\partial\rho}{\partial z}-q\rho\frac{\partial u}{\partial x}-q\rho\frac{\partial v}{\partial y}-q\rho\frac{\partial w}{\partial z}-\rho u\frac{\partial q}{\partial x}-\rho v\frac{\partial q}{\partial y}-\rho w\frac{\partial q}{\partial z}-\rho c+\rho K_q\frac{\partial^2 q}{\partial z^2}$$

即：

$$q\frac{\mathrm{d}\rho}{\mathrm{d}t}+q\rho\,\mathrm{div}V+\rho\frac{\mathrm{d}q}{\mathrm{d}t}=-\rho c+\rho K_q\frac{\partial^2 q}{\partial z^2} \tag{7.2.3}$$

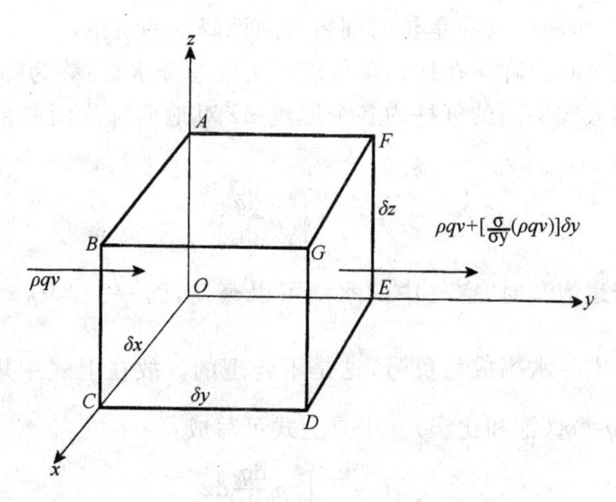


图 7.2　水汽方程的推导示意图

若以连续方程$\frac{d\rho}{dt}+\rho \mathrm{div}V=0$代入，则得：

$$\frac{dq}{dt}=-c+K_q\frac{\partial^2 q}{\partial z^2} \tag{7.2.4}$$

式(7.2.4)是水汽方程的另一形式。此式说明，一个运动的单位质量湿空气块，其比湿的变化等于凝结率及湍流扩散率之和。如果没有凝结或蒸发，且湍流扩散也很小，可以略去不计，于是就得：

$$\frac{dq}{dt}=0 \tag{7.2.5}$$

这表示空气质块的比湿保持不变。

在水汽方程式(7.2.4)中，若不考虑湍流扩散的影响，则有：

$$-c=\frac{dq}{dt} \tag{7.2.6}$$

则单位体积湿空气的凝结率为：

$$\rho c=-\rho\frac{dq}{dt} \tag{7.2.7}$$

考虑一底面积为单位面积，厚度为 dz 的气柱，其体积为 dz，在此体积内的水汽凝结率为：

$$\rho c\,dz=-\rho\frac{dq}{dt}dz \tag{7.2.8}$$

假设所有凝结出来的水分都作为降水在瞬时内下降至地面，则$-\rho\frac{dq}{dt}dz$就是这

个厚度为 $dz$ 的一小块空气在单位时间内对地面降水的贡献。

设 $I$ 是单位时间内降落在地面单位面积上的总降水量，称为降水率或降水强度。它就是从地面到大气层顶的气柱内各个厚度 $dz$ 对地面降水贡献的总和。用积分式来表示，则为：

$$I=-\int_0^{\infty}\rho\frac{dq}{dt}dz \tag{7.2.9}$$

当湿空气未达饱和时，空气中的水滴可以蒸发，而 $\frac{dq}{dt}>0$，这时没有降水。若代入式(7.2.9)中，则降水率成为负号，这是不合理的。故在上式中规定 $\frac{dq}{dt}\leqslant 0$ 且湿空气必须饱和，即 $q=q_s$（饱和比湿）。于是上式可写成：

$$I=-\int_0^{\infty}\rho\frac{dq_s}{dt}dz \tag{7.2.10}$$

或以静力学方程代入，得：

$$I=-\frac{1}{g}\int_0^{p_0}\frac{dq_s}{dt}dp \tag{7.2.11}$$

式(7.2.11)就是单位时间内的总降水量（即降水强度或降水率）的表达式。如欲求某一时段 $t_1\sim t_2$ 内的总降水量 $W$，则将上式对时间积分，得：

$$W=-\frac{1}{g}\int_{t_1}^{t_2}\int_0^{p_0}\frac{dq_s}{dt}dp\,dt \tag{7.2.12}$$

为了便于计算降水率，需要将式(7.2.11)进行变换。因为 $q_s=0.622\frac{E}{p}$（$E$ 为饱和水汽压），两边取对数求导，得：

$$\frac{1}{q_s}\frac{dq_s}{dt}=\frac{1}{E}\frac{dE}{dt}-\frac{1}{p}\frac{dp}{dt}$$

或

$$\frac{1}{q_s}\frac{dq_s}{dt}=\frac{1}{E}\frac{dE}{dt}-\frac{\omega}{p} \tag{7.2.13}$$

式中：$\omega=\frac{dp}{dt}$，是 $p$ 坐标中的垂直速度。

将克劳修斯—克拉珀龙方程：

$$\frac{1}{E}\frac{dE}{dt}=\frac{L}{R_wT^2}\frac{dT}{dt} \tag{7.2.14}$$

代入式(7.2.13)，得：

$$\frac{1}{q_s}\frac{dq_s}{dt}=\frac{L}{R_wT^2}\frac{dT}{dt}-\frac{\omega}{p} \tag{7.2.15}$$

式中：$L$ 为蒸发（或凝结）潜热，其值约为 597 J/g，$R_w$ 为水汽的气体常数，为

460 $m^2/(s^2 \cdot ℃)$。

假设空气块除了凝结放热以外再无其他热量交换，即过程是湿绝热的，那么单位时间内单位质量空气块的凝结量是$-\frac{dq_s}{dt}$。它所放出的潜热为$-L\frac{dq_s}{dt}$，用以提高空气块的温度及使空气块对外做功，即按热力学第一定律，有：

$$-L\frac{dq_s}{dt}=c_p\frac{dT}{dt}-\frac{RT}{p}\omega \tag{7.2.16}$$

把式(7.2.15)与式(7.2.16)联立，消去$\frac{dT}{dt}$，就得到：

$$\frac{dq_s}{dt}=\frac{q_sT}{p}\left(\frac{LR-c_pR_wT}{c_pR_wT^2+q_sL}\right)\omega \tag{7.2.17}$$

令等式右边 $\omega$ 的系数为 $F$，称为凝结函数，即：

$$F=\frac{q_sT}{p}\left(\frac{LR-c_pR_wT}{c_pR_wT^2+q_sL}\right) \tag{7.2.18}$$

则

$$\frac{dq_s}{dt}=F\omega \tag{7.2.19}$$

由于 $LR-c_pR_wT=2500\ J/g\times287\ m^2/(s^2\cdot ℃)-1.0\ J/(g\cdot ℃)\times460\ m^2/(s^2\cdot ℃)\times300℃>0$，因而 $F$ 恒大于零。于是当 $\omega<0$ 时，$\frac{dq_s}{dt}<0$，即有上升运动时就有水汽凝结，且凝结值与上升速度和 $F$ 值的乘积成正比。

因为 $q_s=0.622\frac{E}{p}$，而 $E(t)=6.11\times10^{\frac{7.5t}{273.3+t}}$（$t$ 是摄氏温度，℃），$\frac{E}{p}$完全可以由当时的温压场决定，只要知道各层的 $T$、$P$、$\omega$ 值，就可从式(7.2.19)算出$\frac{dq_s}{dt}$，即可得出凝结率。

当空气未饱和时($q<q_s$)或虽已饱和而存在下沉运动时，不可能有凝结发生，故式(7.2.19)可写为：

$$\frac{dq_s}{dt}=\delta F\omega \tag{7.2.20}$$

式中：当 $q\geqslant q_s$，且 $\omega<0$ 时，$\delta=1$；当 $q<q_s$，或 $\omega\geqslant0$ 时，$\delta=0$。将上式代入式(7.2.11)中，得：

$$I=-\int_0^{p_0}\omega\frac{\delta F}{g}dp \tag{7.2.21}$$

而预报时段 $t_1\sim t_2$ 内的降水量就是：

$$W=-\int_{t_1}^{t_2}\int_0^{p_0}\omega\frac{\delta F}{g}dpdt \tag{7.2.22}$$

以上通过水汽方程和降水率公式的推导，进一步说明了水汽和垂直运动对降水形成的关系。式(7.2.21)和式(7.2.22)表明，降水率和降水量与$\omega$、$F(q_s)$以及$\delta t$有关。这就进一步说明了形成降水必须具备水汽条件和垂直运动条件，而形成暴雨则必须具备充分的水汽、强烈的上升运动及较长的持续时间等条件。

## 7.3 降水条件的诊断分析

### 7.3.1 水汽条件的分析

由降水率公式可知，某地降水的强度除取决于垂直速度外还取决于该地上空整个大气的水汽含量和饱和程度。

常用的表示某地上空大气的水汽含量及饱和程度的物理量有：

①各层比湿$q$或露点$T_d$。因为$q=0.622\dfrac{e}{p}$，而$E(t)=6.11\times10^{\frac{7.5t}{273.3+t}}$，而且当$t=T_d$时，$E(T_d)=e$，因此在等压面上比湿$q$正比于水汽压$e$，也就与$T_d$成直接的函数关系(在各等压面上$q$与$T_d$的互换值可由查算表查得)。因此在一等压面上的等$T_d$线即为等$q$线，分析等压面上的$q$或$T_d$的分布，就等于分析了湿度场的分布。

②各层饱和程度。在各层等压面上分析等$(T-T_d)$线，用以表示空气的饱和程度。通常以$(T-T_d)\leqslant2$℃的区域作为饱和区，并可取$(T-T_d)\leqslant4\sim5$℃作为湿区。在垂直剖面图上，还常使用相对湿度($f=\dfrac{e}{E}\times100\%$)的分布来表示空气的饱和程度，取$f\geqslant90\%$作为饱和区。

③湿层厚度。湿层指饱和层，湿层越厚，降水越强。所以常在单站探空曲线及剖面图中分析湿层厚度以作为降水预报的指标。

④整层大气的水汽含量(可降水量)。将某一单位面积地区上空整层大气的水汽积分起来，就得整层大气的水汽含量。假定整层大气的水汽含量全部凝结并降落至地面的降水量称为该地区的“可降水量”($P$)。可用下式表示：

$$P=\int_0^\infty \rho g\,\mathrm{d}z \tag{7.3.1}$$

用静力方程代入，则得：

$$P=\frac{1}{g}\int_0^\infty q\,\mathrm{d}p \tag{7.3.2}$$

由于大气中高层水汽含量很少，绝大部分集中于中低对流层，其中有85%～90%集中于500 hPa以下。所以在计算可降水量时，其积分限从地面取至300 hPa或400 hPa即可。某地区可降水量的大小表示了该地区整层大气的水汽含量。一般来说，南方可降水量大于北方，海洋大于陆地。

以上是一些常用的表示某地上空大气的水汽含量及饱和程度的物理量。天气分析的经验表明，很多时候只分析本地水汽条件是不够的。一地区较大的实际降水量常常远远超过该地区的“可降水量”。例如，夏季中纬度地区，一块积雨云中的水汽全部凝结下降至地面大约只有 10～20 mm 的降水，即使在热带海洋气团或季风气团中，其可降水量最多也只有 50～60 mm，何况一地区上整层大气的水汽含量并不能完全凝结下降。然而，实际情况下一次暴雨却往往一天就可达 100～200 mm 或更多。因此，某地区要下一场较大的降水，就必须要有足够的水汽从源地不断向该地区供应，特别是在降暴雨时更需要有潮湿空气的不断输送和汇合。

表示水汽输送和汇合的物理量有：

①水汽通量。源地的水汽主要是通过大规模的水平气流被输送到降水区的。其输送量的大小用水汽通量表示。设 $V$ 为全风速的大小，我们在垂直于风向的平面内取一单位面积，则在单位时间内，通过此单位面积输送的水汽量可表示为 $\rho qV$，此即为水汽水平通量。其在 $x$ 方向的分量为 $\rho qu$，$y$ 方向的分量为 $\rho qv$，通过垂直于风向的底边为单位长度、高为整层大气柱的面积上的总的水汽通量则为：

$$\int_0^\infty \rho qV\mathrm{d}z \text{ 或 } \frac{1}{g}\int_0^{p_0} qV\mathrm{d}p \tag{7.3.3}$$

为了计算上的方便，我们常用后一种形式。因此，对于底边为单位长度、高为单位百帕的水汽通量可表示为$\frac{1}{g}qV$。因为低层水汽含量大，所以低层的水汽输送量也大。

②水汽通量散度。上面说过，当水汽由源地输送到某地区时，必须有水汽在该地区水平辐合，才能上升冷却凝结成雨。所谓水汽水平辐合就是水平输送进该地区的水汽大于水平输送出该地区的水汽，反之即为水汽的水平辐散。

在单位体积内，水汽水平辐合的大小可用水平水汽通量散度$\nabla\cdot(\rho q\boldsymbol{V})$来表示，其表达式为：

$$\nabla\cdot(\rho q\boldsymbol{V}) = \frac{\partial}{\partial x}(\rho qu) + \frac{\partial}{\partial y}(\rho qv) \tag{7.3.4}$$

式中：$\nabla\cdot(\rho q\boldsymbol{V})>0$ 为水平水汽通量辐散；$\nabla\cdot(\rho q\boldsymbol{V})<0$ 为水平水汽通量辐合。设在单位面积的整层大气柱中水汽的水平通量散度为 $D$，则水汽水平通量辐合量为 $-D$，其表达式为：

$$-D = -\int_0^\infty \nabla\cdot(\rho q\boldsymbol{V})\mathrm{d}z \tag{7.3.5}$$

在 $p$ 坐标中可写为：

$$-D = -\frac{1}{g}\int_0^{p_0} \nabla\cdot(q\boldsymbol{V})\mathrm{d}p \tag{7.3.6}$$

式中：$\frac{1}{g}\nabla(qV)$表示厚度为单位百帕、水平为单位面积的体积内水平水汽通量散度。若不考虑地形和地面摩擦的影响，且认为地面和大气层顶的垂直速度为零，而且在降水地区水汽的局地变化量比降水量要小得多，则有：

$$-D=\int_0^{\infty}\rho\, c\,\mathrm{d}z=I$$

或

$$I=-D \tag{7.3.7}$$

由此可见，整层水汽水平辐合的大小近似地等于降水率。在计算某一指定区域的降水量时经常应用上式。因为：

$$\frac{1}{g}\nabla\cdot(q\boldsymbol{V})=\frac{1}{g}\boldsymbol{V}\cdot\nabla q+\frac{1}{g}q\,\nabla\cdot\boldsymbol{V} \tag{7.3.8}$$

可见水汽通量散度是由两部分所组成的，一部分为水汽平流（右端第一项），其意义与温度平流相似，当风由比湿高的地区吹向比湿低的地区时，此项小于零，称为湿平流，对水汽通量辐合有正的贡献。反之，当风由比湿低的地区吹向比湿高的地区时，此项大于零，称为干平流，对水汽通量辐合有负的贡献；另一部分为风的散度（右端第二项）。实际计算中表明，在降水区中水汽通量辐合主要由风的辐合所造成，特别是在低层空气里水平辐合最为重要，而水汽平流项对水汽的贡献很小，但这不等于说水汽平流的分析就可完全忽视不计。

以上介绍了一些常用的表示某地上空大气的水汽含量与饱和程度以及表示水汽输送和汇合的物理量。从式(7.3.8)可以看出，水汽通量的水平辐合虽主要取决于右端第二项的空气水平辐合，但仍然需有较大的湿度，二者结合起来才能造成较大的水汽通量的水平辐合。因此在讨论某地区的降水量时，必须讨论该地区大气柱中水汽含量的变化，即水汽的局地变化。

由水汽的局地变化公式：

$$\frac{\partial q}{\partial t}=-\boldsymbol{V}\cdot\nabla q-w\frac{\partial q}{\partial z}-c+\rho K_q\frac{\partial^2 q}{\partial z^2} \tag{7.3.9}$$

可以看出，某地区水汽的变化（局地变化）取决于以下四项。

①比湿平流。由于低层的湿度对降水的贡献最为重要，所以在预报工作中，一般分析 850 hPa 或 700 hPa 面上的等比湿线（或等露点线）和风场来判断比湿平流的符号和大小。湿平流引起局地比湿增加，干平流引起局地比湿减少。从实际分析可知，某地区在降水（特别是暴雨）前，其低层的比湿有明显的增加，而这种增加又主要是由水汽平流所引起的。因此，分析低层的水汽平流是降水预报中的一个重要内容。

②比湿垂直输送。当垂直方向上比湿分布不均匀时，由于垂直运动而引起的水汽垂直输送会导致比湿的局地变化。因为一般来说，低层湿度大于高层，所以某层的

上升运动将使局地比湿增加，下沉运动将使局地比湿减小。在降水地区高层水汽往往突然增加，这主要是由上升运动所造成的。

③凝结、蒸发。凝结时使局地比湿减少，蒸发时使局地比湿增加。在已发生降水的地区，常常是湿舌或湿中心区，水汽平流很弱。但这时水汽凝结项却起主要作用，与垂直输送项配合，上升的水汽凝结成雨。一般在降水开始以后，比湿的局地变化较小。

④湍流扩散。湍流扩散在垂直方向主要使水面和下垫面蒸发的水汽向上输送到高层大气中去；在水平方向使湿舌或湿中心的比湿减少，使干舌或干中心的比湿增加。此项在孤立的对流云中较为重要，一般在大型降水中则不考虑。

总之，分析水汽条件主要是分析大气中的水汽含量及其变化、水汽通量和水汽平流等。水汽通量辐合主要取决于空气的水平辐合，因而也取决于垂直运动的条件。

### 7.3.2 垂直运动条件的诊断分析

目前，对大气中垂直运动的直接观测问题还没有得到很好的解决，对垂直运动的诊断分析主要是通过分析水平风场和温压场来进行的。前者主要利用连续方程进行诊断，后者主要利用 $\omega$ 方程进行诊断。在这里我们主要介绍利用连续方程定性地诊断垂直运动的方法。

由“$p$”坐标中的连续方程：

$$\frac{\partial \omega}{\partial p}=-\left(\frac{\partial u}{\partial x}+\frac{\partial v}{\partial y}\right) \tag{7.3.10}$$

将其由地面($p_0$)到某层($p$)积分得：

$$\omega_p=\omega_{p_0}+\int_p^{p_0}\left(\frac{\partial u}{\partial x}+\frac{\partial v}{\partial y}\right)\mathrm{d}p \tag{7.3.11}$$

式中：$\omega_{p_0}$ 是地面垂直速度，下面将要进一步讨论。如果地面平坦且摩擦较小时，可以认为 $\omega_{p_0}\approx 0$，而上式可简化为：

$$\omega_p=\int_p^{p_0}\left(\frac{\partial u}{\partial x}+\frac{\partial v}{\partial y}\right)\mathrm{d}p \tag{7.3.12}$$

式(7.3.12)的意义是 $p$ 层的垂直速度由 $p$ 层以下整层的水平散度之和所决定。当水平散度之和为辐合时，$p$ 层有上升运动($\omega_p<0$)，反之，则有下沉运动。因此，可以根据式(7.3.12)用大气低层风场的水平散度大致估计对流层中层的垂直运动，一般大气中层垂直运动较高层低层大，与降水的关系密切。

若对连续方程式(7.3.10)由大气层顶($p=0$)到 $p$ 层积分则得：

$$\omega_p=\omega_0-\int_0^{p}\left(\frac{\partial u}{\partial x}+\frac{\partial v}{\partial y}\right)\mathrm{d}p \tag{7.3.13}$$

因为在大气层顶 $\omega_0=0$，所以上式可以写成：

$$\omega_p=-\int_0^p\left(\frac{\partial u}{\partial x}+\frac{\partial v}{\partial y}\right)\mathrm{d}p \tag{7.3.14}$$

式(7.3.14)的意义是 $p$ 层的垂直速度也可由 $p$ 层以上的水平散度之和来决定。当水平散度之和为辐散时，$p$ 层有上升运动($\omega_p<0$)。这种作用称为"抽气"作用。反之，当水平散度之和为辐合时，$p$ 层有下沉运动。因此，也可以根据式(7.3.14)用大气高层风场的水平散度大致估计对流层中层的垂直运动。

以上分析表明，大气低层风场的水平辐合及大气高层风场的水平辐散时，有利于大气对流层中层的垂直上升运动发展。下面分别叙述高低层散度及降水区分布的诊断和分析方法。

首先来看低层散度及其与降水区分布关系的分析。作为最简便的方法之一，通常可用 850 hPa(或 700 hPa)图上的风向风速来诊断辐合上升运动的强度及降水区的分布(图 7.3)。图 7.3a 和图 7.3b 分别是风速辐合和风向辐合及可能产生的降水分布型式；图 7.3c、图 7.3d 和图 7.3e 分别是由风向切变和冷锋式辐合与切变相结合，以及暖锋式辐合与切变相结合所造成的辐合及可能产生的降水分布型式。图 7.3f和图 7.3g 分别是由风向风速辐合及风向辐合与风速切变相结合所造成的辐合及可能产生的降水分布型式。这些分布型可在日常预报中参考使用。

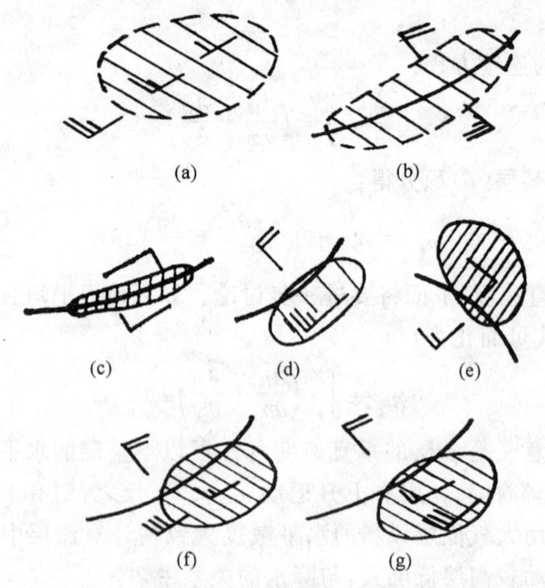


图 7.3　气流辐合及可能产生的降水分布型式(阴影区为降水区)

(a)风速辐合；(b)风向辐合；(c)风向切变；(d)冷锋式辐合及切变；
(e)暖锋式辐合及切变；(f)风向风速辐合；(g)风向辐合与风速切变

另一种简便的方法是通过变压场的分析来分析垂直运动和降水区的分布。变压风的表达式为：

$$D_1 = -\frac{g}{f^2}\nabla\frac{\partial z}{\partial t} \tag{7.3.15}$$

两边取散度得：

$$\mathrm{div}D_1 = -\frac{g}{f^2}\nabla^2\frac{\partial z}{\partial t} \tag{7.3.16}$$

或写为：

$$\mathrm{div}V = -\frac{g}{f^2}\nabla^2\frac{\partial z}{\partial t} \tag{7.3.17}$$

于是我们就可以用地面图上的变压(一般用 $\Delta p_3$)或低层等压面图上的变高分布来诊断散度，从而诊断垂直运动。在正变压中心有辐散下沉运动，负变压中心有辐合上升运动，中心数值愈大则愈显著。

西风带低层系统一般是向东移动的，故在低压东部、高压西部为负变压区，因而有上升运动；反之，低压西部、高压东部为正变压区，故有下沉运动。低压加深、高压减弱时有上升运动，低压减弱、高压加强时有下沉运动。

下面再来介绍高层散度的诊断方法。

由于高层测风记录误差较大，所以用风场直接分析判断散度有困难。根据卫星云图上高云云系的辐散结构来判断高层辐散是一个较好的方法。在天气图上一般都利用高层的涡度平流来分析判断高层辐散，从而估计垂直运动。

将简化的涡度方程：

$$\frac{\partial \zeta}{\partial t} + \mathbf{V}\cdot\nabla\zeta + \beta v = -f_0\mathrm{div}\mathbf{V} \tag{7.3.18}$$

改写为：

$$\mathrm{div}\mathbf{V} = -\frac{1}{f_0}\left(\frac{\partial \zeta}{\partial t} + \mathbf{V}\cdot\nabla\zeta + \beta v\right) \tag{7.3.19}$$

式(7.3.19)说明，水平散度可从以下三项来判断：第一项为相对涡度局地变化项；第二项为相对涡度平流项；第三项为纬度效应(即地转涡度平流)项。在大气中，由于层次和系统的尺度不同，这几项的大小并不完全相同。

由于高层多半是带状波动流型，槽区是正涡度区，脊区是负涡度区，等涡度线与流线(或等高线)的交角很大(图 7.4)，且高层风速较低层大得多，因而相对涡度平流项较涡度局地变化项大。且由于与降水相联系的高空槽脊主要是短波，因而相对涡度平流项较 $\beta v$ 项也大。因此按式(7.3.19)高层散度主要取决于相对涡度平流，式(7.3.19)可简化为：

$$\mathrm{div}\mathbf{V} = -\frac{1}{f_0}\mathbf{V}\cdot\nabla\zeta \tag{7.3.20}$$

由图 7.4 可见，槽前有正的相对涡度平流，因而槽前有辐散上升运动；槽后有负的相对涡度平流，因而槽后有辐合下沉运动。

当高空槽位于高空急流轴上时，相对涡度平流更强，因而在这里有强的垂直运动。为了分析高层散度，最好用 200 hPa 或300 hPa图。

图 7.4　涡度平流与辐散
（虚线为等涡度线，实线为流线）

## 7.4　地形和摩擦对降水的影响

地形对降水关系很密切，在同样的天气形势下，迎风坡的降水要比其他地区大。例如，1963 年 8 月上旬河北发生特大暴雨时，由于低层盛行偏东风，而在太行山的迎风坡（东坡）上雨量最大。从邢台地区和保定地区的两个东西向剖面图（图 7.5）来看，在迎风坡的半山腰即地形坡度最大的地方，过程总降雨量最大，达 1000 mm 以上。

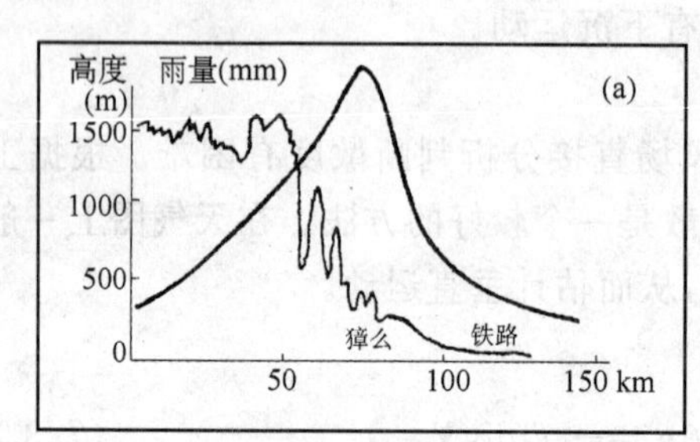


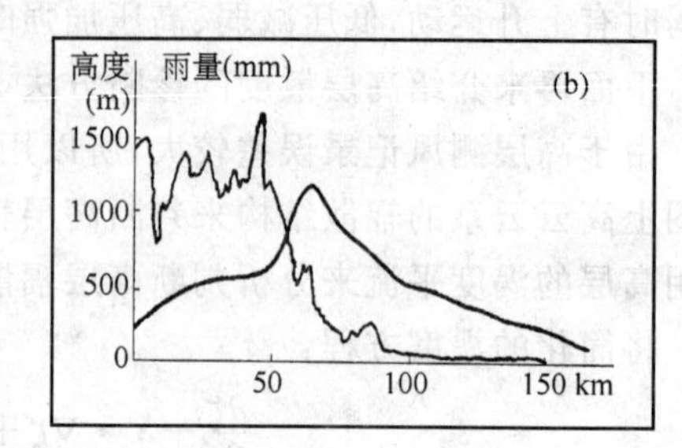


图 7.5　邢台(a)和保定(b)地区的地形和雨量剖面图
（粗实线表示降水，细实线表示地形）

在一定的条件下，地形对降水有两个作用：一是动力作用，二是云物理作用。

动力作用中主要是指地形的强迫抬升。由于地形强迫抬升而引起的地面垂直速度为：

$$w_0 = \boldsymbol{V}_0 \cdot \nabla h$$

或

$$\omega_{p_0} = -\rho_0 g \boldsymbol{V}_0 \cdot \nabla z_0 \qquad (7.4.1)$$

由上式可见，当山的坡度愈大，地面风速愈大，且风向与山的走向愈垂直时，地面垂直运动愈强。

将连续方程由地面至大气层顶积分，并考虑在大气层顶处 $w_0=0$，得：

$$\omega_{p_0} = -\int_0^{p_0} \mathrm{div}\boldsymbol{V})\mathrm{d}p \qquad (7.4.2)$$

式(7.4.2)表示，当地形抬升造成地面上升运动时，其上空整层大气必有辐散气流以进行补偿。由于这种辐散作用，地形上升运动将随高度减弱，一直到大气层顶处减弱到零。地形抬升的垂直速度伸展高度虽然很小，但由于低层湿度大，因此它所造成的降水量有时却是不可忽视的。

地形的动力作用还表现在地形使系统性的风向发生改变，从而在某些地方产生地形辐合或辐散，因而影响垂直运动和降水。例如，当盛行风朝着喇叭口地形灌进时，由于地形的收缩，常常引起辐合上升运动的加强和降水量的增大。所谓喇叭口地形即是三面环山、一面开口的谷地。上面所讲1963年8月上旬河北省的大暴雨，太行山东侧的獐么站日降水量达到865 mm之多，除了地形抬升作用外，喇叭口地形的收缩作用也是很显著的。又如，从河南省板桥水库附近地形略图上看，这是一个典型的喇叭口地形(图7.6)，1975年8月7日晚，低层吹偏东风，遂平站风速为东北风8 m/s。潮湿空气向喇叭口灌进，当晚在板桥附近即出现了特大暴雨中心。

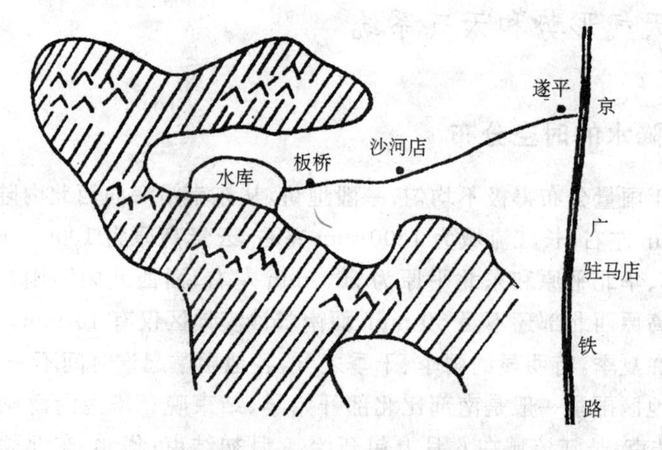


图7.6　板桥水库地形与降水示意图

此外，在山脉的背风面，在一定的天气条件下还可产生背风波。在背风波的上升气流处，气块抬升，不稳定能量释放，导致有降水形成。这种降水组成带状，一排排地与山脉平行。

地形对降水的影响，除了以上所讲的加强动力上升运动，从而增加凝结量或触发不稳定能量释放，使降水加强外，还表现为地形可以改变降水形成的云雾物理过程，使得已经凝结的水分高效率地下降为雨，从而增加降水量。

摩擦作用对降水也有显著影响。在近地面层中由于有摩擦作用，风由高压吹向低压时，在气旋性涡度的地区便会出现摩擦辐合，并有上升运动形成；而在反气旋性涡度的地区，则出现辐散下沉运动。这种由于摩擦作用而形成的垂直运动，在摩擦层顶部达到最强，其数值约为：

$$\omega_f = \frac{-g\rho_0 C_D}{f}\zeta_g \quad (7.4.3)$$

因此，在正涡度($\zeta_g>0$)地区，有上升运动($\omega_f<0$)；在负涡度($\zeta_g<0$)地区，有下沉运动($\omega>0$)。涡度绝对值愈大，垂直运动愈强。对于 $\zeta_g \sim 10^{-5}\ \mathrm{s^{-1}}$，$f \sim 10^{-4}\ \mathrm{s^{-1}}$ 和摩擦层厚度为 1 km 的典型的天气尺度系统来说，式(7.4.3)所得出的垂直速度数量级为每秒零点几厘米。这个数值对降水率的贡献是不大的。但是在某些情形下摩擦对于降水仍有较大的影响。例如，在海岸线附近，由于海陆摩擦的差别，沿海岸造成了辐合带，于是在海岸附近常有强的降水带形成(图 7.7)。

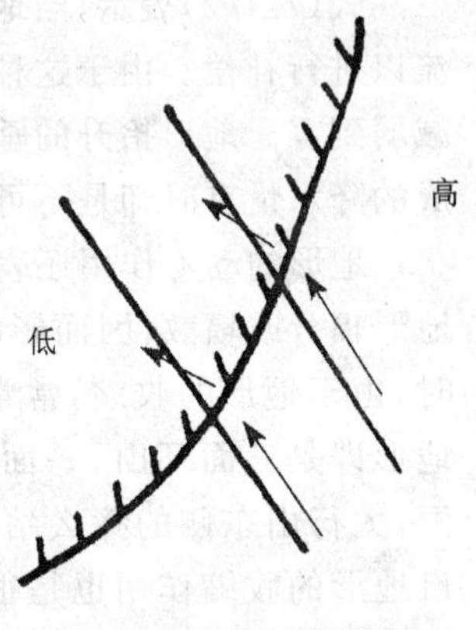

图 7.7　海岸线附近的摩擦辐合示意图

## 7.5　降水天气形势和天气系统

### 7.5.1　中国降水的时空分布

我国各地年雨量分布得极不均匀，一般地讲，从东南沿海向西北内陆减少。南方大致在 2000 mm 左右，长江流域为 1200 mm 左右，云贵高原为 1000 mm 左右，黄河下游、陕甘南部、华北平原和东北平原为 600 mm 左右，而西北内陆则在 200 mm 以下；此外，青藏高原西北部还不足 50 mm，而南疆沙漠地区仅有 10 mm。绝大多数地区雨量都集中在夏季，有明显的雨季、干季之分，各地雨季起讫时间不一。

我国东部地区雨季一般是南部比北部开始早、结束晚。华南沿海雨季在 4 月开始，10 月中旬结束；长江流域在 6 月上旬开始，9 月初结束；华北、东北雨季在 7 月中旬开始，8 月底结束。雨季中，降水分布也不均匀，不少地区仍有相对的干期出现。例如，西北高原相对干期在 7 月中旬至 8 月中旬，长江流域东部相对干期在 7 月中旬至 8 月中旬，华南(27°N 以南)大约在 6 月下旬开始，7 月下旬结束，华北和东北相对干期不明显。相对干期严重的地区，容易造成伏旱。由上可见，西北高原、华南、长江流域雨季中的降水量有两个集中期，从而使得各地雨季分成两个阶段。实际上所谓雨季即为连阴雨期，它们都是在大范围环流形势稳定的背景下产生的，但因夏季水汽充沛，降水量多，故夏季的连阴雨期一般称为雨季。

我国各地雨季起讫时间虽然有所不同，但却有其内部规律。如我国东部地区各地的雨期，就是由于主要的大范围雨带南北位移所造成的，而大雨带的位移又与西太平洋副热带高压脊线、100 hPa 青藏高压、副热带西风急流及东亚季风的季节变化有关。据统计,我国多年候平均大雨带从 3 月下旬至 5 月上旬停滞在江南地区(25°～29°N),雨量较小,称为江南春雨期。5 月中旬到 6 月上旬(25 天左右)停滞在华南,雨量迅速增大,形成华南雨季的第一阶段,称华南前汛期盛期。6 月中旬至 7 月上旬(约 20 天)则停滞于长江中下游,称江淮梅雨。从 7 月中旬至 8 月下旬(约 40 天)停滞于华北和东北地区,造成华北和东北的雨季。这时华南又出现了另一大雨带,是由热带天气系统所造成的,形成华南雨季的第二阶段,称华南后汛期。从 8 月下旬起大雨带迅速南撤,9 月中旬至 10 月上旬停滞在淮河流域,雨量较小,称为淮河秋雨期。此后,全国降水全面减弱。候大雨带的南北位移与东亚环流的季节变化关系密切。一般大雨带位于 500 hPa 副热带高压脊线北侧 8～10 个纬度,100 hPa 青藏高压的北侧,副热带西风急流的南侧。对我国降水影响最大的大尺度天气系统主要为:①500 hPa 副热带高压;②青藏高压;③副热带急流。一般来说,每年 4—8 月这三个系统都逐步由南向北推进,8—10 月则由北往南撤退,它们和大雨带的进退时间恰好一致。

我国是多暴雨的地区。24 h 降水量接近或超过 1000 mm 的暴雨不仅发生在沿海,而且内陆地区也可出现。中国的暴雨主要由台风、锋面和从青藏高原东移过来的气旋性涡旋(西南涡、西北涡)引起的。沿海地区的降水量极值多数由台风引起。24 h 降水大于 1000 mm 的暴雨及暴雨极值多发生在暖季,这与我国位于亚洲季风区有关,夏季风带来充沛的水汽和层结不稳定有利于暴雨的形成。同时与大气环流的季节变化有关。除台风暴雨外,大多数暴雨都与中高纬冷空气向南的侵入有关,夏季副热带高压、南亚高压、副热带西风急流等行星尺度系统北上与中高纬环流相互作用可以产生强烈的降水。

### 7.5.2　不同尺度的天气系统对造成降水的作用

大范围持续性降水是在一定的行星尺度和天气尺度形势背景下,由接连不断的中尺度系统的直接影响而造成的,它们是由多种尺度的天气系统共同作用产生的结果。

造成我国大范围持续性降水的环流特征大致可以分为两种类型:一种是稳定纬向型,如华南前汛期降水、江淮梅雨和长江中下游春季连阴雨等;另一种是稳定经向型,如华北与东北雨季降水。其共同特征是行星尺度系统稳定。行星尺度系统本身并不直接产生降水,而是制约影响天气尺度系统在一固定地带活动,从而产生持续性降水。此外,它还能将南海、孟加拉湾和太平洋的水汽不断向暴雨区输送。因此,行星尺度天气系统的变动大致决定了雨带发生的地点、强度和持续时间。影响我国降水的行星尺度系统主要有西风带长波槽(包括巴尔喀什湖大槽、贝加尔湖大槽、太平洋中部大槽、青藏高原西部低槽等)、阻塞高压(包括乌山阻塞高压、雅库茨克—鄂霍次克海阻塞高压、贝加尔湖阻塞高压等)、副热带高压、热带环流(包括热带辐合带等)。

影响我国大范围持续性降水的天气尺度系统很多,高空低槽、地面气旋、锋面及低空切变线、低涡、高空冷涡和低空急流等都是常见的天气尺度降水系统,在它们的有利结合下可以形成各种类型的强降水。天气尺度系统对暴雨的作用主要表现在下列几方面。

①制约和影响形成暴雨的中尺度系统的活动天气尺度系统可以提供中尺度系统形成的基本条件。例如,由于上下层气流的平流差异,可以形成大范围的不稳定区。这是中小尺度系统形成的必要条件之一。而天气尺度的上升运动又是促成不稳定能量释放的触发条件。只是在不稳定能量释放时,对流活动和中尺度系统才得以形成。当中小尺度系统生成后,一般沿对流层中层(700 hPa 或 500 hPa)的气流移动,因此天气尺度系统的气流可以制约中小尺度系统的移动,并能将其排列成带状,使其有组织地向前传播。

②供应暴雨区的水汽。由水汽方程分析可知,仅靠暴雨发生区域内的水汽通量辐合,只能提供该暴雨区降水量的1/2～1/3。由此可见,在暴雨区周围必须有一个大尺度的水汽通量辐合场。如果要使暴雨继续维持,则还需更强的大尺度水汽通量辐合以补充外区水汽的减少。而这种较强的水汽通量辐合场,一般出现在天气尺度的系统中。而天气尺度系统中的水汽通量辐合又主要集中在边界层内。通常在低层900 hPa 附近水汽辐合最大,向上向下减少;600 hPa 以上已转为辐散,地面附近也有浅薄的辐散层。其中,850 hPa 以下的边界层内水汽通量辐合量约占整层辐合总量的56%。在总的水平水汽辐合中又以与低空急流相垂直方向的横向辐合为主,横向辐合占总辐合量的79.3%,横向辐合也集中于边界层内,且为偏南风水汽输送所造成的。对于950 hPa 面上的散度计算表明,辐合区与暴雨区有很好的对应关系,二者几乎重叠。由此也可看出边界层水汽通量辐合对暴雨产生的重要作用。

③当天气尺度系统强烈发展或停滞摆动时,容易造成较强而持续的暴雨。例如,由高空西风槽与西南涡或台风南北叠加所构成的“南涡北槽”形势,是一种较普遍的暴雨形势。与北部槽叠加也常造成暴雨加强。台风东北象限的低层辐合与高空槽前的高层辐散叠加有利于上升运动的维持和加强。此外,在中空偏南急流的西侧和低空偏南急流的左侧也是有利于上升运动发展之处,且低空急流保证了水汽的充分供应,给暴雨的形成提供了条件。所以,在上述几个系统叠加之处就能形成暴雨。在稳定的环流形势下,天气尺度系统沿同一路径移动,因而在此路径上的地区往往受若干个天气尺度系统的重复作用,接连出现几次暴雨,形成连续性特大暴雨。

暴雨过程一般是由中尺度雨团的不断生成和移动造成的结果，总雨量的最大轴线也就是雨团活动最多的轴线。与中尺度雨团相配合的中尺度系统有中尺度低压、中尺度辐合线或辐合中心、中尺度切变线等气压场或流场中尺度系统。在中尺度切变线与天气尺度切变线相交之处往往是一个雨团强烈发展的地方。一般来说，中尺度系统是暴雨的制造者和携带者，对暴雨的发生发展有着最直接的作用。

# 第8章 对流天气过程

对流天气一般指由具有强烈对流运动的积雨云或雷暴云引起的强烈雷暴天气现象。“雷暴”一词通常指雷电交加的激烈放电现象,同时也指产生这种现象的天气系统。雷暴一般伴有阵雨,有时则伴有大风、冰雹、龙卷等天气现象。通常把只伴有阵雨的雷暴称为“一般雷暴”,而把伴有暴雨、大风、冰雹、龙卷等严重的灾害性天气现象之一的雷暴叫做“强雷暴”。“一般雷暴”和“强雷暴”都是对流旺盛的天气系统,所以常将它们通称为“对流性风暴”,它们所产生的天气现象则叫做“对流性天气”。

由于对流性天气一般具有范围小、发展快的特点,所以在预报工作中,除了应用天气图方法外,还要配合中尺度天气分析及雷达、卫星探测等方法。下面将主要分析对流性天气的形成条件及其分析和预报的方法。

## 8.1 对流性天气形成的条件

### 8.1.1 大气的不稳定性

(1)条件性不稳定

雷暴等对流性天气是积雨云的产物。积雨云和一般云一样,都是由水汽上升凝结而成的。所不同的是,积雨云发展迅速,云体高大。因此它们要求有更丰富的水汽和迅速增强起来的强烈上升运动。那么,在大气层中空气为什么会产生这种垂直加速运动呢?解释这个问题的最简单的理论是“气块浮升”理论。

考虑一个小气块,假定它与其环境之间没有热量、水分及动量的交换。环境空气处于静力平衡状态,即符合静力学方程:

$$0 = -\frac{\partial \bar{p}}{\partial z} - \bar{\rho} g \tag{8.1.1}$$

式中:$\bar{p}$,$\bar{\rho}$ 为环境的气压、密度。

若小气块有垂直加速度$\frac{\mathrm{d}w}{\mathrm{d}t}$,则其垂直方向的运动方程为:

$$\frac{\mathrm{d}w}{\mathrm{d}t} = -\frac{1}{\rho}\frac{\partial p}{\partial z} - g \tag{8.1.2}$$

式中：$p$、$\rho$、$w$ 分别表示气块的气压、密度和垂直速度。假定气块符合准静态条件（$p=\bar{p}$），则气块的气压垂直梯度取决于周围大气的气压垂直梯度，所以：

$$\frac{\partial p}{\partial z}=\frac{\partial \bar{p}}{\partial z}=-\bar{\rho}g \tag{8.1.3}$$

因此，由式(8.1.1)、式(8.1.2)并引入状态方程 $p=\rho RT$ 和 $\bar{p}=\bar{\rho}R\bar{T}$后，得：

$$\frac{\mathrm{d}w}{\mathrm{d}t}=-g\frac{\rho-\bar{\rho}}{\rho}=g\frac{T-\bar{T}}{\bar{T}}=g\frac{\Delta T}{\bar{T}} \tag{8.1.4}$$

式中：$T$ 和 $\bar{T}$ 分别为气块和环境的温度；$\Delta T=T-\bar{T}$，为气块与环境的温度差；$g\frac{\Delta T}{T}$ 即气块所受的合力，合力的大小及正负取决于气块和环境之间温差的大小和正负，$T>\bar{T}$ 时，合力 $g\frac{\Delta T}{T}>0$，气块获得上升加速度。

设环境与气块的温度分别按下列关系随高度而变化：

$$\bar{T}=\bar{T}_0+\gamma\mathrm{d}z \tag{8.1.5}$$

$$T=T_0+\gamma'\mathrm{d}z \tag{8.1.6}$$

式中：$\bar{T}_0$ 与 $T_0$ 分别为环境与气块起始高度上的温度，$\gamma=-\frac{\partial\bar{T}}{\partial z}$为环境的垂直温度递减率，$\gamma'=-\frac{\partial T}{\partial z}$为气块绝热运动时的温度垂直递减率，而且：

$$\gamma'=\begin{cases}\gamma_s(\text{湿绝热递减率；如果气块为饱和湿空气})\\ \gamma_d(\text{干绝热递减率}\approx 1^\circ\mathrm{C}/100\ \mathrm{m}\text{；如果气块为干空气或未饱和湿空气})\end{cases}$$

假设在起始高度上气块的温度与环境温度相等，即 $T_0=\bar{T}_0$，则由式(8.1.4)得：

$$\frac{\mathrm{d}w}{\mathrm{d}t}=\frac{g}{\bar{T}}(\gamma-\gamma')\mathrm{d}z \tag{8.1.7}$$

由此可见，气块是否获得上升加速度，取决于 $T$ 是否大于 $\bar{T}$，即取决于大气层结的 $\gamma$ 是否大于 $\gamma'$。当 $\gamma \gtreqless \gamma'$时，则对应的有$\frac{\mathrm{d}w}{\mathrm{d}t}\gtreqless 0$。因此，当气层具有不同的垂直温度递减率时，气层可能促进或抑制，或者既不促进也不抑制气块做垂直运动。能促进气块垂直运动的气层（$\gamma>\gamma'$）叫做不稳定层结；抑制气块垂直运动的气层（$\gamma<\gamma'$）叫做稳定层结；既不促进也不抑制气块垂直运动的气层（$\gamma=\gamma'$）叫做中性层结。

将位温与温度的关系式：

$$\theta=T\left(\frac{1000}{p}\right)^{\frac{AR_d}{c_{pd}}} \tag{8.1.8}$$

取对数并求对 $z$(高度)的偏导数,得:

$$\frac{1}{\theta}\frac{\partial\theta}{\partial z}=\frac{1}{T}\frac{\partial T}{\partial z}-\frac{AR_d}{c_{pd}}\frac{1}{p}\frac{\partial p}{\partial z} \tag{8.1.9}$$

用静力方程 $\frac{\partial P}{\partial z}=-\rho g$ 及干空气状态方程 $p=\rho R_d T$ 代入上式,得:

$$\frac{1}{\theta}\frac{\partial\theta}{\partial z}=\frac{1}{T}\left(\frac{\partial T}{\partial z}+\frac{Ag}{c_{pd}}\right) \tag{8.1.10}$$

因为 $\frac{Ag}{c_{pd}}=\gamma_d$,$\frac{\partial T}{\partial z}=-\gamma$,故有:

$$\frac{\partial\theta}{\partial z}\approx\frac{\theta}{T}(\gamma_d-\gamma) \tag{8.1.11}$$

对湿空气而言,位温 $\theta$ 可用假湿球位温 $\theta_{sw}$ 或假相当位温 $\theta_{se}$ 来代替,从而得到和式(8.1.11)相似的关系式。根据式(8.1.7)及式(8.1.11)还可得到气层静力稳定度的判据(表 8.1)。其中,$\gamma>\gamma_d$($>\gamma_s$)称为绝对不稳定,$\gamma<\gamma_s$($<\gamma_d$)称为绝对稳定,$\gamma_d>\gamma>\gamma_s$ 称为条件性不稳定,即空气未饱和时,是稳定的,饱和以后则是不稳定的,这种条件性不稳定状态在实际大气中最为常见。

在实际大气中,气块中水汽一般是不饱和的。若有一种力量使不饱和气块抬升,则开始是干绝热上升,到饱和后开始凝结。凝结开始的高度称为抬升凝结高度。气块如再上升,则为湿绝热上升。$T$-$\ln P$ 图上这种气块温度升降的曲线叫做"状态曲线",而大气实际温度分布曲线叫做"层结曲线"(图 8.1)。在抬升凝结高度以上,状态曲线与层结曲线的第一个交点($F$)称为自由对流高度,它表示从这一点开始,气块可以不依靠外力,而只用浮力便能自由上升。状态曲线与层结曲线的第二个交点($B$)叫做对流上限。

**表 8.1　气块法稳定度判据**

| 判据 稳定性 / 气块类型 | 不稳定 | 中性 | 稳定 |
|---|---|---|---|
| 干空气或未饱和湿空气 | $\gamma>\gamma_d$<br>或 $\frac{\partial\theta}{\partial z}<0$ | $\gamma=\gamma_d$<br>或 $\frac{\partial\theta}{\partial z}=0$ | $\gamma<\gamma_d$<br>或 $\frac{\partial\theta}{\partial z}>0$ |
| 饱和湿空气 | $\gamma>\gamma_s$<br>或 $\frac{\partial\theta_{sw}}{\partial z}<0$<br>$\frac{\partial\theta_{se}}{\partial z}<0$ | $\gamma=\gamma_s$<br>或 $\frac{\partial\theta_{sw}}{\partial z}=0$<br>$\frac{\partial\theta_{se}}{\partial z}=0$ | $\gamma<\gamma_s$<br>或 $\frac{\partial\theta_{sw}}{\partial z}>0$<br>$\frac{\partial\theta_{se}}{\partial z}>0$ |

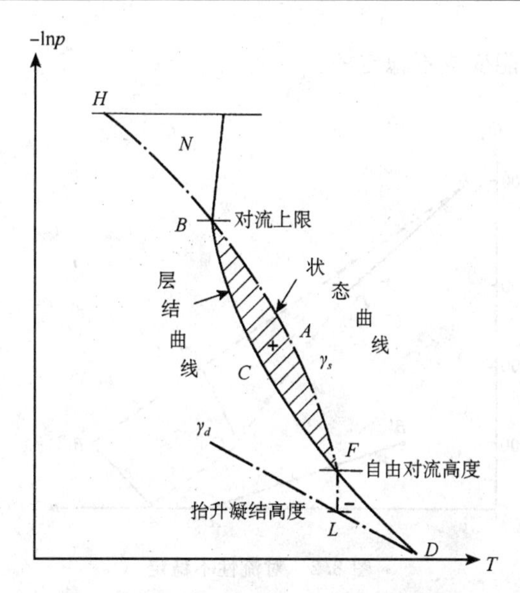


图 8.1　T-lnP 图上层结曲线与状态曲线

(2)对流性不稳定

气块理论考虑气块在气层中浮升时气层本身是静止的。然而,实际大气中常会发生整层空气被抬升的情况。气层被抬升后,它本身的 $\gamma$ 会发生变化。设气层下湿而上干,则原来为稳定的,甚至绝对稳定的气层($\gamma<\gamma_s$),经抬升后也会变成不稳定气层。这个演变过程可用图 8.2 来说明。$AB$ 为气层的原始层结,是绝对稳定的,$A'B'$ 为其露点分布,上干下湿。设气层被抬升时,其截面积不发生任何变化。由于质量守恒原理,其顶底之间的气压差也不发生变化。整层抬升后,$AB$ 两点都沿干绝热线上升。因 $A$ 点湿度大,比 $B$ 点先达到饱和。当 $A$ 点上升到其凝结高度 $C$ 时,开始饱和,此时 $B$ 达到 $C'$ 点,但还未饱和。若继续被抬升,$A$ 点将沿湿绝热线上升,而 $B$ 点仍沿干绝热线上升。直到 $B$ 点达到其凝结高度 $E$ 点,整层达到饱和状态,此时底部 $A$ 已移到 $D$ 点。$DE$ 为气层被足够的外力整层抬升到饱和状态时的温度垂直分布曲线,其减温率大于湿绝热减温率,因而是不稳定的。由图可以看出,气层顶部 $B$ 点的假湿球位温 $\theta_{sw}$ 或假相当位温 $\theta_{se}$ 小于其底部 $A$ 点的假湿球位温或假相当位温。这种 $\theta_{sw}$ 或 $\theta_{se}$ 随高度减小($\frac{\partial\theta_{se}}{\partial z}<0$,或$\frac{\partial\theta_{sw}}{\partial z}<0$)的情况,称为对流性不稳定。相反,$\frac{\partial\theta_{sw}}{\partial z}>0$ 或$\frac{\partial\theta_{se}}{\partial z}>0$ 的情况则称为对流性稳定。引进对流性不稳定的概念之后,则补充和改进了气块法的稳定度判据,即当气层有可能被整层抬升时,即使 $\gamma<\gamma_s$,只要$\frac{\partial\theta_{sw}}{\partial z}<0$ 或

$\frac{\partial\theta_{se}}{\partial z}<0$,气层仍然可能变成不稳定的。

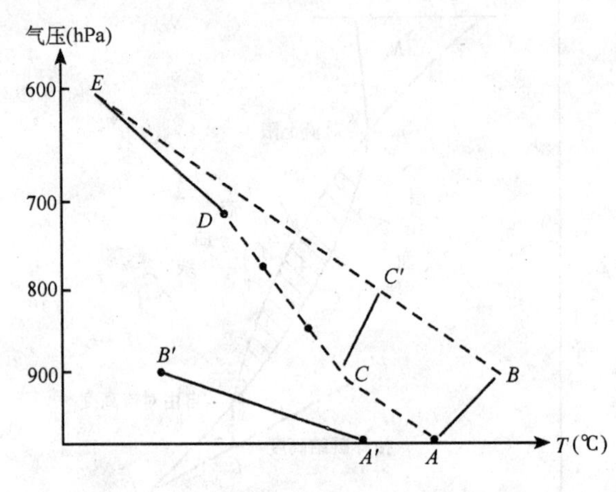


图 8.2 对流性不稳定

(3)不稳定能量

将式(8.1.4)右边对高度积分,即得不稳定能量 E:

$$E=\int_{z_0}^{z} g\,\frac{\Delta T}{\overline{T}}\mathrm{d}z=-\int_{p_0}^{p} R\cdot\Delta T\mathrm{d}\ln P \tag{8.1.12}$$

又把式(8.1.4)左边对高度积分,即为气块的动能 $E_k$ 的增量 $\Delta E_k$:

$$\Delta E_k=\int_{z_0}^{z}\frac{\mathrm{d}w}{\mathrm{d}t}\mathrm{d}z=\int_{z_0}^{z}\frac{\mathrm{d}w}{\mathrm{d}t}w\,\mathrm{d}t=\int_{w_0}^{w} w\mathrm{d}w=\frac{1}{2}(w^2-w_0^2) \tag{8.1.13}$$

$$=\Delta\left(\frac{w^2}{2}\right)=E_k-E_{k_0}$$

于是得到:

$$E=\Delta E_k \tag{8.1.14}$$

这就是说,在不计摩擦的情况下,气层的不稳定能量等于单位质量气块由 $z_0$ 上升到 $z$ 时动能的增量。因此,气块做加速垂直运动的动能是由不稳定能量转化而来的。不稳定能量越大,气块上升速度越大,而对流性天气越强。图 8.1 中 $FABCF$ 所包的面积 $A_+$ 代表正不稳定能量大小,而在 $A_+$ 的下方,$FLDF$ 所包的面积 $A_-$ 代表负不稳定能量的大小。$A_+>A_-$ 时称为真潜不稳定,$A_+<A_-$ 时则称为假潜不稳定。前者有利于对流性天气发生,$A_+$ 越大,越有利于对流性天气的发生。

## 8.1.2 对流性天气形成的条件

通过以上分析,下面我们就可以进一步讨论形成对流性天气的天气学条件。

很显然，对流云的形成首先必须有丰富的水汽和水汽供应，此外还必须具有不稳定(包括对流性不稳定)的层结。而不稳定能量是一种潜在的能量。如图8.1所示，当没有外力抬升作用时，地面上的气块将不会自动地上升，因而气层也不可能表现出它对气块有促进上升的能力。只有产生了某种触发(抬升)作用，使气块强迫抬升达到自由对流高度以上时，这个气块才能靠着气层浮力的支持自动地加速上升，从而形成强大的上升气流。这时气层的不稳定能量已释放出来，转化成上升气块的动能。对于"对流性不稳定"的气层则更需要一种较强的抬升力，使气层整层抬升起来，从而把原来温度层结稳定的气层变成不稳定层结，然后爆发对流性天气。

由上可见，形成对流性天气的基本条件有三个，即水汽条件、不稳定层结条件、抬升力条件。其中，水汽条件所起的作用不仅是提供成云致雨的原料，而且其温度的垂直分布，都是影响气层稳定度的重要因子。

在这里，水汽和不稳定层结这两个条件可以认为是发生对流性天气的内因，而抬升条件则是外因。外因是变化的条件，内因是变化的根据，外因通过内因而发生作用。因此，这三个条件是有机地联系在一起的。对流性天气的预报也就是以这三个条件为根据所做的分析和预报。下面将进一步讨论大气在什么情况下会具备以上三个条件的问题。由于水汽条件可以合并在不稳定层结条件中一起讨论，所以我们主要讨论两个问题，即:气层怎样趋于不稳定化，以及有哪些因子造成垂直运动促使不稳定能量释放而造成对流性天气。

在实际工作中，通常用天气图判断各层温度平流及湿度平流，然后决定稳定度的变化和估计雷暴等对流性天气发生的可能性。下列几种情况在实际预报中都比较重视。

①在高层冷中心或冷温度槽与低层暖中心或暖温度脊可能叠置的区域，会形成大片雷暴区。例如，在华中、华东地区发现，在850 hPa面上为从南向北扩展的温度脊，而500 hPa上有从北向南扩展的温度槽等，则在上层温度槽与低层温度脊重叠的地区，会形成范围广阔的大片雷暴区。

②当冷锋越山时，若山后低层为暖空气控制，则由于山后低层暖空气之上有冷平流叠置，使不稳定度大为增强，因而常在山后造成大片雷暴区，例如，夏季冷锋越过太行山时，其东部就会出现这种情形。

③在高层高空槽已东移，冷空气已入侵，而中层以下仍有浅薄的热低压接近，或有西南气流，或有显著的暖平流等情况时，就容易使不稳定性加强，造成对流性天气。例如，华北、东北一带有高空冷涡存在时，常会出现这种形势。

④当低层有湿舌而其上层覆盖着一干气层时，或在高层干平流与低层湿平流相

叠置的区域，会使对流性不稳定增强。

在实际工作中，预报单站稳定度的变化主要应用高空风分析图。根据高空风分析图可以分析冷暖平流的垂直分布。风随高度顺时针变化为暖平流，逆时针变化为冷平流。根据冷、暖平流的垂直分布就可以判断稳定度的变化趋势。例如，1962 年 6 月 8 日 08 时徐州的高空风分析图（图 8.3）表明，高层有冷平流，低层有暖平流，因此可以预报当地层结趋于不稳定。

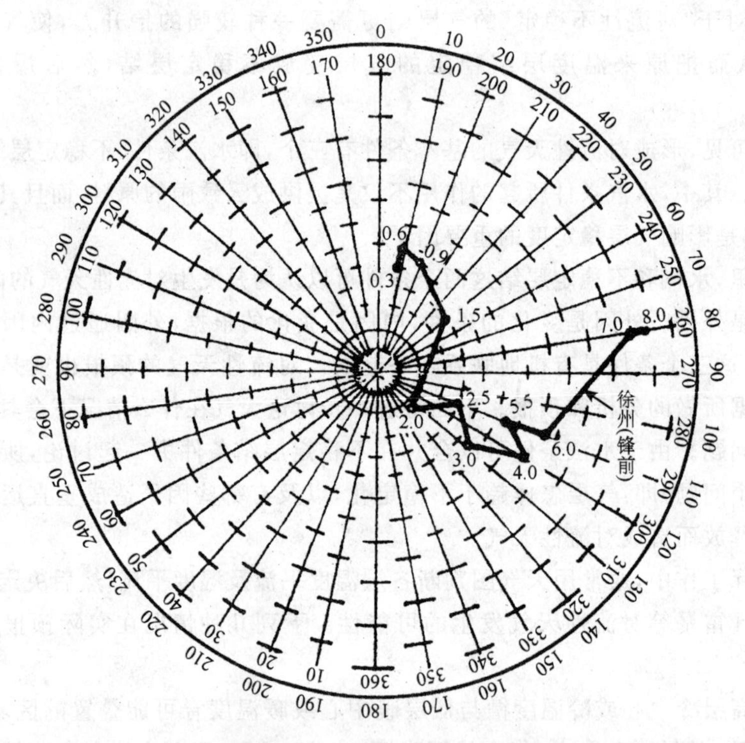


图 8.3　1962 年 6 月 8 日 08 时徐州高空风分析图（寿绍文，1964）

现来讨论一下几种常见的对流性天气的触发机制。

(1)天气系统造成的系统性上升运动

多数雷暴或冰雹的形成都与系统性辐合及抬升运动相联系。在对流层中，大尺度上升运动虽只有 1～10 cm/s 的量级，但持续作用时间长了就会产生可观的抬升作用。例如，5 cm/s 的上升气流持续作用 6～12 h，就可以使空气抬升 1～2 km，这样强的抬升作用可把一般的低层逆温消除掉。

锋面的抬升及槽线、切变线、低压、低涡等天气系统造成的辐合上升运动都是较强的系统性上升运动。绝大多数雷暴等对流性天气都产生在这些天气系统中。在做预报时,必须注意天气系统的强度和天气系统中各部位的上升运动的强弱,以及天气系统离本站的距离及其未来的动态。借助这些分析,就可预报对流性天气发生的时间、强度、影响范围等。

在水汽及稳定度条件满足的情况下,有时只要有低层的辐合就能触发不稳定能量释放,造成对流性天气的发生。因此,在夏季做对流性天气预报时,要特别注意分析低层的辐合流场。除了上述系统性辐合运动以外,低空流场中风向或风速的辐合线、负变高或负变压中心区都可产生抬升作用。

(2)地形抬升作用

山地迎风坡的抬升作用也很大。因此,山地是雷暴的重要源地。一般来说,山区的雷暴、冰雹天气比平原地区要多。所以在有山脉的地区,应经常考虑到山脉对气流的抬升作用。抬升力的大小与风向、风速有关,风速越大,风向越垂直于山脊,或者山坡越陡,则地形抬升作用引起的空气上升运动越强。

此外,有时气流过山时,往往会产生背风波。这种波动可以影响到较高的高度。背风波引起的上升运动往往会促使河谷地区发生新的对流云(图 8.4)。在实际预报工作中,为了准确估计山脉的抬升作用,必须注意山脉的走向及风向、风速。图 8.4 中箭头表示从消散的雷雨云中流出的气流,它们可能增强风暴前面的波的振幅,引起在盆地上新的雷雨云单体的形成。虚线箭头表示上升气流的路线,它的波动形状表明背风波的存在。

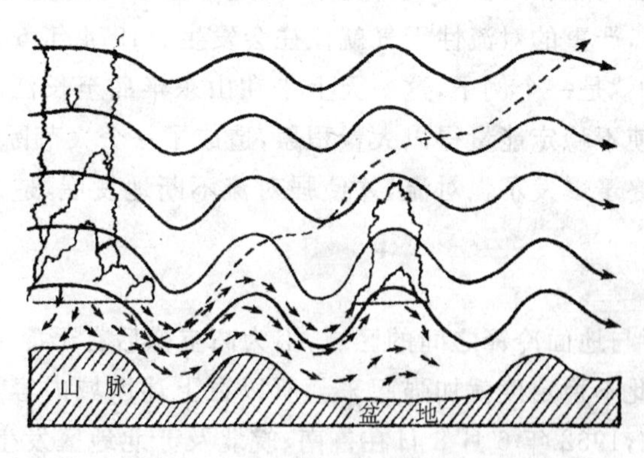


图 8.4　背风波的剖面图

(3)局地热力抬升作用

夏季午后陆地表面受日射而强烈加热,常常在近地层形成绝对不稳定的层结,使对流容易发展。由这种热力抬升作用为主所造成的雷暴,称为“热雷暴”,也叫做“气团雷暴”。热力作用的强弱取决于局地加热的程度,即最高温度的高低。由于地表受热不均,造成局地温差,常常形成小型的垂直环流。这种上升运动也可起到触发机制的作用。例如,夏季湖泊与陆地交错分布的地区,以及沿江、沿湖地带,由于白天水面日射增温弱,陆地日射增温强,因此水陆温差使得陆上空气上升,水上空气下沉。又因白天陆岸上层结一般要比水面层结不稳定,所以在白天陆岸比水面容易发生对流。在飞机上午后往往可以看到湖泊周围的陆地上对流云密布,而湖面上都是晴空。夏季,上午在大雾笼罩的地区,由于雾区与其四周地区所受的日射不均,往往产生很大的温差。这种情况下,在卫星云图上常常可以看到,当午后雾消时,雾区四周会发生雷暴。

热力抬升作用通常比系统性上升运动要弱,往往只能造成强度不大的热雷暴和对流云。单纯热力抬升造成的雷暴不多,热力抬升作用通常是在天气系统较弱的情况下,才需要加以考虑。

### 8.1.3　强雷暴发生、发展的有利条件

下面来讨论常常有利于强雷暴发生的几项因子。

(1)逆温层

逆温层是稳定层结,一般起到阻碍对流发展的作用。但它也有有利于强对流发展的一面。逆温层对发生强对流有利的作用主要是储藏不稳定能量。有时在低空湿层上部存在一个逆温层,这个逆温层阻碍了热量及水汽的垂直交换。这样一来,就使低层变得更暖更湿,高层相对变得更冷更干,因此不稳定能量就大量积累起来。一旦冲击力破坏了逆温,严重的对流性天气就往往会发生。1974 年 6 月 17 日,我国东部地区发生的强风暴就是一个例子,这一天上午在山东半岛至长江沿岸地区存在一个大范围的逆温层,使不稳定能量得以大量积累,造成了一个大范围的不稳定区。随后因冷空气的冲击,终于爆发了强对流,并使强对流不断地发展,造成了一次大范围的强风暴天气过程。

(2)前倾槽

在前倾槽之后与地面冷锋之间的区域,因为高空槽后有干冷平流,而低层冷锋前又有暖湿平流,因此不稳定度就加强起来。所以在上述区域内容易产生比较强烈的对流性天气。例如,1962 年 6 月 8 日在鲁南、皖北及苏北地区发生的一次雷暴、冰雹过程中,雷暴主要发生在 700 hPa 槽线与地面锋之间及附近的地区,而冰雹则主要发生在前倾槽与地面锋之间的地区(图 8.5)。

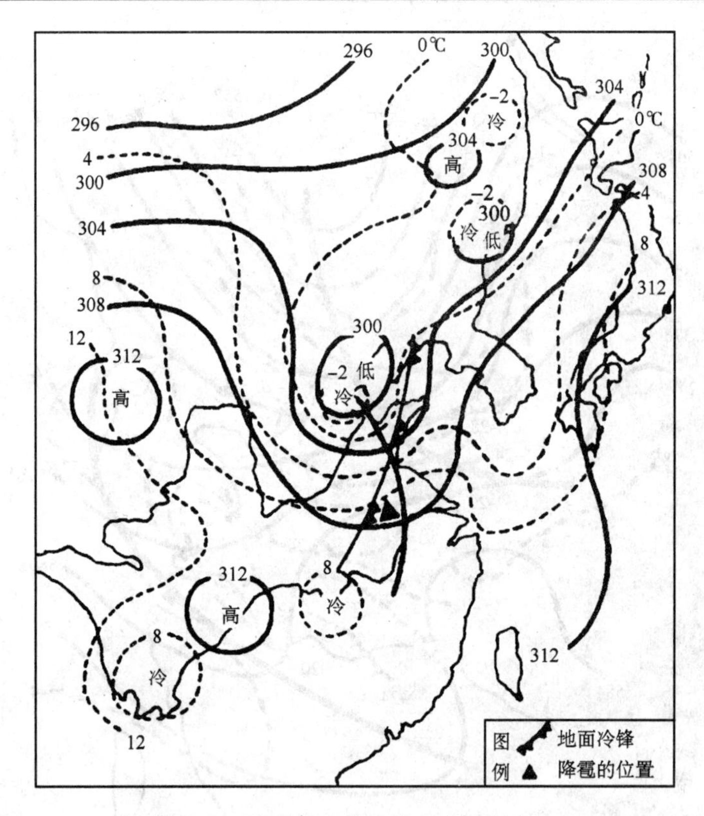


图 8.5　1962 年 6 月 8 日 20 时 700 hPa
槽线与地面锋的位置及天气的分布图(寿绍文,1964)

(3)低层辐合、高层辐散

一般情况下,如果在低层辐合流场上空又有辐散流场叠置,那么抬升力更强,常会造成严重的对流性天气。中尺度天气分析表明,强雷暴天气往往是由地面中尺度低压发展及高层辐散加强所引起的。在 500 hPa 槽前有正涡度平流(如在“阶梯槽”、“疏散槽”槽前的情形下)、低层有暖舌、地面为高温区、山区摩擦辐合作用较强的地区容易发生中低压。当中低压生成后,如果高空还有加强的辐散场,则垂直上升运动便会加强,强烈的对流性天气便可能在中低压内发展起来。例如,1974 年 6 月 17 日我国东部地区发生的特大风暴就是在阶梯槽形势下发展起来的(图 8.6),这一天,我国东部沿海地区高空为一辐散场,低层处在冷锋前部,山东北部有一中尺度低压。由于垂直运动发展,结果在中低压内切变线东段出现雷暴,然后雷暴区向南逐渐移动,造成了一次大范围的强雷暴天气过程。

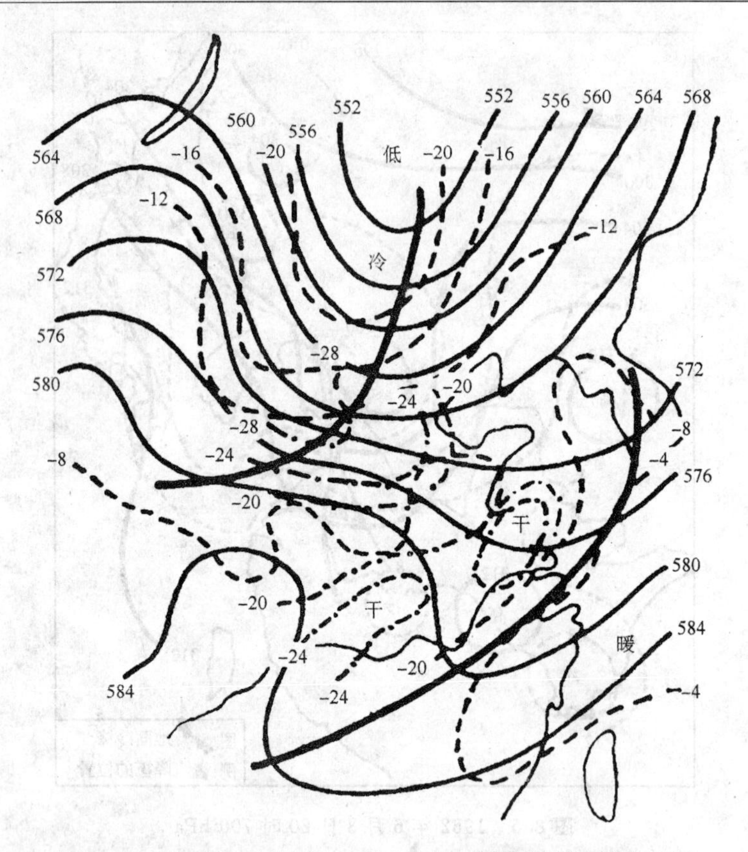


图 8.6 1974 年 6 月 17 日 08 时 500 hPa 形势图(寿绍文,1979)
(虚线为等温线,点画线为等露点线)

(4)高、低空急流

很多学者都注意到,强大的冰雹云的发展常与较大的风速垂直切变有密切的关系。强的风速垂直切变一般出现在有高空急流通过的地区。有人做过全球范围的强雷暴分布的气候分析,发现在中纬地区,强雷暴及冰雹和 500 hPa 急流轴的月平均位置联系得十分紧密。

除了高空急流以外,低空西南风急流对形成冰雹和其他强雷暴天气也是有利的。目前通常讲的低空急流有两种,一种是位于 850 hPa 附近的强西南风带,另一种是高度约为离地面 600～800 m 的强西南风带。此外,有人把 700～600 hPa 附近的急流也包括在低空急流中。这几种低空急流对于对流性天气的发展都是有利的。它们的作用主要是造成低层很强的暖湿空气的平流,加强层结的不稳定度,而且可以加强低层的扰动,触发不稳定能量的释放。在这种地区如同时有高空急流通过,则往往会发生严重的对流性天气(图 8.7)。

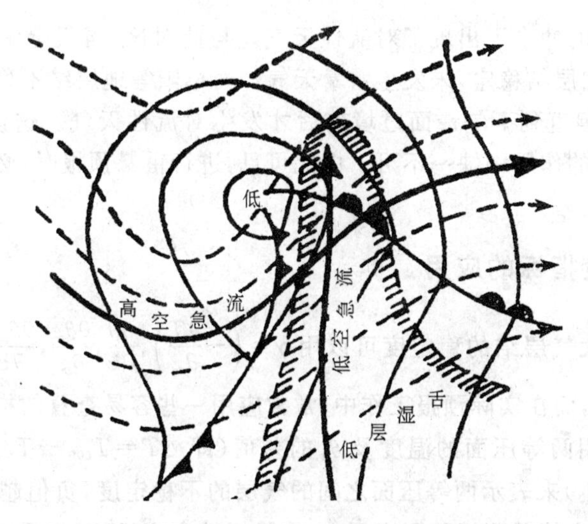


图 8.7 一个有利于爆发强对流天气的形势图

(实细线为海平面等压线;虚线为高层流线;阴影区为低层湿舌)

(5)中小系统

中小系统对造成强风暴的重要作用已在前面章节中有所提及。实践表明,冰雹云的形成与中小系统关系密切。在高空辐散场背景下,地面的中小尺度低压、辐合区可以促使对流云强烈发展。下沉气流出现后,形成飑中系统(包括雷暴前低压、飑线、雷暴高压、尾流低压等系统)。飑线是一个倾斜的界面,它迫使暖空气沿斜面上升,因此飑线的形成使云中出现并维持斜升气流,从而有利于形成稳定状态的强雷暴云。

## 8.2 对流性天气的短期预报

### 8.2.1 雷暴天气短期预报的思路和着眼点

由以上分析我们已经知道,雷暴天气是由水汽条件、不稳定层结条件和抬升力条件等三方面条件综合作用而造成的。以上三方面条件之间的相互联系可以以 1962 年 6 月 8 日鲁南、皖北、苏北地区的雷雨和冰雹天气过程为例来加以说明。发生此次过程前,当天 08 时在 500 hPa 上、120°E 附近有一深槽,华北为一冷涡,槽后有冷空气南下,负变温区南伸到江淮地区。在 850 hPa 上,江淮地区为正变温区,长江中游为一湿区,槽前的西南气流使水汽不断地向江淮地区输送。在地面图上,有一条冷锋逐渐南移,至 20 时影响江淮地区(图 8.5)。在探空曲线上,徐州、阜阳等地的大气层结为对流性不稳定。在这样的天气形势下,江淮地区的湿度和不稳定度不断加大。

最后终于在冷锋的冲击下出现了对流性天气。与此对比，当天上午北京地区虽然也有锋面过境，但因层结稳定，未发生雷暴天气。而阜阳等地层结不稳定条件虽然早在08时便已具备，但直到下午锋面过境前后才发生对流性天气。这说明，以上条件在造成对流性天气的作用中缺一不可。由此可见，进行雷暴预报时，必须对这三个条件综合分析和预报。

### 8.2.2 稳定度指标的应用

如前所述，大气层结的稳定度可以用 $\gamma=\left(-\frac{\partial T}{\partial z}\right),\frac{\partial \theta}{\partial z},\frac{\partial \theta_{se}}{\partial z},\frac{\partial \theta_{sw}}{\partial z}$ 以及 $A_+$ 等物理量的大小来表示，而在实际预报工作中，常常应用一些容易查算的指标来表示稳定度的大小。例如，用两等压面的温度及 $\theta_{se}$ 的差值（即 $\Delta T=T_{500}-T_{850}$ 及 $\Delta\theta_{se}=\theta_{se700}-\theta_{se850}$ 或 $\theta_{se500}-\theta_{se850}$）来表示两等压面之间的气层的不稳定度，负值越大表示气层越不稳定。也可用两个等温面间的厚度，如－20℃层的高度 $H_{-20}$ 与零度层的高度 $H_0$ 的差距 $\Delta H=H_{-20}-H_0$ 来表示这一层的稳定度，$\Delta H$ 越小表示气层越不稳定。此外，还经常采用下列指标来表示稳定度的大小。

①沙氏指数（$SI$）。小块空气由 850 hPa 开始，干绝热地上升到抬升凝结高度（LCL），然后再按湿绝热递减率上升到 500 hPa，在 500 hPa 上的大气实际温度（$T_{500}$）与该上升气块到达 500 hPa 时的温度（$T_s$）的差值，即为 $SI$（$SI=T_{500}-T_s$）（图 8.8a）。如 $SI>0$ 表示气层较稳定，如 $SI<0$ 表示气层不稳定，负值越大，气层越不稳定。注意，若在 850 hPa 与 500 hPa 之间存在锋面或逆温层时，则此时的 $SI$ 无意义。

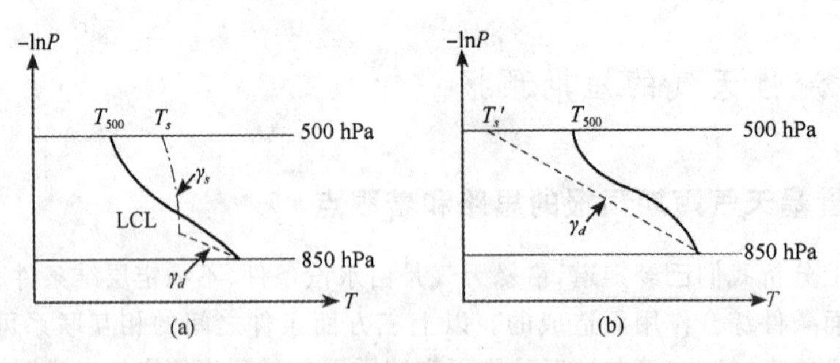


图 8.8 $SI$(a)和 $SSI$(b)的求法

②简化沙氏指数（$SSI$）。将 850 hPa 上的小气块按干绝热递减率上升到 500 hPa，500 hPa 上大气的实际温度 $T_{500}$ 与该上升气块的温度 $T_s'$ 的差值即为 $SSI$（$SSI=T_{500}-T_s'$），求法见图 8.8b。因为在一般情况下，$\gamma\leqslant\gamma_d$，所以在一般情况下，$SSI\geqslant 0$。$SSI$ 的正值越小，表示气层越不稳定。将 $SSI$ 与 $SI$ 相比，可见求 $SSI$ 时忽

略了气块的凝结过程，即认为气块一直到 500 hPa 都是未饱和的，所以它是 *SI* 的简化。

③抬升指标(*LI*)。为了表示自由对流高度以上正面积的大小，常采用抬升指标(*LI*)。所谓抬升指标，是指一个气块从自由对流高度出发，沿湿绝热线上升到 500 hPa 处所示的温度与 500 hPa 实际温度之间的差。*LI* 为正时，其值越大，正的不稳定能量面积也愈大，爆发对流的可能性也愈大。

④总指数(*TT*)。其定义为 850 hPa 的温度和露点之和减去 2 倍的 500 hPa 温度，即 $TT=T_{850}+T_{d850}-2T_{500}$。*TT* 愈大，表示愈不稳定。

在实际工作，常常根据历史资料的统计分析，得出各种稳定度指标与对流天气的对应关系。如根据国外资料，*SI* 与对流性天气有下列对应关系：

| | |
|---|---|
| $SI>+3$℃ | 发生雷暴的可能性很小或没有； |
| 0℃$<SI<+3$℃ | 有发生阵雨的可能性； |
| $-3$℃$<SI<0$℃ | 有发生雷暴的可能性； |
| $-6$℃$<SI<-3$℃ | 有发生强雷暴的可能性； |
| $SI<-6$℃ | 有发生严重对流性天气(如龙卷风)的危险。 |

### 8.2.3　应用温度—对数压力(*T*-ln*P*)图预报气团雷暴

*T*-ln*P* 图是一种预报雷暴的重要工具。将它与天气图配合使用，可以取得较好的效果。用 *T*-ln*P* 图预报雷暴可分以下两个步骤。

①用 07 时探空资料做出探空曲线，分析大气层结稳定状况，求算特征高度(抬升凝结高度、自由对流高度、对流上限等)，并计算稳定度指标(不稳定能量面积、*SI*、*SSI* 等)。

②用天气图、单站高空风分析图来判断 07 时的层结曲线、稳定度演变趋势。估计当天下午本站层结稳定状况，配合天气系统分析判断当天有无雷暴发生的可能。若预计可能发生对流云，而且对流上限(云顶)可达到－20℃等温线高度以上，则预报可能发生雷暴。

在系统较弱的情况下或在一个气团内部，由于午后地表受日射增热而使层结变为不稳定，往往容易发展“热雷暴”。热雷暴的预报主要从分析探空曲线和预报最高温度入手。

首先求出对流温度 $T_g$。在 *T*-ln*P* 图上点出早晨 07 时层结曲线及露点曲线。在层结不稳定(有较大的正不稳定能量面积)的情况下，通过地面露点($T_d$)沿等饱和比湿线上升与层结曲线相交于 *C* 点(即对流凝结高度)，再过 *C* 点沿干绝热线下降到地面，所对应的温度即为对流温度 $T_g$(图 8.9)。

其次，估计下午的最高温度 $T_M$。根据前一天的最高温度，并考虑天气条件的变化，估计当天下午可能出现的最高温度 $T_M$，若 $T_M > T_g$，则当天下午有发生热雷暴的可能。这是因为当地面气温大于 $T_g$ 时，低层空气就可以无阻碍地上升到 $C$ 点。假设地面露点不变，则上升气块到 $C$ 点时就达到饱和，假如 $C$ 点以上 $\gamma > \gamma_s$，则 $C$ 点也就是这时的自由对流高度，只要 $C$ 点以上有较大的正不稳定能量面积，就可能发展热雷暴。

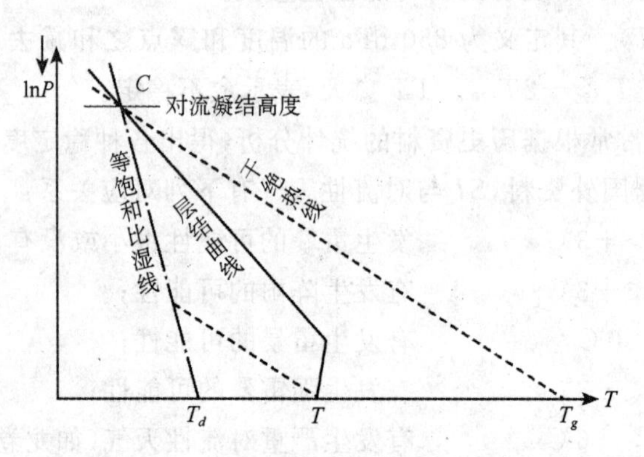


图 8.9　对流温度 $T_g$ 的求法示意图

### 8.2.4　雷暴大风(飑)的预报

雷暴发生时，并非每次都伴有大风。例如，北京地区每年总要发生四五十次雷暴，但伴有较强风力的雷暴每年平均不过十来次左右。雷暴大风有很明显的季节性和日分布特征。仍以北京为例，雷暴大风一般出现在 4 月中旬至 9 月中旬，以 6、7、8 月为最多，在一天中，则主要发生在 13—24 时，即午后至上半夜，并以下午 03—09 时为最多，一般来说，强雷暴才会引起大风。

上干、下湿的对流性不稳定气层即在 $T$-ln$P$ 图上温度层结曲线与露点曲线(图 8.10)下部紧靠、上部分离，呈“喇叭状”配置时，就有利于形成雷暴大风。而在天气图上，在不稳定区，如 $\Delta\theta_{se700-850}$ 的负值中心，最易发生雷暴大风，例如，1974 年 6 月 17 日的大风区正是在 $\Delta\theta_{se}$ 的负值中心区(图 8.11)。高层降温、降湿，低层增温、增湿对造成不稳定区起了很重要的作用。

在实际工作中，当预报有可能发生雷暴时，一般常用 $T$-ln$P$ 图来进一步判断有无雷暴大风发生的可能。方法是采用下列经验公式来计算可能产生的风速 $v$：

$$v \approx 2 \times (T_g - T_c) \tag{8.2.1}$$

式中：$T_g$ 为对流温度；$T_c$ 为 08 时由层结曲线或状态曲线上的 0℃层湿绝热下降到地面时的温度。若 $v$ 很大，则可预报将有大风。这个经验公式的理论根据是，认为雷暴大风是由于雷暴云中下沉的冷空气强烈辐散而造成的。下沉气流所造成的近地面层的冷堆与其周围空气温差愈大,雷暴大风的风力便愈强。在假定有雷暴发生的前提下,$T_g$ 可表示下沉气流周围的空气温度,$T_c$ 则可表示云中下沉空气到达地面时的温度,而 $T_g-T_c$ 就表示下沉气流与周围空气的温差。所以,$T_g-T_c$ 愈大,风力愈大。

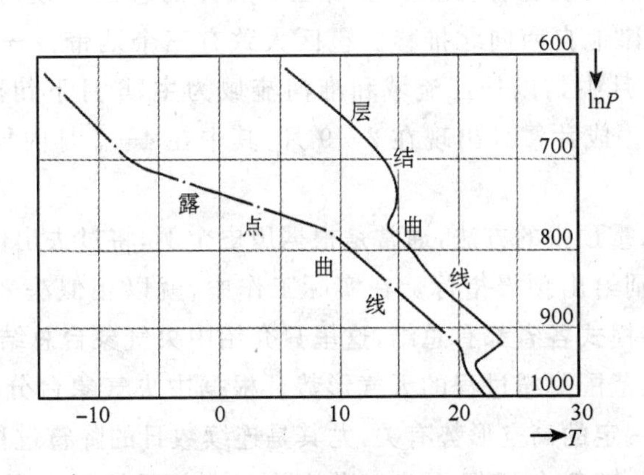


图 8.10　1974 年 6 月 17 日 08 时南京探空曲线(寿绍文,1979)

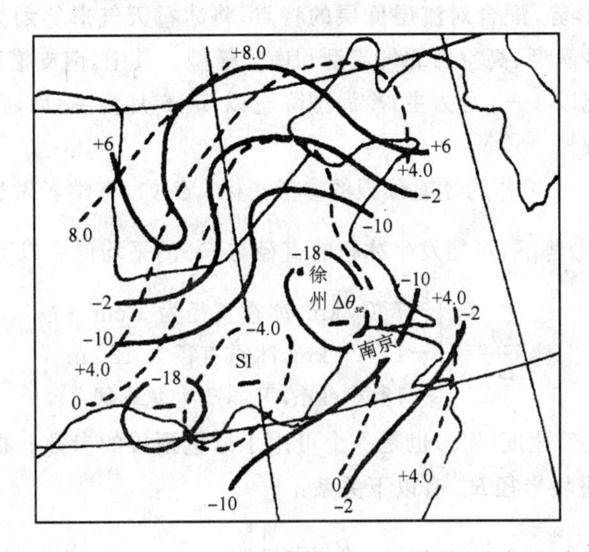


图 8.11　1974 年 6 月 17 日 08 时 $SI$(虚线)及 $\Delta\theta_{se}$(实线)分布图(寿绍文,1979)

## 8.2.5　冰雹天气的预报

雹灾是我国主要的自然灾害之一,年年发生,危害很大。我国冰雹区分布很广,除广东等少数省份冰雹较少外,其余各省、区都有不同程度的雹灾。尤其是中高纬地区内陆的山地、丘陵地区，地形复杂，天气多变，冰雹多，危害重。例如，甘肃等省每年有150～200万亩农田遭受雹灾。一般来说，我国冰雹地理分布的特点是：内陆多于沿海，山地多于平原，中纬多于高、低纬地区。广东是我国雷暴最多的地区之一，但冰雹却较少发生。我国地跨高、中、低纬，幅员广大，冷暖空气交绥带有明显的季节特点，因此冰雹的出现也有明显的季节性。成片的雹区出现时间集中在春、夏、秋三季，并且有规律地自南向北推移。雹区大致有三个地带：2—3月以西南、华南和江南为主，4—6月中旬以长江流域和淮河流域为主，6月下旬至9月以西北、华北、东北地区为主。成片雹区出现在2—9月，其中在4—7月内集中出现的约占总数的70%。

用天气图做冰雹预报的方法，通常是根据历史个例，将过去出现的冰雹天气形势分成若干类型，分别给出预报指标。在实际工作中，就以相似法来进行冰雹天气预报。冰雹天气形势模式各省都有总结，这里只介绍中央气象台总结的每日出现10个以上的降雹站的大范围降雹过程的天气形势。根据中央气象台分析，这种大范围降雹过程，每次都与一定的高空形势有关，尤其是连续数日的降雹过程与高空系统的稳定密切相关。中央气象台根据本身工作的特点，主要抓深厚的天气系统。依据500 hPa气压场形势，配合对流层低层的特点，将冰雹天气形势划分为四个类型：高空冷槽型、高空冷涡型、高空西北气流型和南支槽型。其中，南支槽型降雹以2—4月为主；冷槽型降雹以4—6月为主；冷涡型降雹以5—6月为主；而西北气流型降雹可在4—9月内出现。

分析$\Delta\theta_{se}/\Delta z$也可作为冰雹预报的参考指标。例如，有学者做过统计，在产生降雹或龙卷的天气形势下，可能发生冰雹的直径与$\frac{\Delta\theta_{se}}{\Delta z}$的平均值有以下对应关系：

$$\frac{\Delta\theta_{se}}{\Delta z}=\begin{cases}-7\ ℃/\mathrm{km}，冰雹直径为\ 3\ \mathrm{cm}\\-12\ ℃/\mathrm{km}，冰雹直径为\ 12\ \mathrm{cm}\\-18\ ℃/\mathrm{km}，可能产生龙卷风\end{cases}$$

另外，最大上升速度($W_m$)也是一个可用于冰雹预报的参数。根据俄罗斯资料，$W_m$和最大及地雹块半径$R_m$有以下关系：

$$R_m=\frac{W_m^2}{\beta^2} \tag{8.2.2}$$

式中：$\beta$的大小与在重力作用下的球形冰雹质点的降落末速及冰雹半径有关，其数值一般可以取为$2.2\times10^3$厘米$^{1/2}$/秒(有的文献取为$2.6\times10^3$厘米$^{1/2}$/秒)。

因此我们只要求出$W_m$就可以估计出冰雹的大小。在估计有较大冰雹时，则一般来说发生冰雹的可能性较大，而且冰雹强度较大。

为了求得较为符合实际情况的最大上升速度值，常常采用一些半经验的方法。下面介绍这类计算方法中的一种。有人认为，从自由对流高度 $Z_k$ 或 $P_k$ 到最大上升速度出现高度($Z_m$ 或 $P_m$)之间这一气层的不稳定能量的大小与对流云能否发展有密切的关系。这一气层($Z_k-Z_m$ 或 $P_k-P_m$)叫做“积极层”。积极层的不稳定能量为：

$$E_m=-\int_{P_0}^{P_m}R\cdot(T-\overline{T})\mathrm{d}\ln P \tag{8.2.3}$$

但是，积极层的不稳定能量不能全部转化成气块上升运动的动能。有学者引进了一个有效系数：

$$\eta=\frac{T_k-T_{dm}}{T_k} \tag{8.2.4}$$

式中：$T_k$ 为自由对流高度($p_k$)上的温度，$T_{dm}$ 为气块从自由对流高度沿干绝热线上升到最大上升气流速度 $W_m$ 所在高度 $Z_m$(或 $p_m$)时所具有的温度。这样，式(8.2.3)可改写成：

$$\eta E_m=-\eta\int_{P_0}^{P_m}R\cdot(T-\overline{T})\mathrm{d}\ln P \tag{8.2.5}$$

若这部分不稳定能量 $\eta E_m$ 转化为气块做上升运动的动能，并设气块在任意高度上的垂直速度为 $W$，以及在 $p_k$ 上，$W|_{P_k}=W_0=0$，则：

$$\frac{W^2|_{P_m}}{2}=-\eta R\int_{P_0}^{P_m}(T-\overline{T})\mathrm{d}\ln P \tag{8.2.6}$$

因最大上升速度 $W_m$ 常出现在 $T-\overline{T}$ 最大值的高度上，所以式(8.2.6)又可以改写为：

$$\begin{aligned}\frac{W^2|_{P_m}}{2}&=-\eta R\,\overline{\Delta T}(\ln P_k-\ln P_m)\\&=2.3\eta R\,\overline{\Delta T}(\lg P_k-\lg P_m)\end{aligned} \tag{8.2.7}$$

粗略地，取$\overline{\Delta T}\approx\Delta T_m$，因此得：

$$W_m\approx\sqrt{2\eta R\Delta T_m(\ln P_k-\ln P_m)} \tag{8.2.8}$$

式中：$\overline{\Delta T}$为 $P_k$ 与 $P_m$ 之间 $T-\overline{T}$ 的平均值，$\Delta T_m$ 为最大的($T-\overline{T}$)值。式(8.2.8)通常用以计算最大上升气流速度。具体计算时，各项参数的选取如图 8.12 所示。由于对流凝结高度，也就是热对流发生时的自由对流高度，因此在式(8.2.8)的计算中，$P_k$ 也可以取为对流凝结高度。

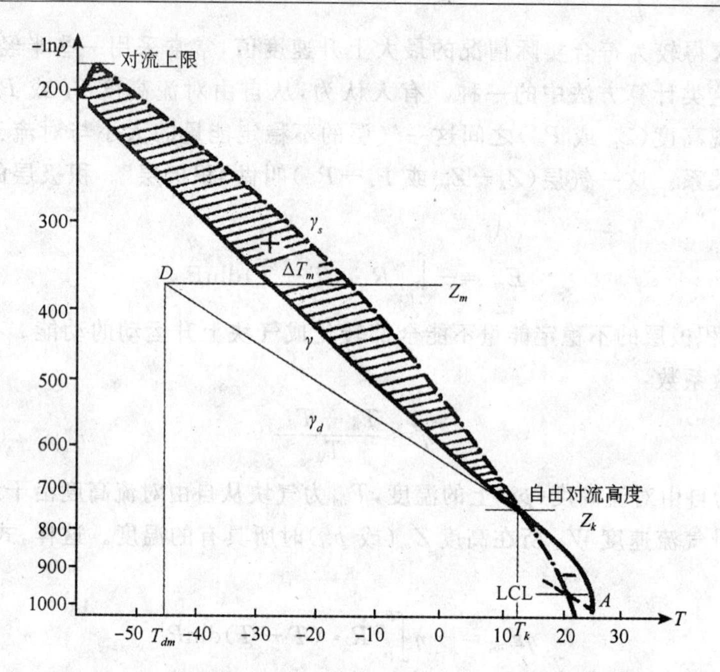


图 8.12　计算最大上升速度 $W_m$ 的 $T$-ln$P$ 图(章基嘉,1979)

## 8.2.6　龙卷风的预报

龙卷风在我国大陆出现的季节大多数是 6—8 月,出现时间绝大部分是傍晚前后,以 17—19 时为最多。我国西沙群岛一年四季均有可能发生龙卷,但以 8、9 月为最多,发生时间则多出现在白天 06—14 时,尤以 06 时前后为最多,这是因为在海洋上清晨对流云发展最盛的缘故。不过西沙群岛的龙卷常常出现在浓积云底部,多半不及地。而大陆上的龙卷多半发生在强盛的积雨云下,常常及地,造成很大的破坏。

龙卷风的短期预报主要依靠天气形势分析,根据历史资料总结出有利于龙卷发生的天气形势,然后用相似法进行预报。另外还要依靠使用有效的稳定度指标。美国预报员根据 328 次龙卷资料和日常预报经验得出了一个预报参数,叫做“强天气威胁指标”,简称“SWEAT 指标”记作“$I$”。它是利用 07 时探空资料和根据下列表达式求得的:

$$I = 12D + 20(T - 49) + 2f_8 + f_5 + 125(S + 0.2) \tag{8.2.9}$$

式中:$D$=850 hPa 露点(℃),若 $D$ 是负数,此项为 0;$f_8$=850 hPa 风速(浬/小时),以 m/s 为单位的风速应乘以 2;$f_5$=500 hPa 风速(浬/小时),以 m/s 为单位的风速应乘以 2;$S$= sin(500 hPa 风向 − 850 hPa 风向);$T$=850 hPa 温度、露点的和减去 500 hPa 温度的两倍;若 $T$ 小于 49,则 20($T$−49)项等于 0;切变项 125($S$+0.2)在下

列任一条件不具备时为零:850 hPa 风向在 130°～250°;500 hPa 风向在 210°～310°;500 hPa 风向减 850 hPa 风向为正;850 hPa 及 500 hPa 的风速至少等于 15 浬/小时。但应注意,在式(8.2.9)中没有任何一项为负数。

这个工作应用于过去的龙卷和强雷暴实例,得到"SWEAT 指标"值 $I$ 与天气的关系是:发生龙卷的 $I$ 临界值为 400,发生强雷暴的 $I$ 临界值为 300。这里所说的强雷暴主要是指伴有风速至少在 25 m/s 以上的大风,或直径 1.9 cm 以上的冰雹的雷暴天气。

不过应用这个指标时,首先必须注意,$I$ 值仅是潜在的强烈天气的指示,高 $I$ 值不意味着当时出现强烈天气;其次还要注意,$I$ 值不能应用于一般雷暴的预报。其中切变项及风速项等是专门用以区别一般雷暴和强雷暴的。最后还须指出,在我国应用这个指标时,必须根据实际情况来确定 $I$ 的临界值。近年来我们所做的一些天气过程个例研究表明,SWEAT 指标的大值对我国的龙卷常常都具有很好的指示性。

## 8.3 雷达探测和卫星云图在对流性天气预报中的应用

近年来,气象雷达探测资料在天气预报中得到了日益广泛的应用。用雷达预报雷雨、冰雹、龙卷都有一定的效果。从雷达回波的形状、亮度等特征可以识别对流云或对流性天气的性质,并能判断其所在方位、距离等。一般认为稳定性云或降水区的回波比较均匀,亮度较暗,边缘不整齐,呈丝缕状。在 PPI 显示器上,雷暴回波则是明亮的,边缘整齐,由许多亮块组成。这些回波的位置、大小、形状、亮度变化较快,移动也较快。飑线回波呈长条形,它由许多回波单体排列而成。在 RHI 显示器上,可以看到雷暴云的砧状和花椰菜状结构、强雷暴云的水分累积区结构及云高、云厚。冰雹回波与阵雨回波的主要区别在于冰雹云回波的平均高度比阵雨云回波要高好几千米,而雷达反射率方面,雹云回波核的最大值比阵雨回波核的平均值大三倍;此外,冰雹的出现概率随着回波核的平均最大雷达反射率及平均高度的增加而增加。注意 PPI 显示器上的对流云回波楔形缺口处还可能出现冰雹等强烈天气(图 8.13)。RHI 显示器的对流云回波顶上出现旁瓣假回波现象也常常是雹云特征之一(图 8.14)。龙卷的回波特点是在强的积雨云回波左右侧有钩形(或"6"字形)回波(图 8.15),这种钩形回波一般是龙卷上空环流的表现。另外,中尺度对流风暴(MCS)按其结构特征可以区分为各种不同的类型,它们的雷达回波特征通常是识别风暴性质的重要标志。在识别各种强烈天气的回波特征的基础上,我们就可以利用雷达来跟踪和预报这些强烈天气的活动。

近年来,卫星云图也已成为日常预报和研究工作的重要资料。在卫星云图上不仅可以看出大范围的云系特征,也可以看出范围较小的对流云的特征。

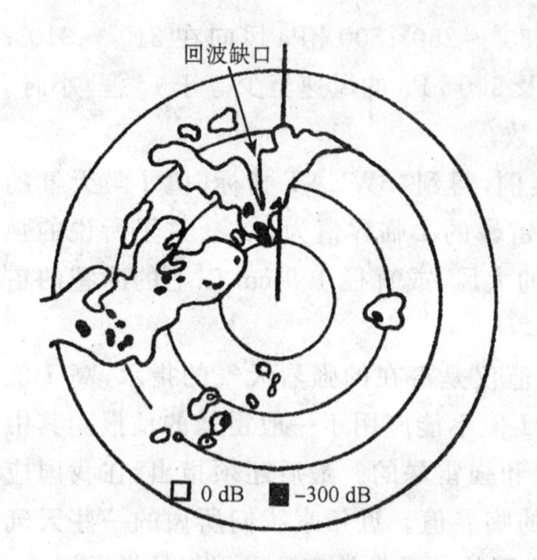


图 8.13 北京 1970 年 7 月 15 日 17 时 52 分观测到的雷达回波(每一圈 50 km,回波缺口所对应的强回波表示地面降雹)

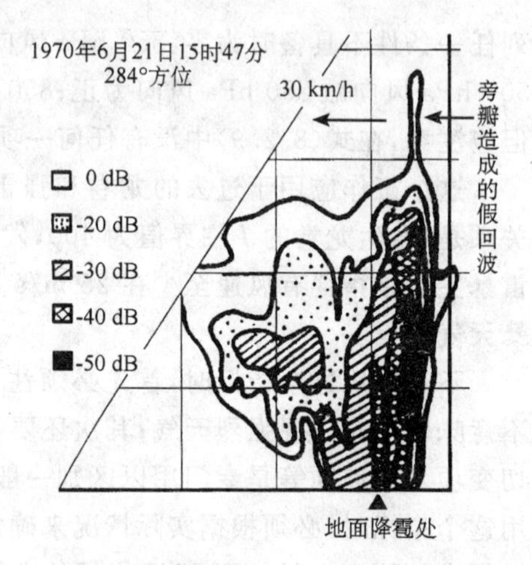


图 8.14 北京 1970 年 6 月 21 日 15 时 47 分在 284°方位上观测到的雹云剖面结构

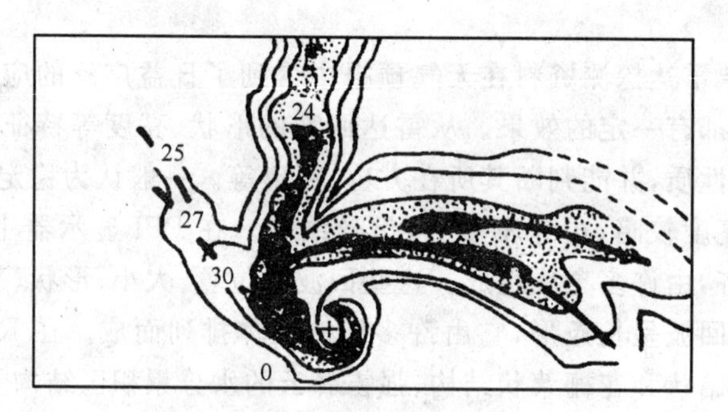


图 8.15 龙卷的钩形回波

(实线为等回波强度线,十为龙卷气旋中心)

在卫星云图上,雷暴云亮度很大,云顶羽状云砧走向与 300 hPa 风向一致。但对较大的飑线云系,往往看不出从个别云塔顶上飘出的条状云砧,而只是表现为一大片蘑菇状的卷云或卷层云覆盖在对流活动区顶上。一块云砧下面可能有好几个对流单体。卫星云图上的云区位置与雷达回波的位置基本上是一致的,但因云图上的云边界包括了覆盖云顶的所有卷云层,所以它比雷达回波区要大得多。

地球同步卫星可以连续拍摄云图,大大增强了云图的时间连续性。甚高分辨率云图上的分辨率可达 0.8 km,因此可以看到云体较细致的结构。应用地球同步卫星云图及甚高分辨云图资料来分析和预报雷暴、冰雹等范围较小、变化较快的对流性天气是十分有效的。

通过卫星云图的分析还可以总结出一些用来预报对流性天气的概念模型。例如，甘肃省气象台把卫星云图作为甘肃地区冰雹预报的重要辅助工具之一。他们总结了一个甘肃省多雹时期强降雹日的云图模型（图8.16）。在这个模型中包括了三个主要因素，即副热带急流云系（J）、蒙古涡旋云系（CEAB）及高原东北部（从祁连山到甘南一带）的对流细胞单体、积云线、积云团（D）。这三个因素的作用是很明显的，其中急流是多雹时期天气形势背景；高原东北部的对流细胞表示当地的不稳定性，它经常发生在西北气流中，且高空尚有冷平流的情况下；至于涡旋云系的云带尾部则是外来影响系统。所以在雹季当高空有急流存在，且对流细胞发展旺盛时，若有外来影响系统，就可以预报有冰雹发生的可能。

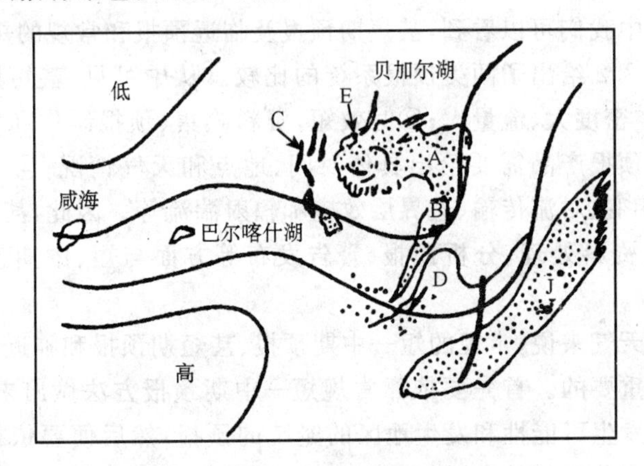


图8.16　甘肃省强降雹日云图模型

（粗实线为等高线；细实线为河流、湖泊；阴影区为云形；J为急流云带，CEAB为涡形云带；D为对流细胞、积云线）

## 8.4　对流性天气的甚短期预报和临近预报

甚短期预报指未来12 h内的天气预报，临近预报指通过对当时天气状况详细监测，用外推法做出的未来2～3 h内的天气预报。对流性天气系统的生命史很短，范围很小，所以常规的短期天气预报方法一般只能预报这类天气系统发生、发展的大概趋势和区域，很不容易确切地预报出对流天气发生地点、时间和强度。要做到后者，只有依靠甚短期预报和临近预报。

进行甚短期预报和临近预报，在目前主要依靠强化观测手段，并对大量的观测资料用电子计算机进行快速处理，做出实时分析、处理和预报。这里所谓强化观测就是要建立稠密的中尺度观测网，加强自动化观测程度，使用各种遥测工具。所谓快速处理，就是使用现代化通讯手段，将当时的观测资料（包括常规台站网资料、自动气象站网资料、雷达、卫星及其他遥测资料等）迅速输入计算机，并立即处理成图形、图像或它们的组合和叠加形式，加上数值预报产品及其释用结果等都显示在荧光屏上或通过打印输出，给预报员提供最及时的、内容丰富的、直观的、容易理解的图形、图像资料作为分析预报的依据，最后将预报和警报迅速传递给用户。由于甚短期预报和临近预报要求在极短的时间内采集、传递、分析观测资料，以至制作预报、发布预报和警报，因此需要有较高的自动化技术的支持。计算机的使用是其中的关键。但人的作用仍很重要，因此这种预报系统的基本工作方式是人机对话。在这一工作方式中，以资料存取分析系统和专家预报系统用得最多，各国都在发展这类系统。

从以上讨论中我们可以看到，甚短期预报及临近预报和常规的短期、中期预报有明显的不同。表 8.2 给出了两类预报系统的比较。从中可见，甚短期预报具有以下特点：①资料时空密度大、流量大；②时效短，资料收集、预报制作和发布要求快速及时；③要求具体，预报产品需要给出具体时间、地点和天气情况；④大气物理过程复杂，涉及水汽的相变、对流传输、边界层效应和辐射湍流等。因此，甚短期预报对天气观测、通讯传递、资料处理、分析预报、警告发布等方面与短、中期预报都有不同的要求。

对于对流性天气来说，常规的短—中期预报、甚短期预报和临近预报等不同时效的预报都是十分重要的。首先要依靠常规短—中期预报方法做出未来 24～72 h 以内的对流性天气发生可能性和发生地区的笼统的预报，然后便要依靠甚短期预报和临近预报做出对流性天气的定时、定点、定量(定强度)的确切的天气预报。因此这些不同时效的预报是整个对流性天气预报系统中的组成环节。不同环节采用不同的方法。例如，在华东中尺度试验中的雷暴预报系统中，过程趋势预报报采用 MOS(模式、输出、统计)法进行，对数值预报产品通过星座聚类、逐步回归、分型统计等方法得出预结果。短期预报按 24 h、12 h 等不同时效，以大尺度概念模式为依据，以数值模式的物理条件、数值预报产品、各种物理量和指数的统计分析、诊断分析结果为因子，通过专家系统得出预报结果。甚短期预报以中尺度概念模式为依据，以地面要素场和物理量、卫星数字云图的统计分析、诊断分析为因子，通过专家系统得到预报结果。监测以天气雷达和逐时航空报为工具，通过判别方程、地面物理量和地形作用识别雷暴强度和演变，用各种客观外推法计算雷暴的移动，从而做出临近预报。试验表明，采用这种预报系统后，其预报准确率明显高于常规的日常业务预报水平。可以期望，随着甚短期预报和临近预报系统的改进和完善，对流性天气预报的水平必将有进一步的提高。

**表 8.2　甚短时和短、中期预报系统的比较**

| 项目 | 短—中期 | 甚短期 |
| --- | --- | --- |
| 预报提前时间着重考虑的尺度 | 大于 8～12 h 天气尺度、行星波尺度 | 0～12 h 中、小尺度，并考虑与天气尺度相互作用 |
| 着眼的空间范围 | 全球、洲 | 区域或局地 |
| 预报的性质 | 一般的天气形势预报，县、区际的笼统天气预报 | 定点（可小到 10 km）、定时段（0～3 h）的具体天气要素预报（3～6 h 的展望预报） |
| 站网密度 | 数百千米 | 小于 50 km |
| 时间间隔 | 地面：3 h<br>高空：6～12 h | 0.5～1 h 以下 |
| 资料量 | 约每小时$10^6$ bit | 每小时大于$10^6$ bit |
| 资料传输速度 | 几秒到几分钟 | 几分钟到几小时 |
| 分析和用于预报的时间 | 1～几小时 | 1～几分钟 |
| 观测资料 | 常规（现有的）地面和高空台站网、卫星资料 | 需组建加密加项的地面中尺度观测网，雷达、卫星和遥感资料实况监测外推，中尺度天气概念模式，物理图像识别数值预报 |
| 预报方法 | 数值预报方法、统计预报方法 | |
| 形成天气现象的大气物理过程的考虑 | 没有或粗略参数化方法表示 | 需仔细考虑水汽相变、云和降水、对流传输、边界层效应、辐射及中尺度湍流等物理过程 |
| 预报产品的发布 | 慢、被动式、公报式 | 及时迅速、主动传递、内容具体，警报式公众服务 |

# 第9章 台风天气过程

台风是发生在低纬热带海洋上空的一种具有暖中心结构的强烈气旋性涡旋，是大气中发生的最猛烈的天气系统之一，通常伴有狂风、暴雨、风暴潮等剧烈天气现象，给受影响地区造成非常严重的灾害。本章将讨论台风的定义及气候特征、结构、移动路径、发生发展条件，以及台风天气的问题。此外，也将简要讨论其他的热带和副热带天气系统，如西太平洋副热带高压、南亚高压等。

## 9.1 台风的定义及气候特征

### 9.1.1 台风的定义

世界各国一般都按照热带气旋中心附近的最大风速对热带气旋进行分类。按世界气象组织规定的统一标准，热带气旋可分为四级，即热带低压（风速10.8～17.1 m/s，即风力6～7级），热带风暴（风速17.2～24.4 m/s，即风力8～9级），强热带风暴（风速24.5～32.6 m/s，即风力10～11级），台风（风速≥32.7 m/s，即风力≥12级）。其中，台风又可进一步再分为三个等级，即台风（风速32.7～41.4 m/s，即风力12～13级），强台风（风速41.5～50.9 m/s，即风力14～15级），超强台风（风速≥51.0 m/s，即风力≥16级）。

“台风(typhoon)”是在我国和东亚地区的名称，在大西洋地区一般称其为“飓风(hurricane)”。在大西洋地区每个飓风通常都是以特殊的名称命名的，如Alex，Betty，Cary，Yancy等。从2000年起，我国和太平洋地区国家也采用特殊名称来命名台风，如“悟空”、“麦莎”等。而在此前，我国则是以编号的方法来命名每个台风的，如“9012”(1990年第12号台风)等。

### 9.1.2 台风的气候特征

(1)台风的源地和季节

台风的源地是指经常发生台风的海区，全球台风主要发生于8个海区，其中，北半球有北太平洋西部和东部、北大西洋西部、孟加拉湾和阿拉伯海等5个海区，而南半球有南太平洋西部、南印度洋东部和西部3个海区。全球每年平均可发生62个台风，大洋西部发生的台风比大洋东部发生的多得多。其中以西北太平洋海区为最多（占36%以上），而南大西洋和东南太平洋至今尚未发现过有台风生成。西北太平洋台风的源地又分三个相对集中区：菲律宾以东的洋面、关岛附近洋面和南海中部。在南海形成的台风，对我国华南一带影响重大。

台风大多数发生在南、北纬度的5°～20°之间，尤其是在10°～20°之间发生的台风占65%。而在20°以外的较高纬度发生的台风只占13%，发生在5°以内赤道附近的台风极少，但偶尔还是会发生的。据多年来的卫星资料分析，台风一般是由热带云团发展而成的。这种云团在好几天以前即可发现，它们形成后逐渐向西移动并发展，有的便可演变成台风。例如，在北大西洋上，有学者根据云图分析，认为每年约有三分之二台风的初始扰动起源于遥远的非洲大陆。这些扰动一般表现为倒“V”形或旋涡状云型，它们沿东风气流向西移动，到达北大西洋中部和加勒比海时，便发展成台风，有的甚至移到北太平洋东部后才发展成台风。北太平洋西部和南海台风的初始扰动位置也常常是十分偏东的。

台风的发生有明显的季节性。在北半球台风集中发生在7—10月，尤以8、9月份最多。不过这是多年的平均情况，事实上，不同的年份可以相差很多。应当指出，在北太平洋西部地区出现的台风并不都在我国登陆，据统计，每年5—11月有台风在我国登陆的可能，而12—4月则没有台风在我国登陆。在我国登陆的台风，平均每年有6～7个，最多有11个，最少有3个，且主要集中在7—9月，约占各月登陆台风总次数的80%。

(2)台风的大小与强度

台风是一个低压系统。其范围大小通常以低压系统最外围近似圆形的等压线所围的范围大小为准，直径一般为600～1000多千米，最大的可达2000 km，最小的只有100 km左右，这种小台风在天气图上不易分析出来。一般说来，太平洋西部的台风比南海的台风要大得多。

台风的强度是以台风中心地面最大平均风速和台风中心海平面最低气压为依据的。近中心风速愈大，中心气压愈低，则台风愈强。据历史资料记载，最强的一次台风是1958年27号台风，近中心最大平均风速达110 m/s，中心气压为877 hPa。

(3)台风的生命史长短

台风的生命史平均为1周左右，短的只有2～3天，最长可达1个月左右。例如，影响我国的7203号台风生命期达26天，1971年大西洋的一个飓风生命期达30天。在不同季节形成的台风，其生命期也有所不同，一般夏、秋两季的台风生命期较长，冬、春两季的台风生命期较短。

## 9.2　台风的结构

### 9.2.1　台风气压场特性

台风是一个深厚的低气压，中心气压很低。图 9.1 是 1956 年 8 月初在我国浙江象山登陆的强台风地面天气图。由图可见，台风周围等压线密集，气压水平梯度很大，特别在副热带高压一侧气压水平梯度更大。图 9.2 是该台风经过石浦时的气压自记曲线。台风中心气压低至 914.5 hPa，中心气压时变曲线呈“漏斗”状，气压陡降又陡升，说明气压变化剧烈，图中 A、B 两处时间相差仅 1 h，气压相差竟达 29.5 hPa，即1 h 变压能达 30 hPa。在台风外围气压向中心降低比较平缓，气压梯度较小。由于台风是暖心结构，根据静力学公式，气压梯度应随高度减少，至某一高度反向(指向

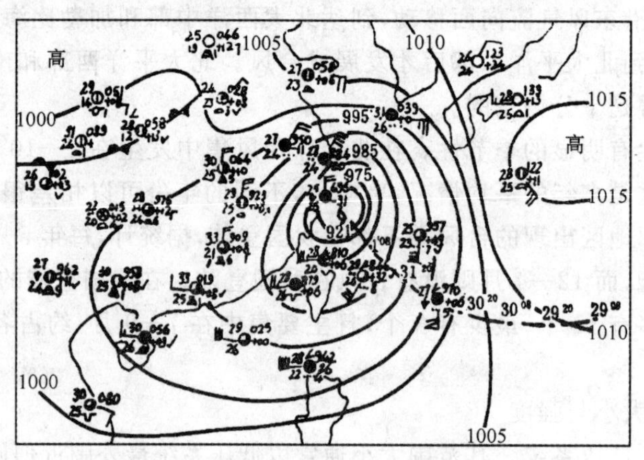


图 9.1　1956 年 8 月 1 日 20 时地面图中的台风
(北京大学地球物理系气象教研室，1976)

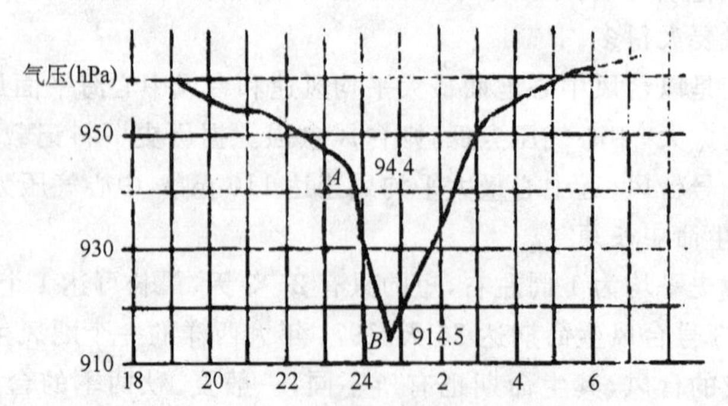


图 9.2　1956 年 8 月 1 日 18 时至 2 日 07 时石浦气压时间曲线
(北京大学地球物理系气象教研室，1976)

外)。中心转为高气压区。资料分析表明,台风低压区可扩展到整个对流层和平流层下部,直到 27 km,甚至可能还要高些。

### 9.2.2　台风流场特性

台风内低空风场的水平结构可以分为三个不同的部分。

①台风大风区,亦称台风外圈,从台风外圈向内到最大风速区外缘,其直径一般约为 400～600 km,有的可达 8～10 个纬距,外围风力可达 15 m/s,向内风速急增。

②台风旋涡区,亦称台风中圈,是围绕台风眼分布着的一条最大风速带,宽度平均为 10～20 km。它与环绕台风眼的云墙重合。台风中最强烈的对流、降水都出现在这个区域里,是台风破坏力最猛烈、最集中的区域。不过最大风速的分布在各象限并不对称,一般在台风前进方向的右前方风力最为强大。

③台风眼区,亦称台风内圈。在此圈内,风速迅速减小或静风。其直径一般为 10～60 km,大多呈圆形,也有呈椭圆形的,大小和形状常多变。

在垂直方向上,根据实际探测分析,台风可分为三层。流入层,指从地面大约到 3 km 以下的对流层下层,特别是在 1 km 以下的行星边界层内,有显著向中心辐合的气流。中层是指从 3 km 到 7～8 km 的层,这里气流主要是切向的,而径向分量很小。流出层是指从中层以上到台风顶部的对流层高层,该层内气流主要是向外辐散的。成熟台风的最大流出层常在 12 km 附近。

图 9.3 是成熟台风的三维风场模型,它是根据台风的探测资料分析概括出来的。为了简化,此模型假定了台风是完全对称的。图 9.3a 是台风顶部的流场,它代表台风上部流出层的流场情况。从图看出,在台风顶部气流都是从台风中心向四周流出的。从眼区到 200 km 以内,气流呈气旋性曲率,但它的水平范围比其流入层要小得多,在流入层气流呈气旋性流入,而在这里,气流呈气旋性流出。在其外面则都是反气旋性气流流出。图的左半部代表台风有外部对流云带时的情况,右半部代表没有外部对流云带时的情形。当台风有外部对流云带时,从雷达回波上可看到有两条强雨带,在距离台风眼壁 50～100 km 范围内是一条内雨带,而外雨带位于外部对流云中。这时,在流场上距离台风中心 300 km 附近常有一条切变线。若台风没有外雨带,流场上就没有切变线。图 9.3b 对应于图 9.3a 的垂直剖面图。在低空,四周空气以气旋式旋转向内流入,因为近台风中心风速和流线曲率都很大,惯性离心力大大增加,使流入气流转变为沿闭合等压线的方向,并产生上升运动。因而空气流到台风眼壁附近后就环绕眼壁做螺旋式上升,从而产生高耸的云墙。上升速度在垂直方向上一般以 700～300 hPa 之间为最大,在水平方向上以距台风中心 100 km 到台风眼壁区为最大。上升气流的水平分布不是完全对称的,在靠副热带高压一侧上升气流最强,但范围较小;在台风槽里上升气流相对地弱些,但范围很广。上升气流到达一定

高度以后，惯性离心力和地转偏向力的合力大于气压梯度力(这是由于台风是暖心低压系统，气压梯度随高度减小的缘故)，因而在该高度以上空气向四周流出，在距离中心一定远处后出现下沉运动。

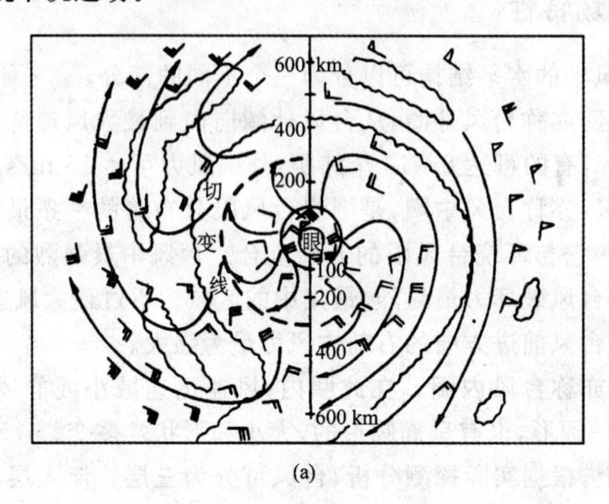

(a)

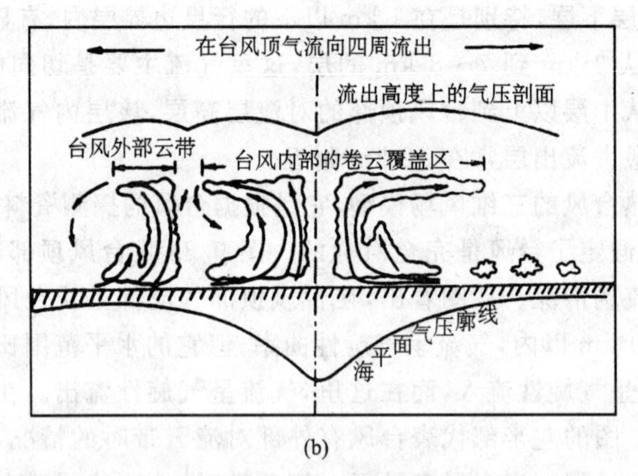

(b)

图 9.3 成熟台风的流场模式(陈联寿和丁一汇，1979)

总的来说，台风的三维风场结构表现在低空流入层内空气流进台风中去，产生上升运动(主要出现在眼区四周的云墙区和外部降水带)，然后空气从台风的顶部向外流出，在远离中心一定距离后出现下沉运动。另外，由于空气从台风顶部向外流出的同时，其更高层必有空气从四周来补充，造成气流的水平辐合。这一股辐合气流一方面在台风眼内形成下沉气流，下沉到达较低层时又向四面辐散，然后被眼壁外的上升气流卷挟上升。这部分下沉气流造成台风眼内强烈的下沉逆温，使台风眼内云消。另一方面迫使台风眼上空对流层顶附近空气上升，把对流层顶抬高，然后向四周流散(图 9.4)。

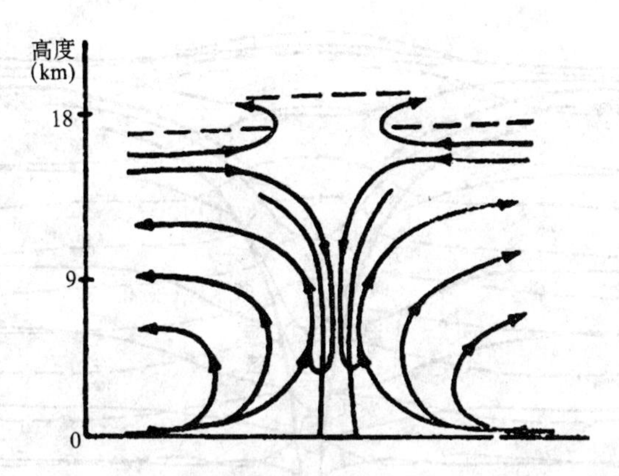


图 9.4　台风的垂直环流模式(Riehl,1951)

### 9.2.3　低层涡度场特性

在自然坐标中的涡度可以用$\zeta=KV-\dfrac{\partial V}{\partial n}$表示,即涡度的大小是由流线的曲率、风速的大小和风速沿流线的法线方向的变化所决定的。

在台风范围内,$K$、$V$ 都是正值,而$\dfrac{\partial V}{\partial n}$在最大风速环内为负值,环以外为正值。由此可知:台风在最大风速环以内涡度恒为正值;在最大风速环以外,则视上述两项大小而定。不同的台风其风场结构也不尽相同,反映在涡度场上,也有它不同的特点。一般来说,正涡度区集中在台风中心附近,在大约距中心 150～200 km 以外的地方出现负涡度区或正负涡度区交错分布的情况。这说明台风范围虽然不小,但最强的正涡度区只集中在距中心 150～200 km 范围内,在这以外尽管流线曲率是气旋性的,风速也很大,但并不都是正涡度区。

### 9.2.4　温度场的特性

由台风内温度场的模式(图 9.5)获知,在台风区的低层(除台风眼外),温度水平梯度很小。这说明:当四周空气向台风中心流入时,虽然由于气压的降低很快,膨胀冷却将使气温降低(通常约在 3℃以上),但由于内流空气从广大洋面上不断吸收热量和水汽,抵消了膨胀冷却的影响,所以台风低层温度水平梯度很小。这种流入空气源源不断地供应热量和水汽,是台风发展和维持的重要条件。在台风的中上层,温度水平梯度是在随高度(上升气流的上限以下)增加而增大的,这是由于台风内部暖湿空气大量上升,并由此不断地释放凝结潜热的缘故,所以一般在台风中上层与周围的温差最大(可达 10℃以上),再往上水平温差又趋减小。在台风眼中,等温线向上突起,这与眼内空气的下沉增温有关。一般情况下,在台风眼中都有一个明显的下沉

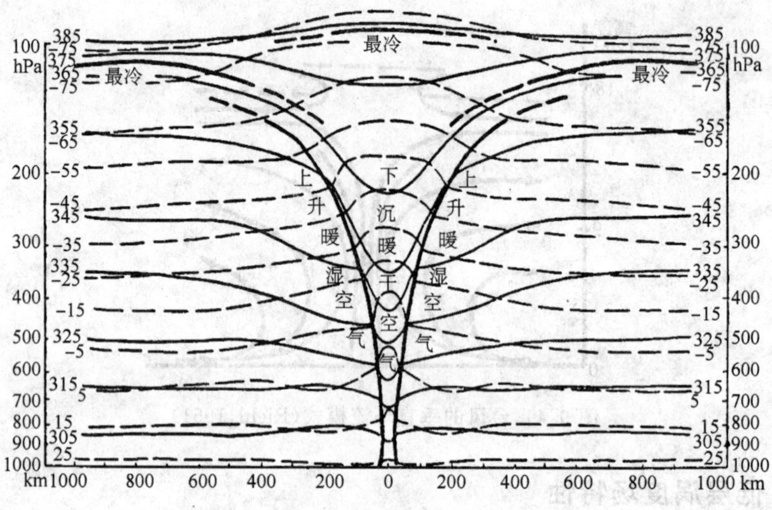


图 9.5　台风内的温度分布(Palmen,1948)

(虚线为等温线,实线为台风眼壁)

逆温或稳定层,图 9.6 是飓风“希尔达”对平均热带大气的温度距平垂直分布图,增暖最强的高度是在 300～250 hPa 间(10～11 km),温度距平达 16℃。在暖心两侧很狭窄的地带中眼壁附近,有很强的温度经向梯度。但在眼区本身,温度经向梯度则很弱。在眼壁外,3 km 以下温度距平很小。近来发现台风暖心结构只是对流层中上层的现象,再往上就转变为冷心结构。这是因为在浮力等于零的高度(密度平衡高度)以上,绝热冷却致使上升空气温度低于环境温度。

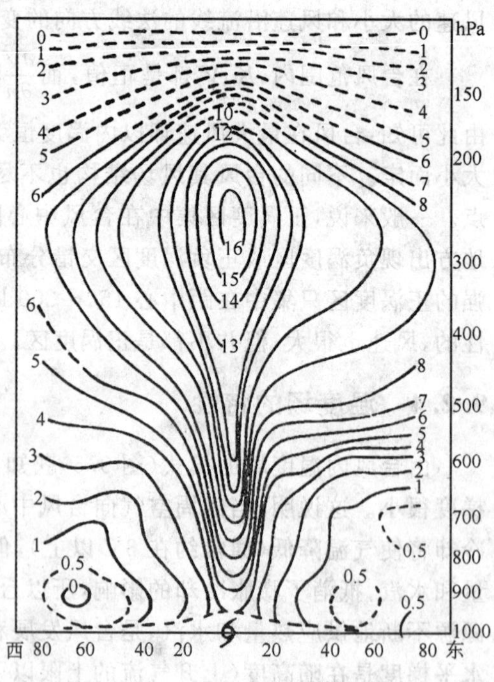


图 9.6　飓风“希尔达”对平均热带大气的温度距平垂直分布图(单位:℃)

(陈联寿等,1979)

## 9.2.5　台风云系特征

处于成熟阶段的台风,在台风眼区由于有下沉气流,通常是云淡风轻的好天气,如果由于下沉气流而有下沉逆温出现,且低层水汽又充沛时,则可在逆温层下产生层积云。在靠近台风眼的周围，由于强烈的上升气流，常造成宽数十千米，高达十几千米的垂直云墙，云墙下经常出现狂风暴雨，这是台风内天气最恶劣的区域。在云墙内，因为一般情况下只有上升气流而无下沉气流，和积雨云内部常有剧烈的上升和下沉气流互相冲击的情况并不一样，因此，云墙内很少出现强烈的乱流扰动和雷暴现象。而只有在远离台风中心、处于台风外围的气旋性区域里或台风槽中，出现雷暴较多。构成云墙的主要是直展云带，直展云带的特征多呈螺旋状。在螺旋状直展云带和层状云的外缘还有塔状的层积云和浓积云。特别是在台风前进方向上，塔状云更多，且云体往往被风吹散，成为所谓的“飞云”，沿海渔民称之为“猪头”云。在台风的边缘则多为辐射状的高云和积状的中低云，偶尔也有积雨云。

如台风处于发展阶段时，云系就偏于台风前进方向的一侧。而若在减弱或消失阶段，则台风眼区因有上升气流出现，以致天气反而转坏，云层密布，有时还会出现降水。所以台风登陆后，一般就很少能观测到典型的台风眼云系，而在台风其他区域内风力较小，云和降水也较微弱。此后，随着台风的继续减弱而消失，整个台风区内天气就逐渐转好。若台风由于冷空气侵入而转变为温带气旋，则台风云系也随之转变为温带气旋云系。

图 9.7　卫星云图中的台风云系(国家气象卫星中心提供)

## 9.3　台风移动的路径

### 9.3.1　西太平洋台风的基本路径

西太平洋台风移动的基本路径主要可分为以下三类(图 9.8)。

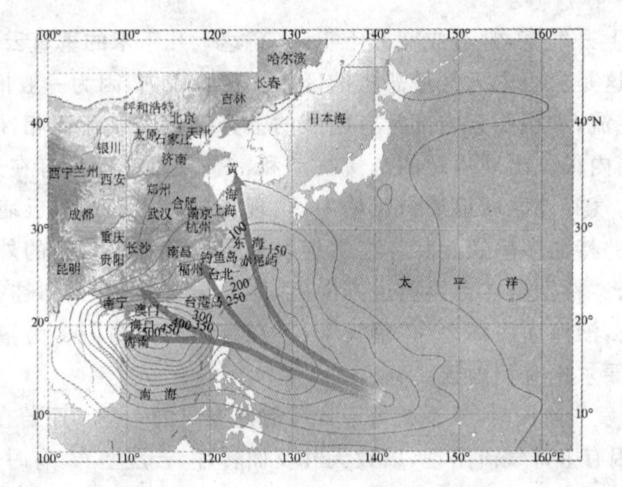


图 9.8　影响我国的台风主要移动路径(中国气象局提供)
(图中等值线为 1951—2006 年热带气旋影响总频数)

①西移路径。台风从菲律宾以东一直向偏西方向移动,经南海在华南沿海、海南岛或越南一带登陆。沿这条路径移行的台风对我国华南沿海地区影响最大。

②西北移路径。台风从菲律宾以东向西北偏西方向移动,在我国台湾、福建一带登陆;或从菲律宾以东向西北方向移动,穿过琉球群岛,在浙江一带登陆,然后在我国消失。沿这条路径移行的台风对我国华东地区影响最大。

③转向路径。台风从菲律宾以东向西北方向移动,到达我国东部海面或在我国沿海地区登陆,然后转向东北方向移去,路径呈抛物线状。这是最多见的路径。如果台风在远海转向,主要袭击日本或在海上消失;如果台风在近海转向,大多影响朝鲜,也有一小部分在北上的后期会折向西北行在辽鲁沿海登陆。冬季这类台风的转向点的纬度较低,对菲律宾和我国台湾一带可能有影响。

台风移动路径随季节而有所不同。夏季多为西北移路径,其他季节多为西移路径和转向路径。其中,西移路径的纬度随季节有所迁移,1—4 月多在 10°N 以南,5—6 月多在 10°～15°N 之间,7—8 月多在 15°～25°N 之间,9—10 月南移到 15°～20°N 之间,11—12 月多在 10°～15°N 之间。转向路径转向点的纬度和经度亦随季节而变化,自冬至夏转向点从低纬度向高纬度迁移,盛夏达到最北,而从夏到冬转向点则变为向低纬迁移。转向点的经度变化是:5—10 月向东移,11—12 月向西移。台风的移动速度平均为 20～30 km/h,台风转向时移速较慢,停滞或打转时移速最慢,台风转向后移速加快,有时可达 80 km/h 以上。

台风的移动路径有时很复杂,例如,它们有时呈蛇行状,有时打转,有时突然西折或北翘等。

### 9.3.2　影响台风移动的因子

影响台风移动的因子很多，可以从分析台风所受的作用力入手来进行初步讨论。假定把台风看作一个在大尺度气压场和流场背景下的运动质点，当不考虑摩擦作用时，它主要受到气压梯度力和地转偏向力的作用，在地转平衡情况下，台风在副热带高压南部的东风气流中由东向西移动，在副热带高压北部的西风气流中，台风则由西向东移动。大尺度流场可视为台风的“引导气流”。假定把台风视为一个气旋性旋转并具有辐合气流的大型涡旋，则由于其南北两侧的纬度差异较大，在其北侧的东风和北风所引起的朝北和朝西的地转偏向力比在其南侧的西风和南风所引起的朝南和朝东的地转偏向力要大(图 9.9)，因此产生了指向西北方向的合力，称其为台风的内力。当台风所受的大尺度气压梯度力、地转偏向力及本身的内力三力平衡时，台风的运动方向就会偏离大尺度基本气流(引导气流)，在东风带中台风向高压一侧偏移，在西风带中台风向低压一侧偏移(图 9.10)。

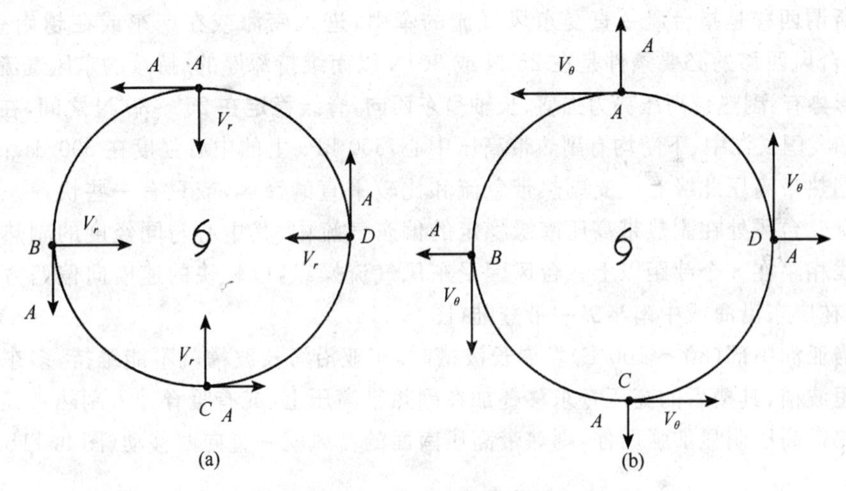


图 9.9　台风内力示意图

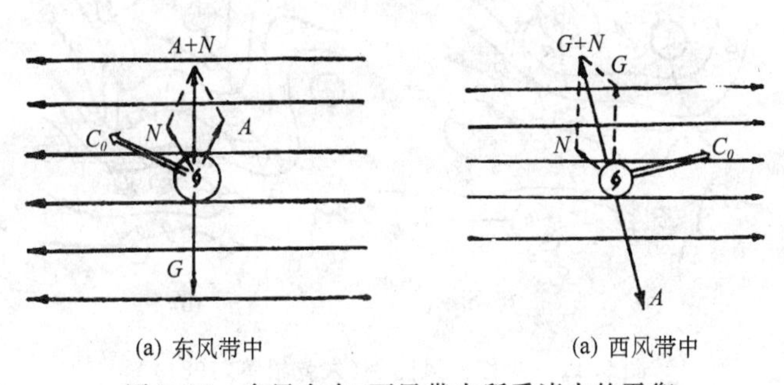


图 9.10　台风在东、西风带中所受诸力的平衡

### 9.3.3 台风移动路径的预报

台风移动主要受引导气流所操纵，台风移动路径的预报问题在某种意义上说主要是预报台风引导气流问题。由于台风上空的引导气流及其变化取决于大型环流系统的配置及其变化，所以天气学方法主要是根据天气图分析，从环流形势入手，结合预报经验和指标，对台风移动路径做出判断。

下面分两种情形来讨论。一种是西太平洋上的台风的移动路径，另一种是登陆台风的移动路径。

西太平洋台风的移动主要受太平洋副热带高压和西风带环流的影响。因此，预报西太平洋台风的移动路径，主要着眼于太平洋副热带高压和西风带槽脊的位置及其强度变化。因台风向西移过140°E后的移向是我们实际预报的重点，所以我们着重讨论台风移过140°E后的移动趋势。

(1)西移台风的预报着眼点

所谓西移是指台风一直受东风气流的牵引，进入南海或在广东或在越南登陆。因此，台风西移的必要条件是在25°N或30°N以南维持深厚的、持续的东风气流。常见的形势有：副热带高压势力强盛，长轴呈东西向，脊线稳定在25°～30°N之间，在日本南部和我国长江中、下游均有副热带高压中心，500 hPa上的中心强度在590 dagpm以上。副热带高压北缘有一支副热带急流和比较平直的锋区，或只有一些快速东移的小槽脊。台风处在副热带高压南缘稳定的偏东气流中，其中心与同经度的副热带高压脊线相距在8个纬距以上。台风因受东风气流操纵，以较快的速度向偏西方向移动，常在广东沿海或中南半岛一带登陆(图9.11a)。

当亚洲中部(80°～100°E)发展长波槽时，东亚沿海长波槽就不能维持，多东移减弱成短波槽，其槽后的高压脊东移叠加在副热带高压上(或有暖脊并入副热带高压)，使副热带高压明显加强西伸，副热带高压南面的台风就一直向西移动(图9.11b)。

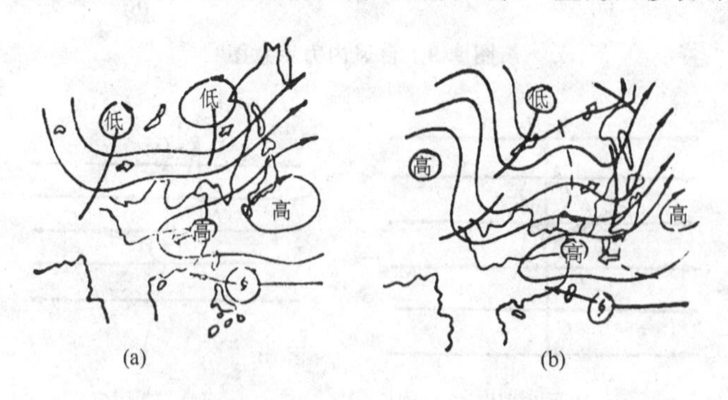


图9.11 西移台风图例(朱乾根等，1981)

当东亚沿岸副热带纬度上环流从经向型向纬向型转变时，台风路径常为西移型。如当东亚阻高沿日本海向南崩溃并入太平洋高压时，导致日本海东部长波槽的发展，使副热带高压显著加强西伸，在这种情况下，位于副热带高压西南部的台风不能转向而一直西移。

(2)转向台风的预报着眼点

台风从东风带进入西风带时，操纵气流方向由偏东变为偏西，则促进台风转向。常见的形势为：环流是经向型的，在我国东部沿海一带是一个稳定的长波槽或一个发展的低槽，槽底伸展并稳定在较低的纬度(40°N 以南，槽后不断有冷空气补充南下)，有时甚至低于副热带高压脊线所在的纬度，太平洋上副热带高压往往东退减弱，或在台风所在的经度断裂。这时台风易从副热带高压的西南缘绕过副热带高压脊线进入西风带，或从副热带高压断裂处北上进入西风带，然后在西风槽前西南气流里转向(图 9.12)。

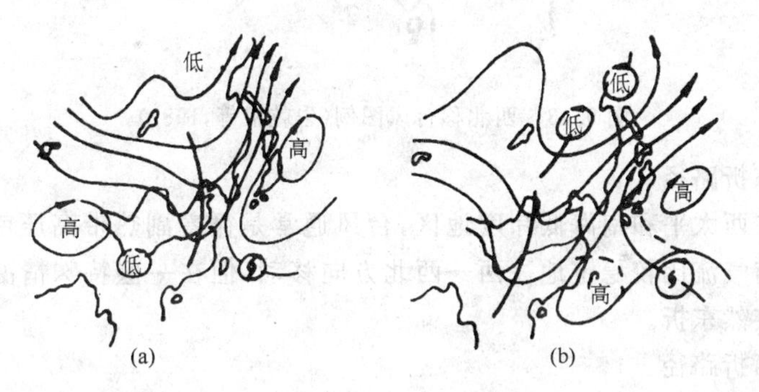


图 9.12　转向台风图例(朱乾根等，1981)

(3)西北移台风的预报着眼点

台风在稳定而深厚的东南气流操纵下向西北方向移动，常在浙、闽地区登陆。其形势特点为：西风带在 70°～90°E 地区出现长波槽，我国东部沿海为长波脊控制，中心位于黄海、日本海的副热带高压正处在稳定的长波脊南侧，不断有暖平流补充或西部有暖高东移并入，因而发展得很强(中心强度常为 594～596 dagpm)，副热带高压轴线呈西北—东南向，其西部脊线在 35°N 以北，台风所在纬度在 20°N 以北。这时台风受副热带高压南侧东南气流操纵，从正面登陆浙、闽一带，深入内陆而填塞(图 9.13)。

(4)台风疑难路径及其预报着眼点

对于大概率的台风正常路径，各种主观和客观预报方法预报台风未来 24 h 或 48 h 的位置都具有较高的正确性，但对常常出现的小概率的台风异常路径和难以预料的路径(统称疑难路径)，各种预报方法的正确性则大大下降，预报比较困难，有时用不同方法预报同一个台风而得出的结果完全相反。我国近 10 年来对台风疑难路径的研究取得了一定的进展。这里主要介绍常见的和对我国有重要影响的台风疑难路径。

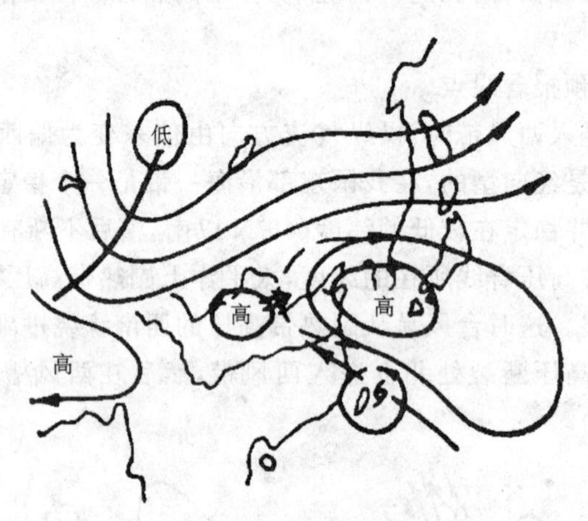


图 9.13 西北移台风图例(朱乾根等,1981)

①突然东折路径

夏半年在西太平和南海低纬度地区,台风通常是循着副热带高压南—西南侧的热带东—东南气流比较稳定地往西—西北方向移动,但在一些特殊情况下台风在西移过程中会突然东折。

②突然西折路径

台风移近东海、黄海及在南海北上过程中都会出现突然西折。台风周围的环流系统与台风之间的相互作用是引起台风路径突然西折的直接原因。东海台风西折的重要条件是西太平洋副热带高压加强西伸,在北上台风北面西风槽附近出现明显的正变高,槽南端出现切断冷涡,台风在副热带高压南侧增强的东风气流引导下转向西移。黄海台风西折与东北部地区的高压、东亚沿海地区的长波槽以及呈南北轴向的副热带高压等三个环流系统的配置和变化有密切关系。当台风沿长波槽前偏南气流移入黄海南部时,若长波槽突然切断而出现冷涡,在涡槽断裂区有高压打通而在我国东北地区南部建立高压,则台风将在高压南缘偏东或东南气流引导下突然转向西折。另外,在双台风形势下,当两个台风中心移近到 12 个纬距以内时,双台风的互旋作用也能影响其中偏东北侧的台风路径出现西折。多数西折路径的台风都有明显的不对称现象,在台风东北和正北方向台风与副热带高压之间的气压梯度最大,而且台风略呈椭圆形,长轴为西北—东南向,副热带高压主体在台风的东北方,西风带距台风的距离大于 10 个纬距。这类环境场特征表明,在没有冷涡或双台风的情况下,北上台风的突然西折主要受其北侧副热带高压脊的突然增强所影响。

③北翘路径

西太平洋台风进入南海以后，正常路径是稳定西行，但有些台风在南海北部突然转向北移，正面袭击华南沿海。而有的西行台风好像要进入华南沿海，却在巴士海峡以东突然转向北行。低纬度台风的这种路径北翘主要受副热带高压和热带环流系统影响。盛夏台风北翘多见于赤道反气旋或赤道缓冲带的加强。

④打转和蛇形路径

台风在移动中突然打转或左右摆动形成蛇形路径，都是常见的疑难路径。台风在移动中既有顺时针打转也有逆时针打转。台风顺时针打转主要有两种情况：a)大型气压梯度力与台风内力平衡，作用于台风整体上的净外力仅有地转偏向力，在地转偏向力的作用下台风做惯性运动，其轨迹为顺时针方向旋转的近似惯性圆；b)环境流场强迫台风按顺时针路径移动。台风逆时针打转主要由双台风的相互引导所造成。台风在气压分布均匀、环境气流很弱的流场里容易出现摆动路径，在台风两侧基本气流相互抵消的流场里也容易出现摆动。

⑤双台风互旋路径

夏季在太平洋上常常同时存在两个台风，当它们相距一定距离时，通常会绕两者之间连线的某点做逆时针旋转。这种双台风互旋常导致台风路径的异常。

## 9.4　台风的发生和发展

### 9.4.1　台风的发生和发展的必要条件

一般来说，台风发生、发展需要具备以下四个方面的必要条件。

①热力条件。台风发生、发展的根本一条是要有足够大的海面或洋面，同时海面水温必须在 26～27℃以上，这是扰动形成暖心结构的基础。因为暖的海面蕴藏着较大的热量，海面蒸发亦旺盛，通过海气间的湍流输送，扰动所在的低层大气将获得大量暖而湿的空气。而温、湿的这种层结，使 $\frac{\partial \theta_{se}}{\partial z} < 0$，气层具有条件不稳定性。当低层湿空气块从低层抬升至自由对流高度后，气块就加速上升，一直到 12 km 以上总比周围空气要暖得多。因此，暖海面为积云发展并为热量和水汽的向上输送提供了十分有利的条件，而积云对流释放出大量凝结潜热，使冷心扰动转为暖心结构，也就是形成台风的主要能源。

②初始扰动。要使条件不稳定大气的不稳定能量得以释放，使其转变为发展台风的动能，必须有一个启动机制。这就是低层的初始扰动。因为在低层初始扰动中，由于摩擦辐合产生上升运动，可使气块抬升至自由对流高度以上，从而使不稳定能量

释放出来。

③一定的地转偏向力的作用。地转偏向力的作用是能使辐合气流逐渐形成为强大的逆时针旋转的水平涡旋。这种作用可以从涡度方程式(9.4.1)看出：

$$\frac{d}{dt}(\zeta+2\Omega\sin\varphi)=-(\zeta+2\Omega\sin\varphi)\mathrm{div}V \tag{9.4.1}$$

在台风发生的初期，因为相对涡度 $\zeta\approx 0$，所以有：

$$\frac{d}{dt}(\zeta+2\Omega\sin\varphi)=-2\Omega\sin\varphi\mathrm{div}V \tag{9.4.2}$$

这时，在地转参数($2\Omega\sin\varphi$)趋近于零的情况下，即使有很大的水平辐合，也会得到 $\frac{d\zeta}{dt}\approx 0$，即相对涡度随时间几乎没有增加。所以，要发展成台风必须要求 $2\Omega\sin\varphi$ 有一定的数值。在赤道上或在赤道附近地区，由于地转参数等于零或很小，$\frac{d\zeta}{dt}$ 等于零或近于零，正涡度不能增加或者增加得极慢，因而难以形成台风。因此，扰动必须位于距赤道一定距离以外的地带，这个距离通常为5个纬度以上。

④对流层风速垂直切变要小。若风速垂直切变很小，则在一个水平范围不大的热带初始扰动中分散的积云、积雨云所产生的凝结潜热就会集中在一个有限的空间范围内。如果对流层中的风速垂直切变很大，即高空风速很大，积云对流所产生的凝结潜热会迅速地被带离初始扰动区的上空，往各个方向平流出去，从而使一个较大的范围都略为有所增暖。这样，最多只能使大范围地区的气压普遍地略为有所降低，而不可能在一个几百千米范围内有一个猛烈的台风发生。如果对流层中风速的垂直切变很小，则对流层上下的空气相对运动很小，而由凝结释放的潜热始终加热一个有限范围内的同一气柱，因而可以很快地形成暖中心结构，保证了初始扰动的气压不断地迅速降低，最后形成台风。因此，有学者认为这是一个很重要的必要条件。

上面讲到在热带条件不稳定的大气中，当低层具有天气尺度的扰动时，不稳定能量就会释放，转变为台风发展的动能。在具体过程方面，许多的理论研究都证明，首先是条件不稳定性最适合产生积云对流，而平常的条件不稳定性就不能解释天气尺度有组织的运动。有观测又表明，平均热带天气甚至在行星边界层中也并不饱和。因此气块在获得正浮力之前必须先受到相当强的强迫抬升。这样的强迫抬升只在低空辐合区中才有，因而必须把积云对流和大尺度运动看做是相互作用的。积云对流提供驱动大尺度扰动所需的热能，而大尺度扰动又产生发生积云对流所需的湿空气辐合。图9.14是表示这种相互作用的过程的示意图。如图所示，积云对流释放凝结潜热使对流层中、上部不断增暖，并使高层气压升高，产生辐散。高层辐散又促使低层扰动中心的气压降低，产生辐合。这种大尺度的低层辐合又供给了积云对流发展所需的水汽。如此循环，从而导致扰动不断地发展而形成台风。

由积云对流和天气尺度扰动二者相互作用所产生的不稳定性，人们称其为第二类条件不稳定(缩写为 CISK)，其所以称作第二类条件不稳定，是因为它能和产生小尺度积云对流的条件不稳定区别开来。

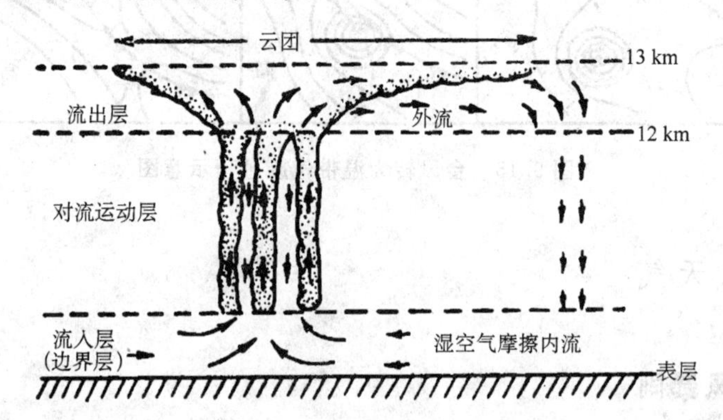


图 9.14　大尺度辐合场与积云对流相互作用示意图(朱乾根等，1981)

## 9.4.2　台风的变性和消亡

台风的消亡有两种情况：一种是减弱消失；一种是变为温带锋面气旋。台风登陆后，由于水汽供应量减少，能量来源枯竭，同时陆地摩擦又比海洋大(特别是山区)，低层空气大量涌入台风中心，以致低层辐合大大超过高层辐散，因而台风也就会迅速减弱，最后完全消失。台风的填塞大多是先从低层开始的，逐步及于高层，故高层台风的消失常滞后一段时间。一般说来，台风登陆后消失的快慢，要看台风本身的强弱及所经过的地表情况如何而定。强的台风可维持得久一些，弱的一经登陆就很快消失；经过平原消失得慢一些，经过山区则消失得快一些。在我国杭州湾以北登陆的台风，不管其强度如何，都不易立即消失，其中还有不少台风转向后重新入海，且在海上又得到加强；在浙闽一带登陆的台风一般减弱得较快，常在内陆消失；在两广一带登陆的台风，如果向北移动，那么一到南岭后也就消失了。

也有台风在海上时即行消失的。如台风没有发展成熟，强度较弱，当它北移进入副热带高压脊的薄弱部位时，常在上层先开始减弱，然后低层减弱，以致消失。又如双台风相距较近并发生相互直接打转时，两个台风就会合并成为一个台风。

如果台风登陆后，在海上还有另一台风存在，使台风北侧维持一个大范围的偏东气流或低空东风急流，此东风急流使海洋上的水汽不断地向登陆台风输送，供以能量(潜热)，则登陆台风减弱消失较慢，能维持较长时间。

台风向较高纬度的地区移动时，一般就会有冷空气侵入，这时台风就不再是单一的暖气团，并且还会逐渐形成冷暖锋，变性成为温带锋面气旋(图 9.15)。

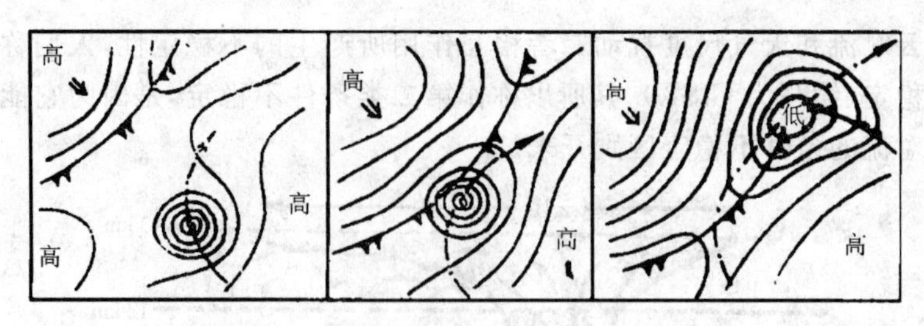


图 9.15 台风转为温带气旋过程示意图

## 9.5 台风天气

### 9.5.1 台风暴雨

台风影响地区常常出现暴雨，甚至出现特大暴雨和伴随爆发性洪水，其破坏性和所造成的灾害极强。台风暴雨预报是台风天气预报的重要内容之一。

一次台风过程可以造成大范围地区出现暴雨。通常一次台风过程能造成 300～400 mm 的特大暴雨，而有的台风可以造成惊人的暴雨，例如，1967 年 10 月 17 日我国台湾新寮受台风影响出现日降水量 1672 mm；1975 年 8 月河南省受 7503 号台风和西风带系统共同作用出现总雨量相当于该地区平均年雨量两倍的特大暴雨。

台风暴雨主要有三种类型：①台风环流本身所造成的暴雨，它主要集中在眼壁附近的云墙、螺旋云带及辐合带中，这种降水随台风中心的移动而移动；②台风与西风带系统或热带其他系统共同作用而造成的暴雨，例如，北方冷空气南下遇台风倒槽会在台风前方形成另一个暴雨区，又如热带云团卷入台风环流时会在台风后部形成暴雨；③受地形影响，在迎风坡暖湿空气被迫抬升而形成暴雨，如浙闽山地在台风登陆前 1～2 天出现暴雨，就是台风北部的东风气流被迫抬升所造成的。

台风登陆后常常出现暴雨增幅而形成特大暴雨。台风环流暴雨的增幅与从低纬流入的云带有密切关系。当台风南面有明显流入云带与台风螺旋云带连接时，为台风供应大量的水汽和能量，使降水强度猛增。台风与西风带系统和热带其他系统共同作用时也会使暴雨增幅。

台风降水具有很大的阵性，这种阵性降水在 1～2 天内可以反复多次。这一特征说明，台风暴雨也具有中尺度的性质和结构。据卫星云图分析，在台风中心外围有明显的中尺度或中间尺度的对流云团活动。这些云团的生命史一般比较短，但它们可以带来暴雨或特大暴雨。另外，从对台风倒槽暴雨的动力结构分析中发现，暴雨中心在地面天气图上对应一个冷性中尺度高压，850 hPa 上对应于一个中尺度弱冷性高压，而在 300 hPa 上则是一个中尺度暖性高压。在暴雨区的南侧，从地面到 700 hPa

都存在一条由偏南风和偏东风形成的中尺度切变线，且各层均有辐合中心相配合。这种中尺度切变线为台风倒槽中形成暴雨提供了启动条件。在暴雨区 300 hPa 上空还存在一支中尺度的西南风强风轴，在其附近的高空辐散对于台风暴雨的维持和加强有着重要的作用。

### 9.5.2　台风大风和风暴潮

台风风速具有很大的阵性，其瞬时极大风速和极小风速之差可达 30 m/s 以上。一个发展成熟的强台风，在它整个生命史中的最大风速常可达到 60～70 m/s 以上。据统计，1949—1969 年的西太平洋台风中，最大风速达到 100～110 m/s 的甚至有 6 次之多(5827、5822、5904、5911、6123、6416)。在一般情况下，相对于台风中心的风速分布是不对称的，它与周围的气压形势有关。5—9 月，台风移向的右侧与太平洋高压相邻，这里气压梯度较大，风力也较大；而 9 月以后，由于受大陆冷高压和太平洋高压的共同影响，台风的西北部和东北部风力都较大。少数台风区内有时可产生龙卷，如 1956 年 9 月 24 日当台风在长江口出海时，浙江嘉兴和上海都曾出现龙卷。

通常当台风接近我国并登陆时，绝大多数都已减弱，但也常常可出现 12 级以上的风力。例如，1959 年 8 月 29 日在台湾省台东登陆的台风，登陆时中心气压为 930 hPa，最大风速达 70～75 m/s。另外，1966 年 9 月 25 日，日本富士山因台风袭击而出现 91 m/s 的特大风速，这是目前陆上台风风速的最高纪录。

台风登陆后，因能量损耗和来源不足会很快减弱，风速随之减小。同时风速受地形的影响也很大。一般说来，平原地区比海上小，山区又比平原小。所以沿海、平原、湖泊等地区都是台风经过时有利于出现大风的区域。我国浙闽一带山脉多为东北—西南走向，当台风经华东沿海北上，位于钱塘江以南时，一般大风范围较小，只有在沿海有强风；但一过杭州湾，大风范围就迅速扩大。正面袭击福建的台风，登陆后几小时内可有 9～10 级大风，然后风力很快减弱；而在内陆山区，只有在风向和河谷走向一致时才出现短时大风。在台湾海峡地区，台风风速分布更有它的特殊性。当台风位于台湾东南方而台风环流本身还没有进入海峡时(特别是其西部)可先出现东北大风；台风如经巴士海峡进入南海，则在浙闽沿海一带出现向北伸展的长条状的大风区。

台风对海面状况的影响主要是造成高潮、风浪、长浪、飓浪等。台风登陆时引起的海水突然暴涨，通常称为台风暴潮。台风暴潮袭击沿海地区，可以引起洪水泛滥，使生命财产受到严重危害。

台风内部气压很低，当中心气压比正常气压值低几十以至 100 hPa 时，可以引起潮位抬高数十厘米以至 1 m。此外，在沿海地区，向岸风使海水壅积亦可造成高潮。当台风引起的高潮与月球引力作用造成的海洋自然潮结合起来时，可使沿海地区洪水泛滥。例如，1969 年 7 月 28 日台风在汕头地区登陆时，中心气压降至 936 hPa，且遇天文高潮期，从而引起潮水倒灌，汕山—澄海等地的大小街道全被水淹，水深1～4 m，造成严重灾害。

台风大风可以造成巨大的海浪，浪的大小与风速大小及风时长短成正比。台风涡旋区内浪高可达十几米。当风浪自台风中心向四周传播时，风力减弱和风浪能量的逐渐消耗使波幅减小和周期加长，浪锋也变圆，从而渐变为长浪。强大的长浪可传播2000 km，传播速度比台风移速快2～3倍。长浪自台风中心向四周传播，在台风行向的右前方最为激烈，浪最高，传播最远，而在台风的右后方则最弱。

在台风眼附近，风向改变迅速，新发展的风浪和已有的风浪互相冲击可以形成很高的水柱。同时，因眼内气压极低，眼壁附近气压差极大，低压对海水的上吸作用使眼内海面形成半球状凸出，在30～40 km内海面高度可差0.5 m。在上述因素影响下，台风在移动时会形成向前倾泻的飓浪。台风登陆时，这种飓浪可以越过海堤，淹没田野而造成危害。

## 9.6　副热带高压

### 9.6.1　太平洋副热带高压

(1)太平洋副热带高压的概况

地理学中一般把30°N～30°S范围内的地区称为低纬度地区，其中，南、北回归线(23.5°N～23.5°S)之间的地区又称为热带。天气学和地理学不同，一般将南北半球副热带高压之间所包括的地区，即赤道两侧的盛行东风带的地区范围定义为热带地区，将盛行东风带与中纬度盛行西风带之间的过渡区，即副热带高压活动区域定义为副热带地区。因为副热带高压脊线随季节而南北移动，所以天气学上所指的热带地区也随季节而变动。一般情况下，北半球冬半年的热带东风带都在20°N以南，夏半年可以移到30°～35°N，所以天气学所指的热带区域在夏半年向高纬方向伸展，在冬半年则向低纬方向退缩。

在南北半球的副热带地区，分别存在着副热带高压带，由于海陆的影响，高压带常断裂成若干个高压单体，这些单体统称为副热带高压。在北半球，它主要出现在太平洋、印度洋、大西洋和北非大陆上。出现在西北太平洋上的副热带高压称之为西太平洋副热带高压，其西部的脊在夏季可伸入我国大陆。副热带高压是制约大气环流变化的重要成员之一，是控制热带、副热带地区的持久的大型天气系统之一。特别是西太平洋副热带高压，对西太平洋和东亚地区的天气变化有着极其密切的关系，我们一般所说的副热带高压(简称副高)就是指西太平洋副热带高压。在这里，我们主要讨论这一副热带高压单体。

总的看来，副热带高压脊的强度是随高度增强的。但由于海、陆之间存在着显著的温度差异，使得500 hPa以上的情况就不大相同。夏季，大陆上及接近大陆的海面上温度较高，所以位于该地区上空的高压随高度迅速增强，而位于海洋上空的高压则不然，其在500 hPa以上各层表现得比大陆上的弱得多。至100 hPa上，太平洋副热带高压已主要位于沿海岸及大陆上空，与地面图相比，形势完全改观。通常所说的太平洋副热带高压脊主要是指500 hPa及其以下的情况。

在对流层内高压区基本上与高温区的分布是一致的。每一高压单体都有暖区配合，但它们的中心并不一定重合。在对流层顶和平流层的低层，高压区则与冷区相配合。另外，太平洋副热带高压脊的低层往往有逆温层存在，这是由下沉运动造成的。特别是当高压脊向西伸展的过程中，逆温更明显。逆温层下部湿度大，上部湿度小。

太平洋副热带高压脊中一般较为干燥。在低层，最干区偏于脊的南部，且随高度向北偏移，到对流层中部时，最干区基本与脊线相重合。高压的南、北两缘有湿区分布，主要湿舌从大陆高压脊的西南缘及西缘伸向高压的北部。

太平洋副热带高压脊线附近气压梯度较小，水平风速也较小；而其南北两侧的气压梯度较大，水平风速也较大。又因为太平洋副热带高压是随高度增加而增强的暖性深厚系统，故其两侧的风速必然也随高度增加而增大，到一定高度上便形成急流。其北侧为西风急流，中心位于200 hPa附近，风速约40 m/s；南侧为东风急流，中心位于130 hPa附近，风速比西风急流要小些。当太平洋副热带高压脊做南、北移动时，西风急流与东风急流的位置、强度、高度都会发生很大的变化。

在副热带高压区内各高度上，相对涡度基本上都是负值，而且涡度场相对于高压表现得很匀称。高压内部的散度场分布要比涡度场复杂，但总的来说，在高压区内，低层以辐散占优势，但主要位于高压南部，而在北部尤其西北侧则多为辐合区；在高层，高压区内，北部为辐散，南部为辐合并扩展到中心部分，辐合、辐散的强度均很大。垂直速度分析表明，在对流层中上层，高压脊轴南侧存在着广大的下沉运动，北侧及脊轴附近有上升运动，再北侧又有下沉运动，因之在高压脊轴附近有一经向反环流，而其两侧则各有一经向正环流。另外，在对流层下层脊线附近为下沉运动。

在卫星云图上副热带高压区主要表现为无云区或少云区。其西北侧与北方锋面交汇常有云带或云团形成，其南侧为热带辐合带，常有很多热带云团生成，有的可能演变成热带风暴或台风。副热带高压脊线一般位于北方锋面云带伸出来的枝状云的末端；或是在副热带高压西部洋面上常有一条条呈反气旋曲率的积云线时，500 hPa副热带高压脊线常位于积云线最大反气旋曲率北边1～2个纬度处。副热带高压脊线附近也常有太阳耀斑区存在。副热带高压西部常有的一些呈反气旋性曲率的积云线，常可维持2～3天。另外，当强冷锋入海后，冷锋云系的残余常可伸入到副热带高压内部，甚至越过副热带高压进入低纬度，这在春秋季节发生较多。

(2)西太平洋副热带高压的变动与我国天气的关系

在实际工作中最常用的表示副热带高压位置变化的方法主要有两种:一种是用500 hPa图上的副热带高压脊线的南北移动来表示副热带高压的南退或北进;另一种是以500 hPa图上的588 dagpm等高线的向北、向西扩展来表示副热带高压的向北、向西推移。当588 dagpm等高线的范围扩大时,即表示副热带高压增强。一般地讲,当副热带高压单体中心位于145°E以西地区时,高压中心的动向与588 dagpm等高线所代表的西端高脊的位移一致;而当高压单体中心位于145°E以东地区时,高压中心的动向与西部脊的位移则不完全一致。

在对流层的中、下层,太平洋副热带高压的主体一般位于海洋上,而西端的脊伸达我国沿海;夏季可伸入大陆,冬季在南海上空形成独立的南海高压。天气实践指出,它直接影响我国天气的主要是伸向我国大陆的一个脊,当然有时也可以在我国沿海或陆上出现闭合的高压单体。

西太平洋高压的不同部位,因结构的不同,天气也不相同。在脊线附近为下沉气流,多晴朗少云的天气;又因气压梯度较小,风力微弱,天气则更为炎热。长江流域8月份经常出现的伏旱就是由于西太平洋高压脊较久地控制这个地区而造成的。

西太平洋高压脊的北侧与西风带副热带锋区相邻,多气旋和锋面活动,上升运动强,多阴雨天气。脊的南侧为东风气流,当其中无气旋性环流时,一般天气晴好,但当有东风波、台风等热带天气系统活动时,则常出现云、雨、雷暴,有时有大风、暴雨等恶劣天气。因此西太平洋副热带高压脊的季节变化与我国主要雨带的活动、雨季的出现有密切的关系。

西太平洋副热带高压在随季节做南、北移动的同时,还有较短时期的活动,即北进中可能有短暂的南退,南退中可能出现短暂的北进,且北移常与西进结合,南退常与东缩结合。西太平洋副热带高压的这种进退,持续日数长短不一。如果将一个进退算作一个周期的话,则长的可达10天以上,短的只有1～2天。一般称10天以上的为长周期,10天以下的为短周期。

当西太平洋副热带高压脊西伸时,因其西部地区原来往往为低压或槽所控制,故天气较坏,水汽较多。脊刚到达时,下沉气流尚不十分强烈而天气却会转晴,所以有时有热雷暴产生,且这种雷暴多出现在脊西部有小范围气旋式风切变的地方。随着脊的进一步西伸,下沉气流逐渐加强,受其控制的地区则出现晴朗少云天气。当脊东撤时,其西部常伴有低槽东移,有上升运动发展。如果大气潮湿且不稳定,就会造成大范围雷阵雨天气。

西太平洋副热带高压脊线短期的变化是和它周围东风带及西风带天气系统互相联系并且互相制约的。例如,在东亚,当西风环流较平直时,其上常有短波槽、脊东移入海。这些小槽、小脊只能引起西太平洋高压外围等高线的变形,而副热带高压脊线位置的变动很小，尤其当西太平洋副热带高压强大时更是如此。但当东移的是发展强大的槽、脊时，它们就会造成西太平洋副热带高压的短周期变化。当深槽移近西太平洋副热带高压时，它就东撤、南退；当强脊移近它时，它便西伸、北进。

西太平洋副热带高压脊的短期变化与我国大陆高压的关系也十分密切。夏季，500 hPa 图上，在西藏高原地区常有分裂的暖高压中心出现（简称青藏高压），当其东移入海并入西太平洋副热带高压时，引起后者明显的西进；夏季，尤其是 8 月份，在华北地区上空（一般在 700 hPa 上）有时会出现暖高压系统，常称华北暖高。当华北暖高并入西太平洋副热带高压时，可使西太平洋副热带高压脊的形状发生较大的变化，脊线可从原来的东西向转为南北向，甚至可在较北地区出现闭合高压中心；初夏或秋季，从我国大陆有冷高压东移入海，在刚一入海的阶段，由于其东部有冷平流，可使西太平洋副热带高压脊减弱东撤；而当冷高渐渐变性增暖并入西太平洋副热带高压后，西太平洋高压脊往往加强西伸。

西太平洋副热带高压脊的短期变化与台风有显著的相互影响、相互作用和相互制约的关系。在西太平洋上空的台风，多产生于西太平洋副热带高压的南缘，并沿高压的外围移动，这是两者之间相互制约的基本方面。但台风在受其外围气流“操纵”的同时会给副热带高压以一定的影响，特别当台风强大时，影响更为显著。总的来说，西太平洋副热带高压与台风移动路径之间有如图 9.16 所示的关系。当副热带高压呈东西带状，且强度比较强时，位于其南侧的台风将西行，且路径较稳定。一般情况下，当台风移到西太平洋副热带高压西南时，高压脊便开始东退；在台风北行时，高压脊继续东退；而当台风越过脊线后，则位于台风南侧的高压脊又开始西伸。还有，当西太平洋副热带高压脊较弱时，台风可穿过副高脊，使副高脊断裂（图 9.17）。

此外，西太平洋副热带高压脊的短期变化与赤道反气旋活动及与副热带长波流型调整也有着紧密的相互关系。

夏季，当赤道反气旋随着赤道辐合带向北推进且进入到我国华南地区时，可与西伸的副热带高压打通合并使副热带高压加强。

盛夏，在北半球副热带范围内流型表现为 6～7 个波，其平均波长约为 50～60 个经度。这种流型具有显著的稳定性，即如果在某段时间内副热带地区的长波数目与波长不符合上述特征时，长波将要调整，使波数与波长趋于平均情况。这种调整过程只需 3～5 天便可完成，而调整之后的流型一般可维持 10 天左右。若调整后刚好有一副热带高压脊在我国大陆东部建立，则常可维持 15 天之久。

副热带流型的调整是整个半球的现象，因此要着眼于全球的槽脊发展来进行判断。预报我国东部地区副热带高压将建立与否，特别要注意 80°E 的长波槽是否将建立。当该区有槽产生时，则我国东部地区将有一次副热带高压的建立过程。同时还要注意北支西风带和热带东风带的影响。

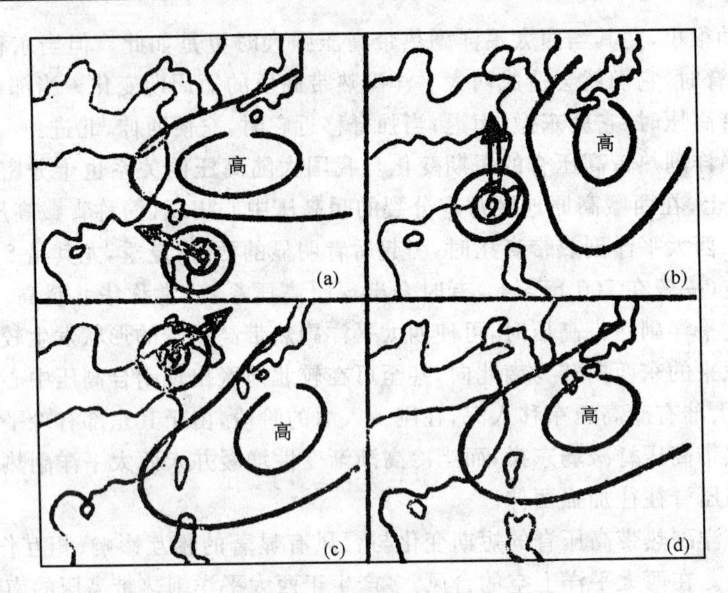


图 9.16　副热带高压和转向台风的关系示意图

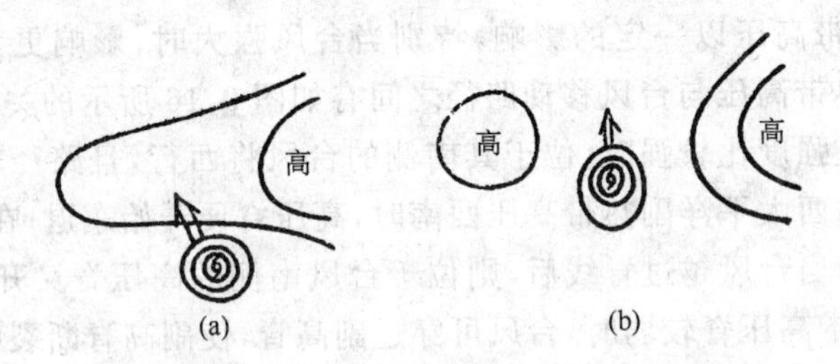


图 9.17　台风移动使太平洋高压脊断裂

## 9.6.2　南亚高压

南亚高压是夏季出现在青藏高原及邻近地区上空的对流层上部的大型高压系统，又称青藏高压或亚洲季风高压。它是北半球夏季 100 hPa 层上最强大、最稳定的控制性环流系统，对夏季我国大范围旱涝分布及亚洲天气都有重大影响。

(1)南亚高压的概况

南亚高压在流场中的表现为行星尺度的反气旋环流。这一反气旋环流以青藏高原为中心，其范围从非洲一直延伸到西太平洋，约占所在纬圈的一半。

南亚高压是对流层上部的暖性高压。青藏高原在夏季是强热源，高原上空整个对流层平均是个高温区。空气在高原上受热上升，低层空气辐合形成低压环流，高层辐散形成高压环流。在气压场上，南亚高压下面 600 hPa 以下整个高原为热低压控制，500 hPa 是过渡层，400 hPa 以上转变为暖高压，南亚高压在 150～100 hPa 气层达到最强。在 7 月北半球 100 hPa 平均图上，高压脊线在 30°N 附近。在南亚高压的南侧是热带东风急流，北侧是高空副热带西风急流。

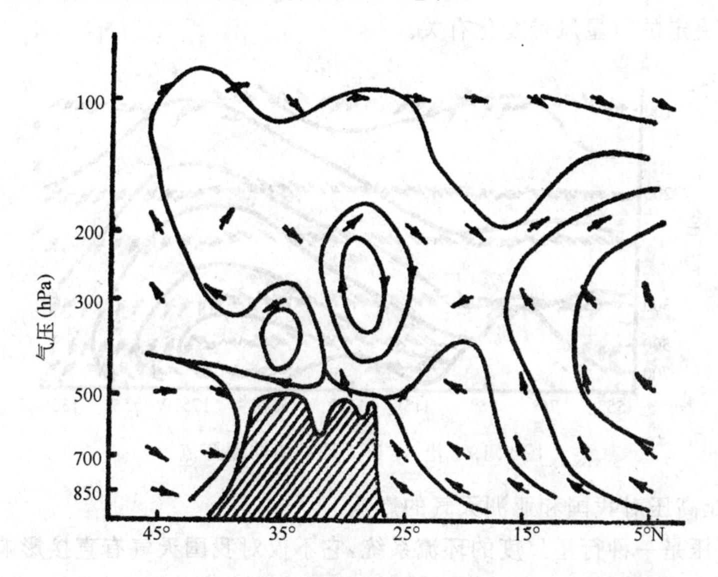


图 9.18 沿 90°E 7 月平均经圈环流

南亚高压具有独特的垂直环流。图 9.18 是沿 90°E 的 7 月平均经向环流，该图的显著特征之一是高原经度上的巨大的季风环流代替了哈得来环流，显著特征之二是在经圈环流内高原上空叠加了两个尺度较小的环流圈，在南亚高压中心附近为明显的上升气流，两侧的下沉支下抵 500 hPa 附近。在南亚高压控制区中所出现的两个方向相反的垂直环流圈与青藏高原的加热效应有关。青藏高原虽然比孟加拉湾的总加热率要小，但高原是一个中空热源，相对于周围自由大气加热效应强得多，因而这两个经圈环流是热力直接环流。在纬向方向上，如图 9.19 所示，沿 35°N 7 月平均的垂直环流的显著特征是在青藏高原上升和在太平洋下沉，这一纬向环流主要是高原与其东部海洋之间热力差异所引起的热力直接环流。以上特征表明南亚高压及其附近的垂直环流与副热带高压具有显著不同的结构。此外，南亚高压控制区还具有潮湿不稳定特征，对流活动非常活跃。

南亚高压是对流层上部的暖高压，由于夏季青藏高原加热作用最为显著，如同一个“热岛”，所以南亚高压中心在夏季稳定于高原上空。但是从这一暖高压作为对流层上部大气环流的成员角度看，其位置和强度都有明显的季节变化。对流层上部的暖高压在冬季也存在，其中心位于菲律宾东南沿岸附近，但是在 4 月以后开始向西北方向转移，5 月移到中南半岛，6 月跳上高原，7、8 月在高原上空最为强盛，9 月以后又逐渐转移到海上。从其脊线的平均位置看，4 月在 15°N，5 月在 23°N，6 月在 28°N，7

月在32°N,8月在33°N,9月又回到28°N附近。考虑这种季节性变化特征,有学者认为夏季南亚高压的形成不仅仅取决于青藏高原的加热作用,而且与全球加热场的季节变化所决定的行星风带变化有关。

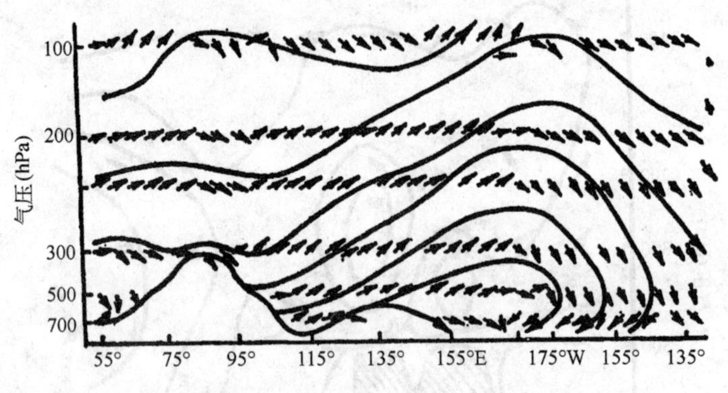


图9.19 沿35°N 7月平均纬圈环流

(2)南亚高压对我国和亚洲天气的影响

南亚高压是一种行星尺度的环流系统,它不仅对我国天气有直接影响,而且对南亚和东亚大范围地区的天气气候有重要影响。例如,南亚高压脊线的位置及其变动与我国主要雨带的位置和季节性变化有密切的关系。100 hPa等压面上南亚高压脊线的变动对我国东部主要雨带的变动常常具有预报指示意义。若初夏时南亚高压脊线比常年偏北,提早跳到25°～30°N之间,则江淮流域可能提前入梅,造成梅雨偏多;如果盛夏时南亚高压脊线比常年偏南,而稳定在25°～30°N之间,则会使出梅日期推迟,也会形成梅雨偏多,甚至形成洪涝。

南亚高压进入高原到退出高原之间的时期,刚好是高原的雨季。但是,当伊朗动力性副热带高压进入高原时,在高原上空形成"上高下高"的形势,这时高原雨季会出现短暂的中断。

南亚高压与日本夏季的天气也有密切关系。例如,在我国江淮梅雨期前后日本也进入梅雨季节,其入梅和出梅的日期也与南亚高压东伸脊线的位置和变动有密切关系。1967年和1972年盛夏南亚高压中心持续停滞在我国东部上空,南亚高压脊东伸和笠原高压西移,日本西部遭受非常严重的干旱。

南亚高压和印度季风槽的活动也有密切关系。南亚高压强时,季风槽被阻于印度中部,印度北部加尔各答雨量偏少,但印度南部的马德拉斯、孟买等地的降水偏多。反之,南亚高压弱时,季风槽移到印度北部,该地区易降大雨,而南部降水却偏少。

# 第10章　高影响天气过程

许多天气都是灾害性很强或可能对人类社会各方面产生高度影响的天气，统称为“高影响天气”。其中，很多(如大风、寒潮、暴雨、雷暴、冰雹、龙卷、台风等)已在前面各章节中做了较详细的讨论，本章再把其他一些较常见的高影响天气过程(如霜冻、寒露风、冻雨、雨凇、冰雪、浓雾、沙尘暴、高温等)的分析和预报方法做一概要介绍。

## 10.1　霜与霜冻

“霜”是指当近地面的温度下降到0℃以下时，由空气中的水汽在地面物体上凝华而成的白色冰晶，亦称为“白霜”。“霜冻”则是指地面(或农作物叶面)的温度突然下降到农作物生长温度以下时，农作物遭受冻害的现象。各种农作物遭受冻害的温度指标是不同的，但大多数农作物当地面(或叶面)最低温度降到0℃以下时就要遭受冻害，所以中央气象台就把地面最低温度降到0℃以下(包括0℃)作为出现霜冻的标准。出现霜冻时地面可以有白色的结晶物，即白霜，也可能没有白霜，无白霜出现的霜冻亦称为“黑霜”。

### 10.1.1　霜冻的种类

霜冻按其形成的原因可分为三种。

①平流霜冻。平流霜冻是由北方强冷空气南下直接引起的霜冻。这种霜冻常见于早春和晚秋，在一天的任何时间内都可能出现，影响范围很广，而且可以造成区域性的灾害。在我国长城以北地区所出现的霜冻主要是这种霜冻。

②辐射霜冻。辐射霜冻是由夜间辐射冷却而引起的霜冻。这种霜冻只出现在少云和风弱的夜间或早晨，通常是一块一块地出现在一个区域内的，且常见于低洼的地方。在我国某些海拔较高而温度昼夜差异大的地区，常见这种单纯的辐射霜冻。

③平流—辐射霜冻。它是由平流降温和辐射冷却同时作用而引起的霜冻。这种霜冻的后期可转为辐射霜冻。

### 10.1.2　我国初、终霜冻的一般情况

每年秋季出现的第一次霜冻称为初霜冻，每年春季最后一次出现的霜冻称为终霜冻。大范围的冷空气活动的早晚与强弱都直接影响大面积初、终霜冻的开始及结束的日期。各地的霜冻出现的情况有所不同，下面分别来讨论不同地区的霜冻特点。

(1)东部平原地区。从东北平原向南经华东平原、长江流域一直到南岭以北一带基本上是一大片平原。冷空气从北方南下，一般顺利地向南推进，因而霜冻形成时大体也连成一片。初、终霜冻日期线基本上是平行的东西走向，初霜冻线随季节自北向南推移。终霜冻线自南向北慢慢缩回。愈向北初霜冻出现愈早，终霜冻愈迟，霜冻期愈长；愈往南霜冻期则愈短。南岭以南就很少出现霜冻。东北平原平均 9 月下旬出现初霜冻，最早可在 9 月上旬，终霜冻约在 5 月中旬，霜冻期为 8、9 个月；华东平原初霜冻在 10 月底，最早可在 10 月上旬出现，终霜冻在 4 月中旬结束、霜冻期约 5 个半月。但是辽东半岛和山东半岛因为三面临海，与同纬度相比初霜冻期晚 7～10 天，终霜冻期也较早结束，江淮地区初霜期约在 11 月中旬到 12 月初，终霜冻期则在 3 月中下旬，长江以南霜冻期为 12 月到翌年 2 月，只有 90 天。纬度愈低的地区，霜冻期就更短，如海南岛的个别地区终年无霜冻。

(2)西部和北部高原地区。该地区因其地势高而且冷空气影响很大，许多地方只有 7、8 两个月没有霜冻，青海西部、西藏大部几乎全年都有霜冻，甚至全年为冰雪覆盖。但是高原中的几个盆地无霜冻期却比四周高山要长。

### 10.1.3　霜冻对农业生产的影响

东北农业区 9 月上、中旬出现的初霜冻，会给正在成熟的秋粮造成很大影响，终霜冻时作物还未播种，影响不大；华北地区 4 月上、中旬冬小麦正处在拔节期和抽穗阶段，如出现霜冻就可能冻坏作物而使产量受影响，初霜冻时期正是秋收播种季节，影响不大；长江流域终霜冻对玉米、蚕豆、豌豆、甘薯、油菜等作物的生产影响较大。

### 10.1.4　霜冻的预报方法

从霜冻的成因可知，预报霜冻出现及影响程度，关键是预报冷空气活动和最低温度。值得注意的是，前面所讲的最低温度是指百叶箱高度上的气温，而衡量霜冻的温度是地面最低温度，二者之间有一定的差值。实践表明，在可能出现霜冻的季节里，如预报天空无云或少云、静风或微风而且最低气温要降至 5℃以下时，就可能出现霜冻。例如，甘肃平凉地区根据几年来各地对冬小麦作物的叶面、草面、地面、气温的对比观测和作物受冻程度的综合分析，确定地面最低温度为 1.0～0.9℃时所出现的霜冻为轻霜冻，－1.0～－2.9℃时所出现的为中等强度霜冻，≤－3.0℃时所出现的为

强霜冻。

预报霜冻的方法，首先可考虑地面最低温度与气温的关系：

$$T_m = aT_L + b \tag{10.1.1}$$

式中：$T_m$ 是地面(或叶面）最低温度；$T_L$ 是最低气温；$a$、$b$ 是随各地下垫面性质、近地面层空气湿度和风等项而定的系数，可以借在不同的天气条件下本地历年地面最低温度与最低气温的资料统计得出。实际上，根据预报的最低气温与夜间的天气条件就可以求得夜间到早晨是否有霜冻。

其次，可以绘制预报相关图来预报霜冻。例如，甘肃省平凉地区根据历史上发生霜冻的天气过程分析得出，本地区的霜冻都是冷空气侵入、天气转晴夜间地面辐射降温所造成的平流辐射霜冻。他们分析了 4 月中旬至 5 月中旬晚霜季节里本地区气象要素的特点与霜冻发生与否的关系，发现凡是满足下列条件之一者，次日凌晨无霜冻：①夜间中低云量≥7 或有雨，或偏南风大于 6 m/s；②白天最高气温高于 25℃或 700 hPa 气温高于 5℃；③14 时的地面相对湿度大于 90%。于是他们在本站历年可能出现晚霜的季节里符合无霜冻指标的日子剔除以后，把剩下的日子进行分型做预报霜冻的相关图，如图 10.1 所示。

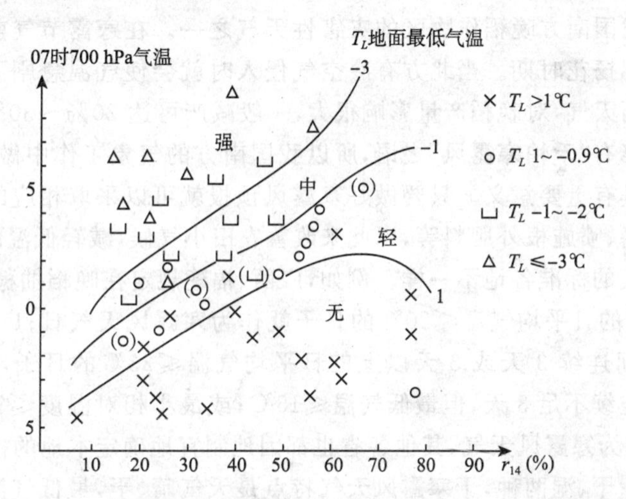


图 10.1　平凉气象台 14 时地面的风向为 W-N-ENE 时所用的霜冻预报相关图(朱乾根等，1981)
(实线右端的数字为地面最低温度(℃)；$r_{14}$ 为 14 时定时观测的地面相对湿度)

此外，还可以编制逐段回归预报方程来预报霜冻。根据霜冻与各气象要素的相关分析，选出相关最好的一些气象要素，用逐段回归方法分别建立三个方程，以预报次日地面最低温度（$T_m$）。例如，平凉气象台所用的方程有以下三个：

不考虑夜间云量预报值时的预报为　$T_{m1} = 0.26(T_M + T_{700}) + 0.06r_{14} - 6.45$

夜间少云条件的预报方程为　$T_{m2} = 0.146T_{700} + 0.06r_{14} - 1.13$

夜间为多云条件的预报方程为　$T_{m3}=26.8-0.42p_{14}+0.08r_{14}$

式中：$T_M$ 是白天最高气温，$T_{700}$ 是07时700 hPa的气温，$T_{m1}$、$T_{m2}$、$T_{m3}$ 是不同天空状况下所求得的次日地面最低温度，$r_{14}$ 是14时的地面相对湿度，$p_{14}$ 是14时的本站气压，计算时取十位、个位和小数一位。

实际做预报时要优先考虑 $T_{m1}$ 的预报值，然后根据形势及各种要素分析夜间云量变化的可能性，参考 $T_{m2}$、$T_{m3}$ 的计算值，再结合霜冻预报相关图，做出霜冻预报。

各种农作物在较暖的生长期季节里遭受霜冻冻害的温度指标互不相同，而且在不同的季节里也有所不同。在气象为农业服务的工作中，应根据当地的具体情况制作霜冻预报。

## 10.2　寒露风

"寒露风"是指由于秋季北方冷空气频繁南下，使江淮及其以南地区温度明显降低，导致双季晚稻受害而减产的一种低温冷害。在长江流域一般称为秋季低温；在两广和福建一带，因正值"寒露"节气前后，故称为寒露风。

寒露风是我国南方晚稻作物区的灾害性天气之一。在寒露节气前后，南方地区晚稻正处在抽穗扬花时期。当北方有冷空气侵入时就会使气温急剧下降，出现低温干燥或低温多雨天气，对晚稻产量影响很大，一般减产可达20%～30%，严重的甚至颗粒无收。农谚有"禾怕寒露风"之语，所以我国南方的气象工作中做好寒露风预报对农业生产就具有重要意义。只要做好寒露风预报就可以采取相应的农业措施，如灌水、喷水、喷磷、喷施根外肥料等，以此来改善农田小气候，减轻低温的危害。

寒露风天气的标准各地不一样。例如，广西、福建规定在晚稻抽穗扬花期间连续3天或3天以上的日平均气温≤20℃的日子就作为寒露风天气日；广东则规定在晚稻抽穗扬花期间连续3天或3天以上的日平均气温≤23℃的日子，若日平均气温≤23℃的日子连续不足3天，但最低气温≤15℃；或最小相对湿度≤30%，或最大风力≥5级的亦作为寒露风天气，其他各省也都因地制宜地确定本地的标准。

寒露风分为干、湿两种，干寒露风天气特点是天气晴、干，最低气温低，气温日较差大，午后相对湿度小；湿寒露风天气特点是低温多雨，气温日较差小，相对湿度大。广东、广西两省(区)以干寒露风为最多，湿寒露风较少。长江流域地区则以湿寒露风占多数。干寒露风出现时天气形势主要特点是低空有较强冷空气入侵，气温显著下降，高空则是在副热带高压控制下，形成秋高气爽的天气。湿寒露风出现时低空有强冷空气入侵，高空有较强盛的西南气流，而且南支低槽活动频繁。因为它们共同的特点是北方有较强冷空气入侵，所以可以认为寒露风天气的预报实质上是秋季强冷空气爆发的预报。江淮流域以南京为代表，多年平均寒露风日期是在9月28—29日，实际上是在秋分季节，当寒露风来临日期正常或偏迟，对水稻影响不大。只有当寒露风来临偏早时，才对水稻有较大影响。

## 10.3 雨凇

冬季，当雨滴与地面或地物、飞机等物体相碰时可能即刻冻结的雨称为冻雨。这种雨从天空落下时是低于0℃的过冷水滴，在碰到树枝、电线、枯草或其他地上物体，就会在这些物体上冻结成外表光滑、晶莹透明的一层冰壳，有时雨水边冻结、边流淌，便会形成一条条冰柱，这种冰层在气象学上又称为“雨凇”。冻雨多发生在冬季和早春时期。我国出现冻雨较多的地区是贵州省，其次是湖南、江西、湖北、河南、安徽、江苏、山东、河北、陕西、甘肃、辽宁南部等地，其中山区比平原多，高山地区最多。

雨凇天气是冬半年降水中的一种特殊情况。雨凇天气出现次数虽不多，但严重的雨凇天气对国民经济和国防建设危害很大，如引起大范围供电及通讯停顿和交通中断等，造成很大损失。

### 10.3.1 雨凇的气候分析

我国出现雨凇最多的地区是贵州省，次多在湖南、湖北、河南、江西等省。北方雨凇相对较多的地区在山东、河北、辽东半岛、陕西和甘肃。其中，甘肃东南部和陕西关中地区则更多一些。华东沿海、华南沿海及四川、云南、宁夏、山西等省很少出现雨凇。

贵州出现雨凇天气日数最多，但每一次雨凇持续时间并不很长；湖北、湖南、河南、江西、安徽等省出现天数稍少，但一次雨凇持续时间较长，例如湖南常德和湖北钟祥的一次雨凇，分别持续466 h和443 h。其他出现雨凇很少的地区持续时间也较短，一般不到10 h。

北方雨凇11月中旬就可开始出现，南方则要到12月才可能出现。但湖北的雨凇开始较早，11月中旬就可能出现。雨凇结束期一般都在3月中旬以后。辽东半岛在4月初最晚结束，而华东沿海和华南沿海在1月底至2月初较早结束。雨凇出现频率大部分地区以1—2月为最多，3月较少。但新疆乌鲁木齐、辽宁、河北、山东等地以11月与3月为最多，1月与2月反而较少。

北方雨凇发生的源地，即经常首先发生雨凇的地区主要有三个：①河南的郑州、信阳、驻马店附近地区，占总次数的38％；②陕甘地区，主要是西锋镇附近，占29％；③河北的石家庄、沧州、邢台及京津地区，占24％。北方雨凇发生以后就地消失占多数，但也有扩展到南方，有时最后要到贵州才消失。例如，1969年1月26—31日寒潮天气过程所伴随发生的大范围雨凇，就是先自陕西渭水河谷发生，最后发展至云南、贵州才消失的。

南方雨凇的源地主要是贵州，占总次数的84%，发生在湖南的仅占16%。消失于贵州的占94%，消失于湖南的占60%。

从以上气候分析可以看出，雨凇天气分布的时空特点与环流背景、气候条件和地形特点有密切关系。根据中央气象台分析，雨凇发生时大范围天气形势主要特征是：亚洲中纬度500 hPa大多数情况下为横槽，西风较强，西风带多小波动，小槽使冷空气分股南下。同时南支西风带孟加拉湾低槽较深，槽前有强劲的西南气流。高低空的冷、暖空气在我国上空交汇。地面气温一般在0～－5℃(其中以0～1℃出现雨凇的几率最高)。地面风向多为N－NE。700 hPa强劲西南风带来暖湿空气，在江南700 hPa面上温度可达4～6℃，长江以北700 hPa暖空气温度略低，在0～4℃之间。中空的暖湿空气在低层冷空气垫上滑行，是出现雨凇天气非常有利的条件。

我国雨凇的几个源地的大地形背景为西高东低，而当地地形则为西、北、南三面环山，向东开口的盆地。冷空气取东路从低层进入盆地，构成冷空气垫。暖空气从西部上空移来，雨凇易于在这些地区发生。四川虽也为盆地，但东路冷空气较难侵入四川，所以不仅不是个源地，而且发生雨凇机会也很少。

### 10.3.2　形成雨凇的机制

图10.2是1969年1月29日20时，在江西、安徽、湖南、湖北、河南、浙江等地发生雨凇天气时的垂直剖面图。从图中可以看出，雨凇发生时大气垂直结构上的特征主要表现在以下四个方面。

①低空有一个冷舌，自北向南伸展，在安徽南部和江西境内冷层的厚度约为1500 m，冷层内风向为北—东北风，温度在0℃以下，地面气温在－4℃以下。

②中空(自850～700 hPa)是个暖舌自南向北伸展，暖层中温度汉口以南均在0℃以上，汉口以北均在0℃以下。在700 hPa高度以下存在一个很强的逆温层。

③江西境内自吉安至北部九江、景德镇、安徽南部祁门，到淮北的砀山县均出现雨凇天气。甚至陕西、河南境内还持续出现雨凇，合肥市雨凇持续时间长达171 h 40 min。这一次天气过程中，江苏省雨凇天气就不严重，南京仅持续一个多小时。江西南昌甚至没有出现雨凇，但在南昌附近的贵溪气象站观测到的雨凇极其严重。雨凇在电线上积冰直径达50 mm，创历史纪录。由此可见，雨凇天气与地形关系很大。赣州地区则因冷层很薄，而暖层温度较高而且厚度较厚，故只是降雨，没有发生雨凇天气。

④暖舌上方温度随高度递减，风向均为西—西南风。

以上是一次雨凇发生时大气垂直结构的特征。

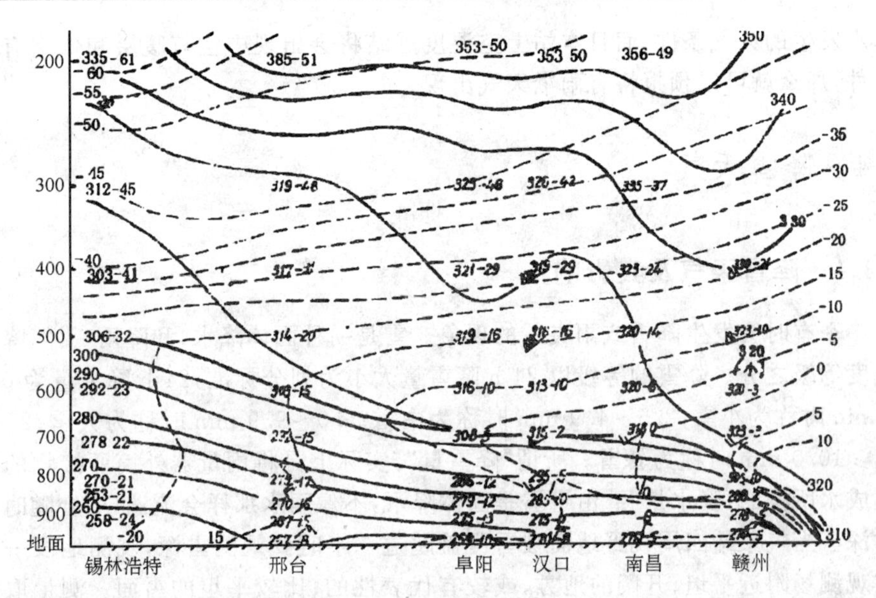


图10.2 1969年1月29日20时北方、南方雨凇发生时的空间剖面图(朱乾根等,1981)

中央气象台根据我国大量雨凇天气剖面图的分析,提出雨凇发生机制的初步看法,认为出现雨凇时大气垂直结构可分为冰晶层、暖层、冷层等几层。各层分别具有以下的特征:

①冰晶层。自700 hPa向上温度随高度递减,500 hPa上温度达到−10~−14℃,如果在这层内有水汽凝结,一般应凝华成冰晶或雪花。

②暖层,或称融化层。雨凇天气时的温度垂直分布,就是在中空必须有一个暖层。在暖层里有足够的暖空气使落入该层的冰晶或雪花能融化为液态的水,否则若有雪花或冰晶下落只能是降雪,而不能形成雨凇。暖层高度一般在2000~4000 m,厚度一般可有1、2 km。暖层中温度一般高于0℃,有时可以稍低于0℃,可达−4℃。但须注意,这一温度值可能含有探空仪器误差在内。暖层内吹一致的西南风,有暖湿平流,可保证融化层中源源不断的热量供应。

③冷层,或称过冷却雨层。雨凇天气时的温度垂直分布,在低空必须具有一个气温低于0℃的气层,一般都在2000 m以下,其厚度约为2000~1000 m。从暖层中下降的液态雨滴经过这层能冷却到0℃以下,保持为过冷却状态。这种过冷却雨滴从空中下降,碰到地面的任何物体(不管物体表面温度是否达到0℃以下),很快就会发生冻结。当然在个别情况下暖的雨滴(雨滴温度在0℃以上)碰到0℃以下的物体表面也可能冻结,但这不是主要的。

总结以上的讨论,雨凇的天气预报可在一般的降水预报基础上,着重做好特殊温度层结的预报,即中空(700 hPa附近)暖层和低空(850 hPa以下)冷层的预报。如果有降水发生的天气条件，而且本站上空温度层结将会出现中空有暖层和低空有冷层的条件，那么就可以预报将有雨凇天气出现。

## 10.4 降雪天气

### 10.4.1 降雪天气及其影响

冬季有时会发生降雪或雨夹雪的现象。雪是一种固体降水，和降雨一样，降雪也有强度等级之分。降雪的等级以24 h降雪量大小为划分标准，24 h降雪量为0.1～2.4 mm时称为小雪；2.5～4.9 mm时称为中雪；5.0～9.9 mm时称为大雪；24 h降雪量≥10.0 mm时称为暴雪。所谓“降雪量”，实际上是将雨量器外筒所接收的降雪融化成水所得的“降水量”。由于雪是固体降水，不像雨水那样会流淌，而会随时间越积越深。当气象站四周视野地面被雪覆盖超过一半时要观测雪深，观测地段一般选择在观测场附近平坦、开阔的地方，或较有代表性的、比较平坦的雪面。测量取间隔10 m以上的3个测点求取平均；积雪深度以厘米为单位。

雪是晶状的白色固体降水物，它是由冰晶在云中不断凝聚升华增大而形成的。雪花疏松多孔，5000～10000朵雪花仅重1克。但是，积雪受气温影响或在挤压、摩擦作用下会产生表面融化，形成的薄薄水层犹如润滑剂，使路面变得极其湿滑，给车辆和行人带来极大的不便。当积雪达到一定的厚度，或发生挤压(如踩踏、碾压)，其疏松多孔的冰晶结构就会遭到破坏，从而密度增大，可变成重结晶冰，逐步成为密度极大的密实雪。密实雪具有极强的硬度，可使雪的表面非常坚硬。挤压后的雪地和结冰后的路面都会给交通安全造成极大的威胁。而且，雪压也会造成灾害。雪压即单位面积的积雪重量，以积雪厚度10 cm计算，每平方米屋顶上的积雪重量约为20 kg，1000 $m^2$ 的屋顶上就压了20 t积雪，因此那些简易工棚、蔬菜大棚、老旧房子就可能被压塌。此外，降雪时常常伴有冻雨和雨凇等现象。冻雨是当雪花从高空下落，在中低空遇到一个相对暖层融化成水滴后再往下降到冷的近地面层时形成的。水滴遇到零度或低于零度的冷地面物体时马上会被冻结，但不是冻成冰，而是把水冻成相当一层冰盖似的，这就叫冻雨，一般对电线的影响比较大。严重的时候会使电线直径增加2、3 cm，超过了电线的负荷以后就会把电线压断，甚至把架高压电线的铁塔压塌，严重影响供电和通讯。在地面上则会影响交通，使人和车辆行走都非常困难。降雪后天气回暖时，在融雪过程中又可能诱发滑坡、泥石流等次生地质灾害。所以降雪会给生活和工农业、电力和交通运输等造成一系列严重影响。例如，2008年1月中下旬至2月上旬，正值在春运前夕的关键时期，我国出现了一次大范围、持续性雨雪、降温等天气，给春运交通、电力等造成了一系列严重影响和灾害。全国约有14

个省(区、市)约8000万人受灾。不过降雪也有其某些有利的影响。例如,中国自古就有“瑞雪兆丰年”的民谚,就是说下雪对农业生产有一定好处。这是因为冬雪可以增加土壤的水分,对来年的春播生产比较有利;而且雪盖对冬小麦等冬季生长的作物起到了保温、保墒、杀灭害虫卵等作用。

### 10.4.2 雨—雪的阈温

为什么有时下雨而有时下雪,在很大程度上取决于地面气温。有人对固体或液体降水出现的阈温做过统计研究。由近1000个地面观测站报告,按固体降水(雪、阵雪、米雪)或液体降水(雨、阵雨、毛毛雨)及相应的温度进行分类,分类时不考虑降水强度,“雨夹雪”报告作为一个雨的报告和一个雪的报告处理。分析结果由图10.3表示。

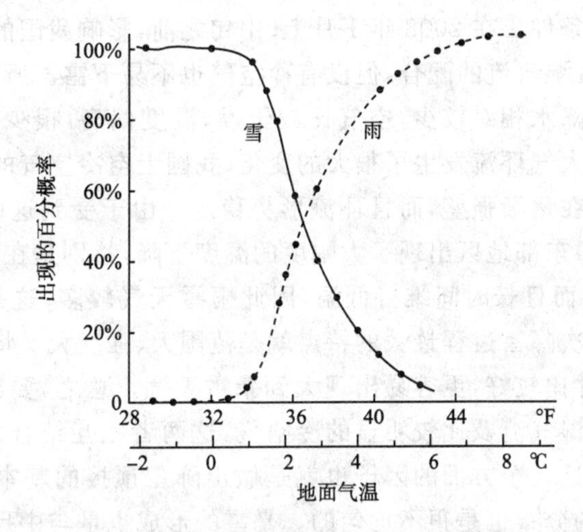


图10.3 雨—雪的出现与气温的关系图(寿绍文译,1975)

在图10.3中,28 ℉～48 ℉(约-2℃～8℃)之间每1℉间隔出现雨或雪的百分率,由该温度下观测到的雨、雪出现次数决定。由图可见,在地面气温为36.5 ℉(2.5℃)时,雨、雪出现的可能性相等(即50%)。雨夹雪出现的平均温度统计值为36.9 ℉(2.7℃),这也给雨、雪出现概率相等的温度为36.5 ℉(2.5℃)提供了证明。在较冷的温度下,雪出现的概率以优势增大,在温度为34 ℉(1.1℃)时,降水以雪的形式出现的概率为95%。另一方面,当温度高于36.5 ℉(2.5℃)时,出现雨的概率以优势增大。当温度为42 ℉(5.6℃)时,雨出现的概率为95%。值得注意的是,在温度≥43 ℉(6.1℃)时,不再观测到雪。这样就可以认为,这一温度即43 ℉(6.1℃)是地面上出现降雪的阈温。也就是说,当地面气温高于43 ℉(6.1℃)时,降水就不再以雪的形式出现了。

因此可以得到一个用于预报基本降水形式(雨、雪)出现可能性的简单关系:雪经常可望在气温接近 33 ℉(−0.6℃)或更冷的情况下出现,当气温度超过 43 ℉(6.1℃)时,不再会出现雪。在地面气温为 36 ℉～37 ℉(2.2℃～2.8℃)时,可预报雪与雨出现的概率相等。

### 10.4.3 降雪的天气学成因及预报

降雪的发生与降雨是一样的,都必须满足的两个基本天气学条件就是要有暖湿气流(空气的湿度和温度比较高),以及必须要有冷空气。但降雪的发生与降雨也有不同之处,就是降雪时要求地面气温必须要低于一定程度。暖湿气流来自低纬、热带地区;冷空气来自极地、高寒地区。只有当高低纬环流适当配合时才可能形成降雪,因此降雪与环流形势密切相关。以 2008 年 1 月的大范围、持续性降雪过程为例,可以说明降雪的形成条件。在 2008 年 1 月上、中旬之前,影响我国的冷空气强度偏弱,次数较少,即使有暖湿气流的配合,但没有冷空气也不易下雪。所以在 1 月份之前我们国家大部分地区降水相对较少,空气比较干燥,温度偏高,很少有雪。但是到了 1 月份中、下旬以后,大气环流发生了很大的变化,我国上空冷空气的活动比较活跃,低纬度的暖湿气流也在逐渐强盛,而且环流形势稳定。由于受到这两支气流的共同影响,结果导致我国中东部地区出现了大幅度的温度下降,特别是在长江流域平均最低气温达到 0℃以下,而且长时间维持低温,因此雨雪天气较多,这是造成这次降雪过程的主要原因。这次降雪过程最大的特点就是范围大、强度大。特别是东部地区,温度比较低,水汽条件比较好,更容易出现大到暴雪天气。总之,要出现大到暴雪需要有充足的水汽和暖湿气流及比较明显的冷空气,这两者相互结合才会使一些地方出现大到暴雪。分析这几个方面的因子也就是做出降雪预报的基本着眼点。此外,和降雨一样,降雪量的分布也是很不均匀的。暴雪的形成也是与中尺度系统相联系的,例如,在 2008 年 1 月 27—28 日前后在南京附近地区的降雪强度比其他地区都大些,这是与中尺度特征相关的。无论在天气图或卫星云图上都能清晰地看到这些特征,如中尺度低压、较高云顶高度和较低的云顶温度等。

## 10.5 雾

### 10.5.1 雾的成因及影响

雾是由于大量直径仅为千分之几毫米的微小水滴(或冰晶)悬浮于近地面大气中,使地面水平能见度显著下降的一种天气现象。按照世界气象组织的规定,使能见度降低到 1 km 以下的称为雾,能见度在 1～10 km 的称为轻雾。雾是由空气中的水汽达到(或接近)饱和时,在凝结核上凝结而成的。它的形成是由天气系统、相对湿度、风速、大气稳定度、大气成分等诸多条件决定的。按其成因可分为辐射雾、平流雾、蒸发雾、上坡雾、锋面雾等种类,按其物态划分,则有水雾、冰雾和水冰混合雾等类别。

①辐射雾是因地面辐射冷却所造成的雾。由于夜间地面辐射冷却,致使贴近地面的空气层中水汽达到饱和而凝结成雾。辐射雾一般发生在晴朗无云、风力微弱、水汽充沛的夜间。日出之前雾的浓度最大。日出以后随着地面气温的上升而逐渐消散,内陆地区一般以辐射雾最为多见。

②平流雾是当暖湿空气移到较冷的陆地或水面时,因下部冷却而形成的雾。通常发生在冬季,持续时间一般较长,范围较大,雾体浓厚,有时水平能见度不足几十米,厚度可达几百米。

③蒸发雾是由于水面蒸发而造成的雾。当冷空气流到温暖水面上时,若气温与水温相差较大,则水面会蒸发大量水汽,而水汽进入水面附近的冷空气中时又被冷却凝结成雾。蒸发雾一般范围小、强度弱,仅发生在水域附近。

④上坡雾是湿润空气沿着山坡上升时,因绝热膨胀冷却而形成的雾。

⑤锋面雾是发生在锋面附近的雾。冷空气位于锋下的近地面低空,从锋上云层中降下的小水滴遇冷凝结而形成雾。锋面雾分为锋前雾(出现在紧靠地面暖锋的前方)和锋后雾(出现在紧靠地面冷锋的后方)两种类型。

⑥水雾是由温度高于0℃的水滴组成的雾;冰雾是由冰晶组成的雾;水冰混合雾是由过冷水滴和冰晶组成的雾。

大雾是一种灾害性天气,它会给人们生活、生产带来严重影响,不但可以造成空气的严重污染,危害人民身体健康,还经常会造成高速公路封闭、航运中断、机场关闭、航班延误,甚至可引发重大交通事故。例如,2008年10月26—27日,一场大雾笼罩整个华北平原,仅北京首都国际机场就有数千架次航班延误,造成大量旅客滞留机场;2008年11月9日上午,京津地区、河北南部、山东西部、河南北部及江苏南部和安徽东部等地再次出现大雾天气,大雾影响面积超过8.7万$km^2$,多条高速公路被迫关闭;1999年12月31日"江汉21号"客轮,由南京港驶往上海途中因江面大雾而与一货轮相撞;2006年4月5日早上,由于突起大雾,造成京珠高速公路河南新乡段发生特大交通事故,200多辆车连环相撞。大雾天气对电力网的危害也很大,由于大雾天气湿度大,使得高压输电线路的瓷瓶绝缘性能下降,极易造成高压线瓷瓶发生"频闪"和电线短路现象,常常引起大面积停电。近10多年来,在华北和东北等很多地区均发生过由大雾造成的大面积停电事故,例如,2006年1月28日,河南省大部分地区出现浓雾天气,34个测站的能见度小于100 m,个别地方的能见度不足30 m。河南电网多条线路因雾闪与舞动跳闸,其中台前县的一条110 kV输电线路因雾闪造成跳闸，致使全县供电中断。同时大雾时水滴中常含有氢化物、硫化物，会造成对金属的腐蚀，每年可以使上千万吨的金属被雾气腐蚀。因此，做好大雾的预报和监测对防灾减灾具有重要意义。

## 10.5.2 雾的预报和监测

雾的发生具有明显的地区和气候特征。一般来说，雾的持续时间长短主要与当地气候干湿有关。干旱地区多短雾，多在 1 h 以内消散，潮湿地区则以长雾为多见，常可持续 6 h 左右。有时可达数十小时之久，例如，2006 年 12 月 24—27 日，南京的大雾持续了 51 h，成为当地自 1951 年以来持续时间最长的一次大雾过程。雾日多少与季节有关，雾日数以秋、冬季为多，春、夏季较少。雾日主要集中在 11 月到翌年 1 月。以南京为例，南京全年的平均雾日数为 26.5 天，以 11 月份雾日最多，平均有 4.4 天，12 月次之，平均有 3.3 天，这两个月正处于秋冬之交，共有 7.7 天的平均雾日，占了全年雾日数的 29%，为雾日最多的时期。我国大雾区域分布极不均匀，总体来说是东多西少，平原和盆地较多，山区较少。

雾的发生具有一定的天气背景，主要特点有：①相对湿度较大，水汽含量比较高；②风速较小；③大气稳定；④适当的气温条件。温度高于 12℃和低于 −3℃时，出现雾的可能性都较小。而暖冬季较为容易具备这些条件，所以雾的发生较为频繁。如果两次较强冷空气之间的时间间隔较长，则在冷空气之间的时段内比较容易发生有雾的天气。

对我国东部地区而言，大雾前后的天气形势常常具有以下特点：①大雾前期高空中高纬度由西北气流逐渐转为稳定的平直纬向环流；低纬南支槽建立并逐渐发展；②大雾前期 850 hPa 暖平流明显，850 hPa 以下有逆温层；后期随着中高层冷空气的南下，转为冷平流，逆温消失，雾也消失；③大雾前地面受高压控制，晚上天空晴朗，地面辐射强，夜间气温迅速降低，有利于辐射雾的形成；同时北方有冷空气扩散南下，地面高压东移入海，入海高压后部逐渐形成地区倒槽，大雾常常发生在入海高压的后部或倒槽顶端；④有雾时，近地面水汽含量较多，而 850 hPa 以上则相对干燥，当中高层湿度加大时，大雾则极易转化为降水；⑤大雾发生时本站气压相对较低，风速较小，一般在 1～3 m/s 或以下，相对湿度增大，至少到 85%以上。

大雾常常与中尺度系统相联系。例如，地面中尺度辐合线（区）附近与辐射降温的作用常常有利于形成辐射雾，而且大雾在持续过程中性质也可以发生改变，由辐射雾转变为平流雾。若东北地区的地面冷高压中心西侧或南侧另有一小高压环流，在其南侧及西南侧产生的准地转气流和非地转气流在华北及黄河中下游地区的交汇为该地区带来了丰沛的水汽。这种形势通常为一种有利于华北及我国中、东部地区产生或维持大雾天气的环流型。

雾的分布常常是很不均匀的,局地性很强。常常是仅在几百米范围之内有雾,而另外一个地方没有雾。这是因为地表的状况差别很大,湿度比较大的地方容易发生雾,湿度较小的地方则不容易发生雾。还有就是它的生消非常快,这样一些特点使得我们对雾的预报非常困难。虽然我们可以从雾的气候规律,即雾的地理分布和时间演变状况,以及大范围天气形势特点大致知道雾的发生地区,但是确切地预报雾发生的地点和时间,还是一个有待攻克的难题。目前,一般还是以加强雾的监测为主。例如,在沪宁高速线上大约每10 km左右就布置一个自动气象监测站,全线几十个自动气象站可以每隔1 min将能见度、温度、湿度、气压、雨量、风速、风向等气象要素记录下来并传送给气象台进行分析研究,气象台通过严密地监测雾的浓度变化,来做出雾的临近预报和发布预警信号。大雾预警分为黄、橙、红三个颜色等级,从时间上讲它们分别表示大雾在12 h、6 h、2 h以内要发生或者不会消散。从能见度来讲,它们分别表示大雾影响下的能见度会在200～500 m、200～50 m及小于50 m。

## 10.6　沙尘天气

### 10.6.1　沙尘天气的定义和影响

沙尘天气是指由于地面尘沙被风吹起而造成的天空浑浊、能见度下降的天气现象。沙尘天气包括浮尘、扬沙、沙尘暴、强沙尘暴、特强沙尘暴天气等不同类别。各类沙尘天气的具体定义如下:①浮尘:尘土、细沙均匀地浮游在大范围的空中,使能见度小于10 km的天气现象;②扬沙:风将地面尘沙吹起,使空气相当混浊,水平能见度在1～10 km的天气现象;③沙尘暴:沙尘暴(sand-duststorm)是沙暴(sandstorm)和尘暴(duststorm)两者兼有的总称,是指强风把地面大量沙尘物质吹起卷入空中,使空气特别混浊,水平能见度小于1 km的严重风沙天气现象;④强沙尘暴:大风将地面尘沙吹起,使空气非常混浊,水平能见度小于500 m的天气现象;⑤特强沙尘暴:狂风将地面大量尘沙吹起,使空气特别混浊,水平能见度小于50 m的天气现象。

沙尘天气是我国西北和华北北部地区较常出现的一种严重灾害性天气,有时也可以影响到南方地区。沙尘天气,特别是沙尘暴天气可以造成多方面的危害,例如,可使房屋倒塌、交通受阻、供电中断、引发火灾、人畜伤亡、作物毁损、环境污染,给国民经济建设和人民生命财产安全造成严重的损失。

沙尘暴对人类生活环境的污染主要是使在沙尘暴影响区内大气中的可吸入颗粒物(TSP)急剧增加。例如,1993年“5.5”特强沙尘暴发生时,甘肃省金昌市的室外空气的TSP浓度达到1016 mg/m$^3$,室内为80 mg/m$^3$,超过国家标准的40倍;2000年3—4月,北京地区受沙尘暴的影响时空气污染指数达到4级以上的有10天,3月

24—30 日，包括南京、杭州在内的 18 个南方城市的日污染指数也超过 4 级。沙尘影响地区的空气浑浊，浮尘弥漫，呛鼻迷眼，患呼吸道等疾病人数常常显著增加。

图 10.4　沙尘暴来临时的情景

沙尘暴对自然环境的破坏主要通过沙埋和风蚀的作用造成。在沙尘暴影响时，风沙流可造成农田、渠道、村舍、铁路、草场等被大量流沙掩埋，尤其是对交通运输可造成严重威胁。每次沙尘暴的沙尘源和影响区都会受到不同程度的风蚀危害，风蚀深度可达 1～10 cm。据估计，我国每年由沙尘暴产生的土壤细粒物质流失高达 $10^6$～$10^7$ t，其中绝大部分粒径在 10 μm 以下，对源区农田和草场的土地生产力造成严重破坏。沙尘暴又称“黑风暴”，发生时风力常常很大，大风可以破坏建筑物，吹倒树木电杆，撕毁农田大棚和地膜，打落果木花蕊，造成停电停水，影响工农业生产，甚至造成人的生命财产损失。例如，1993 年 5 月 5 日甘肃发生的沙尘暴中共造成死亡 85 人，伤 264 人，失踪 31 人。此外，死亡和丢失大牲畜 12 万头，农作物受灾 560 万亩，沙埋干旱地区的生命线水渠总长 2000 多千米，兰新铁路停运 31 h。总经济损失超过 5.4 亿元。沙尘暴天气经常造成机场关闭、航班延误，火车停运或脱轨等。2002 年 3 月 18—21 日，20 世纪 90 年代以来范围最大、强度最强、影响最严重、持续时间最长的沙尘天气过程袭击了我国北方 140 多万 $km^2$ 的大地，受影响人口达 1.3 亿。

沙尘天气的危害甚多，所以做好沙尘天气的预报和警报对防灾减灾是十分重要的。

## 10.6.2　我国沙尘天气的源地和路径

据中国气象局统计和分析，影响我国的沙尘天气源地可分为境外和境内两类。大约有三分之二的沙尘天气起源于蒙古国南部地区，在途经我国北方时得到境内沿途沙尘物质的补充而加强;境内沙源仅为三分之一左右。例如,从1999年到2002年春季,我国境内共发生53次沙尘天气,其中有33次就起源于蒙古国中南部戈壁地区。一般来说,发生在中亚(哈萨克斯坦)的沙尘天气,不大可能直接影响我国西北地区东部乃至华北地区。新疆南部的塔克拉玛干沙漠是我国境内的沙尘天气高发区,但一般也不会直接影响到西北地区东部和华北地区。

我国的沙尘天气的传播路径可分为西北路径、偏西路径和偏北路径三条主要路径。其中西北路径又可再分为两条:其一为西北1路路径,沙尘天气起源于蒙古高原中西部或内蒙古西部的阿拉善高原,主要影响我国西北、华北;其二为西北2路路径,沙尘天气起源于蒙古国南部或内蒙古中西部,主要影响西北地区东部、华北北部、东北大部;偏西路径,沙尘天气起源于蒙古国西南部或南部的戈壁地区、内蒙古西部的沙漠地区,主要影响我国西北、华北;偏北路径,沙尘天气一般起源于蒙古国乌兰巴托以南的广大地区,主要影响西北地区东部、华北大部和东北南部。

影响我国的沙尘天气源地沙尘天气的传播路径每年的情况大致相同,例如,2006年春季发生在中国北方的19次沙尘暴天气过程中,有16次沙尘暴天气过程起始于蒙古国,占总过程的84%以上,起始于其他地区的沙尘暴只有3次,不到总数的16%;沙尘暴传播路径以西北路径(10次)为主,北方路径次之(4次),偏西路径最少(1次)。

### 10.6.3　沙尘天气成因及预报

沙尘暴天气大多在冷空气过境影响时发生,容易在北方、冬春季出现。沙尘暴天气的形成主要与沙尘源地及有利于扬沙和沙尘传播的气象条件有关。

具体地说,沙尘暴天气的形成首先必须具备沙尘的物质条件。我国西北和华北北部干旱半干旱地区生态环境脆弱,土地沙化较为严重,为沙尘天气提供了大量的沙尘物质。而且北方地区冬春降水稀少,地表土壤干燥、疏松,植被还未形成,因此北方地区冬春季节沙尘天气容易产生。此外,在城市建设中有很多在建工地,如果对地表土缺乏保护设施,表土裸露,旋风刮来,极易扬尘,也是可能加剧沙尘天气的一个重要原因。

沙尘暴的形成及其强度大小还直接与气温、降水、风力及垂直气流速度的大小等气象条件有关。气温高、降雨少、层结不稳定和有强对流运动及适合的高空气流都是形成沙尘暴天气的有利条件。在北方地区的春天,如果气温偏高,降水稀少,可使土壤解冻的时间提前,土壤水分的蒸发增速,地表土壤干燥化加剧,就有利于增强形成沙尘天气的沙尘物质条件。同时气温高使大气层结不稳定,如果有较强冷空气活动,便会产生大风和强上升运动,便容易使沙尘从地面扬起,并随适合的高空气流传播,为沙尘天气的形成提供了动力条件。

总的来说,沙尘暴天气的发生是一个包含大气、土壤和陆面相互作用的复杂物理过程,涉及气象学、流体力学、土壤物理学等多学科的研究。目前认为沙尘暴发生物理过程是:在有利的地表条件和热力条件下,当摩擦速度大于临界摩擦速度时,沙粒被带离地表悬浮在近地层空气中,再由较强的上升运动将沙粒卷到不同的高度,然后靠大尺度环流输送并沉降到下游地区。由此可知,大气运动是沙尘暴发生的动力背景,要研究沙尘暴发生发展的机制,就必须研究产生沙尘暴天气的大气运动。

沙尘暴的发生和很多大气环流系统有密切关系。高、低空急流是与沙尘暴关系密切的大气环流系统之一。研究表明,强沙尘暴区通常位于高空急流出口区右侧、500 hPa 正涡度中心下风方和次级反环流的上升区内;高空急流的次级环流下沉支是使高空动量有效地下传到地面,从而形成地面大风的一个重要原因;锋后强冷平流、蒙古气旋强烈发展是触发内蒙古地区强沙尘暴天气过程的重要原因。

通过上述沙尘天气成因的分析可知,对沙尘的物质条件、大气层结和动力条件的具体分析就是做出沙尘天气预报的着眼点。

## 10.7 夏季高温

### 10.7.1 高温的定义及影响

夏季高温是一种较常见的气象灾害。根据我国气候及环境特点,一般将我国每日极端高温分为三个等级:高温(≥35 ℃)、危害性高温(≥37 ℃)、强危害性高温(≥40 ℃)。

根据 WMO 对异常气候标准的规定,平均气温距平大于或等于两个标准差,即 $\Delta T/\delta \geqslant 2$ 为异常高温($\Delta T$ 为当年某地某时段的平均气温的距平,$\delta$ 为历年同地同时段的平均气温的标准差)。例如,设某地某年 6 月的平均气温的距平 $\Delta T$ 为 4.9℃,而根据当地 30 年的平均气温资料可得当地 6 月平均气温的标准差 $\delta$ 为 2.1℃,则可得 $\Delta T/\delta \approx 2.3$,于是便可认为该地该年 6 月出现了异常高温。

高温会给人民生活和工农业生产带来严重影响,尤其是用水、用电等的需求量急剧上升,造成水电供应紧张、故障频发。高温会加剧土壤水分蒸发和作物蒸腾作用。高温与少雨常同时出现,造成土壤失墒严重,加速旱情的发展。持续高温对植物的生长发育和产量的形成,以及畜、禽、水产等动物养殖都可造成损害。此外,还易引发火灾,对生态环境造成破坏,故在农业气象上又称其为高温热害。持续性高温还给人们的健康造成危害,当人体皮肤的温度随着气温升高,体内和皮肤之间温差缩小,结果严重地阻碍人体热平衡调节功能的正常进行,当气温持续高于皮肤温度时,容易引起中暑甚至死亡。另外,旅游、交通、建筑等行业也会受到不同程度的影响。

2003 年夏季我国华南、江南地区出现持续高温天气，很多县(市)日最高气温、日平均气温均超过历史最高纪录。与高温天气同时出现的是干旱少雨，蒸发量大，例如，2003 年 7 月份江西省有 72%的县(市)雨量偏少 8 成以上，40%的县(市)雨量创历史新低，月蒸发量达 230～400 mm，属严重旱情，给该地区工农业生产和人民群众生活带来不利影响。

夏季高温对全国各地都可能造成一定影响，而长江流域、江南和华南地区更是我国夏季受高温热浪袭击的重灾区。梅雨季节过后的 7、8 月间，一般年份都会出现 20～30天的高温天气，梅雨期短的年份高温日数可超过 40 天。给人民生活和工农业生产造成了极大危害，因此研究夏季高温的成因，做好高温预报预警工作，具有重要意义。

## 10.7.2 高温的成因及预报

根据对 1993—2003 年上海、南京、杭州、合肥等城市 6—9 月日最高气温≥35℃的高温日的日数、时段的统计表明，长江流域高温一般出现在 7 月中下旬到 8 月。1994 年、1998 年、2001 年、2003 年这四年均出现异常高温，其中 2003 年 7 月下旬出现了连续 8～10 天的高温天气，高温连续日的最高气温达 40℃以上。

资料分析清楚地表明，导致高温这种灾害性异常天气气候的直接原因是西太平洋副热带高压异常偏强，且持续西伸控制中国长江中下游地区。高温的形成与西太平洋副高密切相关。我国 105°E 以东，约 40°N 以南的广大区域主要受西风带、副热带和热带天气系统的相互作用和影响，形成了该地区千变万化的天气特点。西太平洋副热带高压是夏季影响我国天气气候的最大环流系统之一。副高的部位不同、结构不同，天气也不同。由于盛行下沉气流，副高内的天气以晴朗、少云、微风、炎热为主。特别是在脊线附近，为下沉气流，多晴好天气，又气压梯度力小，风力较弱，天气则更为炎热，副热带高压控制下的空气下沉增温和晴空条件下的辐射加热使得气温持续异常偏高，长江中下游地区 8 月份伏旱，就是由于副高脊线长期控制这个地区形成的。

2005 年 6 月河南省中部也出现了持续高温天气，6 月 22－23 日河南省中部连续两天出现了三站以上日最高气温≥40℃的区域性高温天气。分析表明，持续高温天气的出现与大尺度天气系统活动异常有关，尤其是与大陆暖高压或副高以及中纬度冷空气活动有密切关系。从当月北半球 500 hPa 平均高度场可见，格陵兰东部和阿拉斯加各有一高压脊发展至极地，使得极涡呈现一强一弱两个中心并偏离极地，与常年 6 月单极涡不同，由于极涡主体强中心位于西半球加拿大东北部格陵兰以西，弱中心位于新地岛附近。亚洲极涡偏弱，其南部乌拉尔山以东地区存在一个弱脊区，亚洲中高纬度锋区偏北，导致东亚冷空气活动偏北偏弱，这种形势有利于 2005 年 6 月持续高温天气的发生。同时,2005 年 6 月,副高主体偏东,西伸脊点为 120°E,副高脊线平均位置在 16°N 附近,明显偏南。台风少于常年同期,致使高温天气出现时,河南省中部处于大陆高压系统的控制。可见 2005 年 6 月河南省中部持续高温日数多主要是因为大尺度环流背景场形势稳定、多日受稳定的暖气团控制、降水偏少而造成的。随着西风带低压槽活动和冷空气的扩散,河南省中部高温天气才得到缓解。

2005 年 6 月 22—23 日河南省中部的区域性高温天气也与 700 hPa 河套高压有密切关系。这是一个直接导致河南省中部高温天气的影响系统。它于 22 日 08 时形成于河套地区,导致河套地区出现高温,在东移过程中将炎热天气输送到河南省中部。直到其于 23 日 20 时移出河南省中部时,这次区域性高温天气才告结束。

由于深厚的负涡度区域内存在着下沉运动,同时,近地面层空气中水汽含量逐渐减少,下沉气流就使得气团下沉增温。同时,河套高压控制的深厚的反气旋环流内,天空晴朗无云,能见度好,中午的太阳短波辐射强,十分有利于地面的辐射增温,从而导致了河南省中部高温天气的出现。

分析 2005 年 6 月 22—23 日 200 hPa 环流形势演变过程发现,在此期间西北部存在一支极锋急流,东南部为副热带急流,河南省中部处于西北部极锋急流出口区右侧与东南部副热带急流入口区左侧的辐合下沉区中。这也可视为导致河南省中部高温天气的出现的有利因子之一。

除了天气系统的作用外,还可能有其他的影响因子,如焚风、城市热岛效应等。一般来说,空气流动遇山受阻时会出现爬坡或绕流,气流在迎风坡上升时温度会随之降低,空气上升到一定高度时水汽遇冷出现凝结,以雨雪形式降落。空气到达山脊附近后变得干燥,然后在背风坡一侧顺坡下降,并以干绝热率增温。因此,空气沿着高山峻岭沉降到山麓的时候,气温常有大幅度的升高,这种现象叫焚风效应。李戈等统计了 1961—2004 年河南各代表站的高温资料研究表明,高温日数较多,日最高气温≥40℃较多的台站多数处于伏牛山前倾斜平原区。河南省中部处于伏牛山、外云山东部余脉与黄淮平原交界地带,地势西高东低,呈梯形分布,西部的鲁山最高山峰海拔 2152 m,东部的郏县海拔高度仅为 83.4 m,两者相差 2068.6 m。当气流越过山脉下降时,在山脉东麓的台站常会出现焚风效应,致使这些台站高温日数和日最高气温≥40℃的日数比其他地方都要多些。

分析可知,2005 年 6 月河南省中部的这次异常高温天气的环流形势背景的特点是:亚洲中高纬度锋区偏北,导致东亚冷空气活动偏北偏弱;副高主体偏东,台风偏少,大气环流形势稳定,多日受稳定的暖性大陆高压系统控制。对流层中层 700 hPa 的河套高压是河南省中部这次高温天气过程的主要影响系统,它所带来的平流增温、下沉增温和辐射增温是导致这次高温天气的主要原因。200 hPa 极锋急流出口区和副热带急流入口区的高空辐合配合低空辐散,进一步加强了河套高压中的下沉运动和地面增温。此外,焚风效应在河南省中部高温天气的发生中也起着一定的作用。

以上分析说明,做高温预报时,主要应密切关注副高的动态及周边系统的影响,同时还要充分考虑地形和局地因子的影响。

## 10.8 环境气象指数

### 10.8.1 环境气象概论

地球大气是地球上存在的一切事物(指自然物质和自然事件),包括人类、生物、有机物质和无机物质以及其中所发生的自然事件的自然环境。地球大气的运动和状态变化都会影响到这一切事物的运动和变化。对于人类来说,周围的一切事物都是他们存在的自然环境,所以地球大气不仅作为人类的直接的环境因子直接地影响着人类,而且也通过影响人类的其他自然环境因子而间接地影响着人类。一般把所有由于地球大气的运动和状态变化而对人类和人类环境产生的影响的问题称为环境气象问题。

今日的气象预报已经不仅仅包括传统的气象要素预报,而且已越来越多地增加环境气象预报的内容,一般称其为特种预报,或环境指数预报,即把一些单一的气象要素综合起来加工成各种环境气象指数,把它们发布给用户使用,从而大大地扩展了气象服务的领域。

环境气象问题很多,相应的特种预报项目或环境气象指数也很多,一般可分为两大类:第一大类是与社会生产活动有关的预报,主要是向政府领导及决策部门提供的,包括与抗灾救灾(如干旱、洪涝等)、产业气象(如农业估产、林木长势、渔获量、盐业、输电线积冰、建筑物与输电网的风压风振、雷电灾害、商品储存、风能、太阳能、水电调度等)、交通气象(航线、云、气流、能见度、路面积雪、道路结冰、冻土、路面温度、城市积水)等有关的气象预报;第二大类是与人们日常生活息息相关的内容,主要是向社会公众发布的,包括与城市气象(如热岛、街谷、大气污染、空气质量、紫外线、人体舒适度、城市火险、雨具、上下班、雷击、食品、果蔬、冷饮、啤酒、空调、穿衣、晒衣、晾衣、住宅方位、朝向等)、医疗气象(如流行病、感冒、高血压、冠心病、气管炎、中暑、冻伤、花粉等)、旅游气象(如避暑、滑冰、滑雪、海滨浴场、沙浴)等有关的气象预报。本节只对较常用的与人体有关的环境气象指数做一简略介绍。

### 10.8.2 人体环境气象指数

大气作为人类的环境,有时使人体感到舒适、适宜于生活、有利于健康。相反有时却使人体感到不舒适、不适宜于生活、不利于健康,甚至可能引起疾病。人体对大气环境的感觉往往是由多种气象要素的共同影响而产生的，而不取决于单一的气象要素。例如，人体对冷暖的感觉通常并不简单地取决于气温的高低，因为尽管在相同的气温下，有时会使人感到热，有时却使人感到凉。因此，关于人体对环境的感觉问题是需要深入研究的问题。这种研究迄今已经有二三百年的历史了，产生出很多能较好用以反映人体舒适感觉程度的指数，以下略举一二。

一种是表示人体对冷暖感觉程度的指数，叫做"体感温度（$T_g$）"，它的计算公式为：

$$T_g = T_a + T_F + T_H - T_v \tag{10.8.1}$$

式中：$T_a$ 为气温（℃），$T_F$、$T_H$ 和 $T_v$ 分别为辐射作用、湿度和风对体感温度的修正（℃）。其中，$T_F$ 取决于外衣颜色、云量多少等因子。$T_F$、$T_H$ 和 $T_v$ 可以分别通过经验公式的计算或查表得出。式（10.8.1）表明，体感温度（$T_g$）是由气温、湿度、风速、太阳辐射（云量及服装颜色等）因子共同决定的。

第二种是表示人体舒适或不舒适度的指数，称为"不舒适度指数（$Id$）"，这是由Thom提出的，在美国较为常用的一种人体舒适度指数，也称为温湿指数，它主要用来表示天气的闷热程度。它的表达式分成无风和有风两种情况。

当无风时，$Id$ 表达式为：

$$Id = 0.72(T_d + T_w) + 40.6 \tag{10.8.2}$$

式中：$T_d$ 和 $T_w$ 分别为干球温度（℃）和湿球温度（℃）。

当有风和日晒时，$Id$ 表达式为：

$$Id = 0.72(T_d + T_w) - 7.2\sqrt{u} + 0.03J + 40.6 \tag{10.8.3}$$

式中：$J$ 为日射量（$W/m^2$），$u$ 为风速（m/s），一般来说，当 $Id$ 数值中等，约在 60 ～ 74 时，人体感觉较舒适，$Id$ 为 69 ～ 72 时最舒适；$Id$ 数值太大或太小，都表示不舒适，而且愈大或愈小时，不舒适的程度愈严重。例如，当 $Id$ 由 59 向下逐渐递减至 5 或更低时，就会感到凉、冷、很冷、酷冷甚至被冻伤；相反，当 $Id$ 由 75 向上逐渐递增至 85 或更高时，就会感到偏热、闷热、炎热、酷热甚至中暑。不过不同地区、不同人种、不同年龄、不同性别、不同个体的人体感觉的标准是不可能完全相同的，实际应用时应根据调查资料统计分析加以细化。

与以上两种指数相类似的还有炎热指数、寒冷指数等等很多种，这里不再一一赘述。

# 参考文献


Bader M J, *et al*. 卫星与雷达图像在天气预报中的应用(卢乃锰等译;许健民,方宗义校). 北京:科学出版社,1998.

白肇烨,等. 中国西北天气. 北京:气象出版社,1988.

包澄澜,等. 低纬台风东折、北翘路径的探讨/台风会议文集. 北京:气象出版社,1985.

北京大学地球物理系气象教研室. 天气分析与预报. 北京:科学出版社,1976.

曹钢锋等. 山东天气分析与预报. 北京:气象出版社,1988.

陈联寿,丁一汇. 西太平洋台风概论. 北京:科学出版社,1979.

陈隆勋,李维亮. 亚洲季风区各月的大气热源结构/全国热带夏季风会议文集. 昆明:云南人民出版社,1983:246-258.

陈隆勋,李维亮. 亚洲季风区夏季大气热量收支/全国热带夏季风会议文集. 昆明:云南人民出版社,1983:86-101.

陈秋士. 天气学的新进展. 北京:气象出版社,1986.

陈受钧. 梅雨末期暴雨过程中高低空环流的耦合——数值实验. 气象学报,1989,**47**(1):8-15.

仇永炎,等. 中期天气预报. 北京:科学出版社,1985.

丁一汇,蔡则怡,李吉顺. 1975 年 8 月上旬河南特大暴雨的研究. 大气科学,1978(4):276-289.

丁一汇,等. 暴雨及强对流天气的研究. 北京:科学出版社,1980:1-13.

丁一汇. 1991 年江淮流域持续性特大暴雨研究. 北京:气象出版社,1993.

丁一汇. 高等天气学. 北京:气象出版社,1991.

丁一汇. 天气动力学中的诊断分析方法. 北京:科学出版社,1990.

董立清,李德辉. 中国东部的爆发性海岸气旋. 气象学报,1989,**47**(3):371-375.

多夫瑞斯曼(苏). 赤道大气动力学(吕克利等译). 北京:气象出版社,1987.

冯佩芝,李翠金,李小泉,等. 中国主要气象灾害分析. 北京:气象出版社,1985.

符淙斌. 平均经圈环流型的转变与长期天气过程. 气象学报,1979,**37**(1):74-85.

广东省热带海洋气象研究所. 广东前汛期暴雨. 北京:科学普及出版社,1984.

郭其蕴,王继琴. 中国与印度夏季风降水的比较研究. 热带气象,1988,**4**(1):53-60.

郭晓岚. 大气动力学. 南京:江苏科学技术出版社,1981.

寒潮中期预报文集编委会. 全国寒潮中期预报文集. 北京:气象出版社,1987.

河北省气象局. 河北省天气预报手册. 北京:气象出版社,1987.

Hoskins B. 大气中大尺度动力过程. 北京:气象出版社,1987.

黄荣辉. 夏季青藏高原对于南亚平均季风环流形成与维持的热力作用. 热带气象学报,1985,**1**(1):1-8.

黄士松,汤明敏. 论东亚季风体系的结构. 气象科学,1987,**7**(3):1-16.

黄土松等. 华南前汛期暴雨. 广州:广东科技出版社,1986.

江苏省气象局预报课题组. 江苏重要天气分析与预报. 北京:气象出版社,1988.

Kessler E. 雷暴形态学和动力学. 北京：气象出版社，1991.
Krishnamurti T N. 热带气象学(柳崇健等译). 北京：气象出版社，1987.
Kuranoshin Kato. 1979 年 5 月下半月中国大陆上梅雨锋结构的突然变化. 气象科技，1987(2)：18-24.
雷雨顺，吴宝俊，吴正华. 用不稳定能量理论分析和预报夏季强风暴的一种方法. 大气科学，1978.
李长清，丁一汇. 西北太平洋爆发性气旋的诊断分析，1989，**47**(2)：180-189.
李崇银，等. 动力气象学概论. 北京：气象出版社，1985.
李崇银. 热带大气运动的特征. 大气科学，1985，**9**：356-376.
李吉顺，李鸿洲. 950 hPa 风场和温湿场与暴雨的关系. 气象，1979(4)：6-7.
李建辉. 短时预报. 北京：气象出版社，1991.
李麦村. 重力波对特大暴雨的触发作用. 大气科学，1978.
励申申，等. 台风倒槽暴雨的动力结构/台风会议文集. 北京：气象出版社，1985.
梁必骐，等. 热带气象学. 中山：中山大学出版社，1990.
梁必骐. 天气学教程. 北京：气象出版社，1995.
林元弼，等. 天气学. 南京：南京大学出版社，1988.
林之光. 我国东部地区夏季风雨带进退规律的进一步研究. 气象科学技术集刊，1978(10)：24-31.
陆菊中，林春育. 东亚冬夏季风强弱变异与梅雨期旱涝的关系. 气象科学技术集刊，1987(11)：77-82.
马鹤年. 次天气尺度 Ω 系统和暴雨落区/暴雨文集. 长春：吉林人民出版社，1978：171-176.
Palmer E，Newton C，等. 大气环流系统(程纯枢，雷雨顺等译). 北京：科学出版社，1978.
佩特森 · S. 天气分析与预报(程纯枢译，陶诗言校). 北京：科学出版社，1958.
钱维宏. 天气学. 北京：北京大学出版社，2004.
钱永甫等. 行星大气中地形效应的数值研究. 北京：科学出版社，1988.
青藏高原气象科学实验文集编辑组. 青藏高原气象科学实验文集(一)、(二). 北京：科学出版社，1984.
沈如桂，陶全珍，赖莹莹，等. 华南前汛期对流层高低空的低纬环流变动和降水/全国热带夏季风会议文集. 昆明：云南人民出版社，1983：10-20.
寿绍文，陈学溶，林锦瑞. 1974 年 6 月 17 日强飑线过程的成因. 南京气象学院学报(创刊号)，1978.
寿绍文，等. 天气学分析基本方法. 北京：气象出版社，1993.
寿绍文，等. 一条具有宽阔尾随层状区的中纬度飑线的中尺度结构. 南京气象学院学报，1989，**12**(2)：200-208.
寿绍文，等. 中尺度对流系统及其预报. 北京：气象出版社，1993.
寿绍文，励申申，寿亦萱，等. 中尺度大气动力学. 北京：高等教育出版社，2009.
寿绍文，励申申，寿亦萱，等. 中尺度气象学. 北京：气象出版社，2009.
寿绍文，励申申，王善华，等. 天气学分析(第二版). 北京：气象出版社，2006.
寿绍文. 锋面中尺度降水区和中尺度对流辐合体的研究，见《天气学的新进展》. 北京：气象出版社，1986.

寿绍文.天气学.北京:气象出版社,2009.

寿绍文.一个"超级单体"雹云的成因及结构.南京气象学院学报,1982,**5**(2):223-228.

寿绍文.中尺度天气动力学.北京:气象出版社,1993.

寿绍文.中国主要天气过程分析(第2版).北京:气象出版社,2006.

寿绍文译.雨一雪的阈温.气象科技,1975(9):45.

斯公望.暴雨和强对流环流系统.北京:气象出版社,1988.

粟原宜夫.大气动力学入门(田生春译).北京:气象出版社,1984.

孙淑清,高守亭.现代天气学概论.北京:气象出版社,2005.

唐东昇,等.西太平洋双台风的互旋作用/台风会议文集.上海:上海科学技术出版社,1983.

唐章敏,等.西风系统与台风共同作用下暴雨的成因及其与台风环流暴雨的对比分析/台风会议文集.北京:气象出版社,1985.

陶诗言,等.中国之暴雨.北京:科学出版社,1980.

陶祖钰,谢安.天气过程诊断分析.北京:北京大学出版社,1989.

王昂生,黄美元.冰雹和防雹研究评述.大气科学,1978.

伍荣生,等.动力气象学.上海:上海科学技术出版社,1983.

伍荣生.现代天气学原理.北京:高等教育出版社,1999.

新疆短期天气预报手册编写组.新疆短期天气预报手册.乌鲁木齐:新疆人民出版社,1986.

许梓秀,王鹏云.冷锋前部中尺度雨带特征及其机制分析.气象学报,1989,**47**(2):199-206.

杨国祥,何齐强,陆汉城.中尺度气象学.北京:气象出版社,1991.

叶笃正,高由禧.青藏高原气象学.北京:科学出版社,1979.

叶笃正,曾庆存,等.当代气候研究.北京:气象出版社,1991.

叶笃正等.东亚和太平洋上空的平均垂直环流.大气科学,1979.

张可苏.斜压气流的中尺度稳定性(*I*)对称不稳定.气象学报,1988,**46**(3):258-266.

张元箴.天气学教程.北京:气象出版社,1992.

章基嘉.预报冰雹的一种物理方法.南京气象学院学报(创刊号),1978.

章淹等.暴雨预报.北京:气象出版社,1990.

赵瑞清.专家系统初步.北京:气象出版社,1986.

郑良杰.中尺度天气系统的诊断分析和数值模拟.北京:气象出版社,1989.

中国人民解放军气象专科学校天气教研室.天气学.北京:人民教育出版社,1960.

中央气象台.我国的大范围冰雹及其预报.气象科技资料,1974.

钟元等.台风路径预报专家系统.气象科技,1986(5):19-27.

朱福康等.南亚高压.北京:科学出版社,1980.

朱乾根,林锦瑞,寿绍文,等.天气学原理和方法(第四版).北京:气象出版社,2007.

朱乾根,吴洪,谢立安.夏季亚洲季风槽的断裂过程及其结构特征.热带气象,1987,**3**(1):1-8.

朱乾根,杨松.东亚副热带季风的北进及其低频振荡.南京气象学院学报,1989,**12**(3):249-258.

朱乾根,周军.暴雨的水汽源地/华南前汛期暴雨文集.北京:气象出版社,1981.

朱盛明,曲学实.数值预报产品统计解释技术的进展.北京:气象出版社,1988.

Albert Miller, Thompson J C. *Elements of Meteorology*. Charles E Merrill Publishing Co, Columbus, Ohio, U. S. A. , 1970.

Anthes R A, *et al*. *The Atmosphere*. Bell & Howell Company, U. S. A. , 1975.

Bennetts D A, Hoskins B J. Conditional symmetric instability-a possible explanation for frontal rorinbands. *Quart. J. Roy. Meteor. Soc.* , 1979, **105**: 945-962.

Carlson T N. *Mid-Latitude Weather Systems*. American Meteorological Socity, Boston, 1998.

Chang C P, Millard J E and Chen G T J. Gravitation character of cold surges during winter. *MONEX. M. W. R.* , 1983, **111**: 293-307.

Chen Q S. The instalility of the gravity-inertia wave and it s relation to low level jet and heavy rainfall. *J. Meteor. Soc.* , *Japan*, 1982, **62**: 730-747.

Fujita T T. Review of the history of mesoscale meteorology and forecasting. *A. M. S.* , 1986:

Holton J R. *An Introduction to Dynamic Meteorology* (Second Edition). Beijing: Academic Press, Inc. 1979.

Hoskins B J. The role of potential voticity in symmetric stability and instability. *Quart. J. Roy. Meteor. Soc.* , 1974, **100**: 480-482.

Houze R A Jr. , and Hobbs P V. *Organization and structure of precipitating cloud systems*. Advances in Geophysics. Academic press. V · S, 1982: 24.

Houze R A Jr. Mesoscale convective systems. *Rev. Geophys.* , 2004: **42**, 10. 1029/2004RG000150, 43 pp.

Lau Kaming and Li Mai chun. The monsoon of East Asia and its global associations—a survey. *American Met. Soc.* , 1984.

Murakami T, Chen Longxun, Xie An and Shrestha M L. Eastward propagation of 30-60 day pertnrbations as released from outgoing longwave radiation data. *J. A. S.* , 1986, **43**: 961-971.

Murakami T. winter monsoonal surge over East and southeast Asia. *J. M. S. J.* , 1979, **57**: 133-158.

Pearce R P. The Asian winter(Australian Summer) monsoon contiasted with the summer monsoon WMO meteorology research programme, 1988: 71-80.

Santurette P, Georgiev C G. *Weather Analysis and Forcasting*. Elsevier Academic Press, 2005.

Stefan Hastenrath. *Climate and circulation of the Tropic*. ReideI D Publishing Company, 1985.

Suni, Alsimaza. A study on cold surge around the Tibetan Plateau by using numerical models. *J. M. S. J.* , 1985, **63**: 377-395.

Zhu Qiangen and Yang Song. Simulation study of the effect on cold surge of the Qinghai-Xizang Plateau as a huge orography. *Acta Met. Sin.* 1989, **3**(4): 448-457.